高职高专教育"十一五"规划教材

食品添加剂

汤高奇　曹　斌　主编

中国农业大学出版社

图书在版编目(CIP)数据

食品添加剂/汤高奇,曹斌主编. —北京:中国农业大学出版社,2010.2(2019.1重印)
(高职高专教育“十一五”规划教材)
ISBN 978-7-81117-945-3

Ⅰ.食… Ⅱ.①汤…②曹… Ⅲ.食品添加剂 Ⅳ.TS202.3

中国版本图书馆 CIP 数据核字(2009)第 243491 号

书　　名 食品添加剂
作　　者 汤高奇　曹　斌　主编

策划编辑 姚慧敏　　**责任编辑** 洪重光　韩元凤　冯雪梅　田树君
封面设计 郑　川　　**责任校对** 陈　莹　王晓凤
出版发行 中国农业大学出版社
社　　址 北京市海淀区圆明园西路 2 号　　**邮政编码** 100193
电　　话 发行部 010-62818525,8625　　读者服务部 010-62732336
编辑部 010-62732617,2618　　出　版　部 010-62733440
网　　址 http://www.cau.edu.cn/caup　　**e-mail** cbsszs@cau.edu.cn
经　　销 新华书店
印　　刷 北京时代华都印刷有限公司
版　　次 2010 年 2 月第 1 版　2019 年 1 月第 7 次印刷
规　　格 787×980　16 开本　17.5 印张　318 千字
定　　价 34.00 元

编 写 人 员

主　编　汤高奇　河南农业职业学院
　　　　曹　斌　江苏畜牧兽医职业技术学院

副主编　任静波　黑龙江畜牧兽医职业学院
　　　　曹志军　内蒙古农业大学职业技术学院
　　　　张清杉　杨凌职业技术学院
　　　　张广燕　辽宁农业职业技术学院
　　　　李和平　郑州牧业工程高等专科学校

参　编　钟智敏　内蒙古农业大学职业技术学院
　　　　折改梅　北京中医药大学
　　　　牛　林　江苏畜牧兽医职业技术学院

主　审　朱维军　河南农业职业学院

出 版 说 明

高等职业教育作为高等教育中的一个类型，肩负着培养面向生产、建设、服务和管理第一线需要的高技能人才的使命。大力提高人才培养的质量，增强人才对于就业岗位的适应性已成为高等职业教育自身发展的迫切需要。教材作为教学和课程建设的重要支撑，对于人才培养质量的影响极为深远。随着高等农业职业教育发展和改革的不断深入，各职业院校对于教材适用性的要求也越来越高。中国农业大学出版社长期致力于高等农业教育本科教材的出版，在高等农业教育领域发挥着重要的作用，积累了丰富的经验，希望充分利用自身的资源和优势，为我国高等职业教育的改革与发展做出自己的贡献。

经过深入调研和分析以往教材的优点与不足，在教育部高教司高职高专处和教育部高职高专农林牧渔类专业教学指导委员会的关心和指导下，在各高职高专院校的大力支持下，中国农业大学出版社先后与100余所院校开展了合作，共同组织编写了一系列以“十一五”国家级规划教材为主体的、符合新时代高职高专教育人才培养要求的教材。这些教材从2007年3月开始陆续出版，涉及畜牧兽医类、食品类、农业技术类、生物技术类、制药技术类、财经大类和公共基础课等的100多个品种，其中普通高等教育“十一五”国家级规划教材22种。

这些教材的组织和编写具有以下特点：

精心组织参编院校和作者。每批教材的组织都经过以下步骤：首先，征集相关院校教师的申报材料。全国100余所高职高专院校的千余名教师给予了我们积极的反馈。然后，经由高职高专院校和出版社的专家组成的选题委员会的慎重审议，充分考虑不同院校的办学特色、专业优势、地域特点及教学改革进程，确定参加编写的主要院校。最后，根据申报教师提交的编写大纲、编写思路和样章，结合教师的学习培训背景、教学与科研经验和生产实践经历，遴选优秀骨干教师组建编写团队。其中，教授和副教授及有硕士以上学历的占70%。特别值得一提的是，有5%的作者是来自企业生产第一线的技术人员。

贴近国家高职教育改革的要求。我国的高等职业教育发展历史不长，很多院校的办学模式和教学理念还在探索之中。为了更好地促进教师了解和领会教育部的教学改革精神，体现基于职业岗位分析和具体工作过程的课程设计理念，以真实工作任务或社会产品为载体组织教材内容，推进适应“工学结合”人才培养模式的课程教材的编写出版，在每次编写研讨会上都邀请了教育部高教司高职高专处、教育部高职高专农林牧渔类专业教学指导委员会的领导作教学改革的报告；

多次邀请教育部职业教育研究所的知名专家到会，专门就课程设置和教材的体系建构作专题报告，使教材的编写视角高、理念新、有前瞻性。

注重反映教学改革的成果。教材应该不断创新，与时俱进。好的教材应该及时体现教学改革的成果，同时也是教育教学改革的重要推进器。这些教材在组织过程中特别注重发掘各校在产学结合、工学交替实践中具有创新性的教材素材，在围绕就业岗位需要进行知识的整合、与实际生产过程的接轨上具有创新性和非常鲜明的特色，相信对于其他院校的教学改革会有启发和借鉴意义。

瞄准就业岗位群需要，突出职业能力的培养。这些教材的编写指导思想是紧扣培养"高技能人才"的目标，以职业能力培养为本位，以实践技能培养为中心，体现就业和发展需求相结合的理念。

教材体系的构建依照职业教育的"工作过程导向"原则，打破学科的"系统性"和"完整性"。内容根据职业岗位（群）的任职要求，参照相关的职业资格标准，采用倒推法确定，即剖析职业岗位群对专业能力和技能的需求——→关键能力——→关键技能——→围绕技能的关键基本理论。删除假设推论，减少原理论证，尽可能多地采用生产实际中的案例剖析问题，加强与实际工作的接轨。教材反映行业中正在应用的新技术、新方法，体现实用性与先进性的结合。

创新体例，增强启发性。为了强化学习效果，在每章前面提出本章的知识目标和技能目标。有的每章设有小结和复习思考题。小结采用树状结构，将主要的知识点及其之间的关联直观表达出来，有利于提高学生的学习效果和效率，也方便教师课堂总结。部分内容增编阅读材料。

加强审稿，企业与行业专家相结合，严把质量关。从选题策划阶段就邀请行内专家把关，由来自于企业、高职院校或中国农业大学有丰富生产实践经验的教授审核编写大纲，并对后期书稿进行严格审定。每一种教材都经过作者与审稿人的多次的交流和修改，从而保证内容的科学性、先进性和对于岗位的适应性。

这些教材的顺利出版，是全国100余所高职高专院校共同努力的结果。编写出版过程中所做的很多探索，为进一步进行教材研发提供了宝贵的经验。我们希望以此为基点，进一步加强与各校的交流合作，配合各校教学改革，在教材的推广使用、修订完善、补充扩展进程中，在提高质量和增加品种的过程中，不断拓展教材合作研发的思路，创新教材开发的模式和服务方式。让我们共同努力，携手并进，为深化高职高专教育教学改革和提高人才培养质量，培养国家需要的各行各业高素质技能型专门人才，发挥积极的推动作用。

中国农业大学出版社

2008年6月

内 容 提 要

“食品添加剂”是高职食品类专业必修的专业课程，通过本课程的学习使学生掌握各类食品添加剂在食品加工中的应用。本书充分体现“以就业为导向、以应用为主线、理论够用为度、强化实践训练”的高等职业教育特色，并以《食品添加剂使用卫生标准》(GB 2760—2007)为依据，将22种添加剂按照功能大体分为防腐保鲜类、护色调色类、调味增香类、结构改良类、营养强化剂和酶制剂及其他类等6大类，单独成章进行介绍，对每种添加剂分别从性质、毒性和应用方面进行了介绍，重点突出食品添加剂的应用。同时，编写了食品添加剂安全性评价与卫生管理。为了使学生能够掌握添加剂的实际应用，单独编写了一章实训，强化学生的实践技能。本书适合作为高职院校食品类专业教材，也可作为食品生产企业、食品科研机构有关人员的参考书。

前　言

食品添加剂应用于食品加工不仅改善了食品品质，使之达到色、香、味、形和组织结构俱佳，还能增强食品营养成分，延长食品保质期，便于食品加工、改进生产工艺和提高生产率。所以，食品添加剂对食品工业的发展起着推动作用。掌握食品添加剂的基本知识及其应用对今后指导生产至关重要。本教材依据《关于加强高职高专教育教材建设的若干意见》和《关于全面提高高等职业教育教学质量的若干意见》的精神，以最新的《食品添加剂使用卫生标准》(GB 2760—2007)为基础，并参考了最新的研究成果，在中国农业大学出版社的精心组织下编写而成。

本教材在编写体系上按照食品防腐保鲜、护色调色、调味增香、结构改良、营养强化剂和酶制剂、其他类食品添加剂和食品添加剂安全性评价与卫生管理等的顺序构成理论部分内容，分别介绍各类食品添加剂的基本性质、毒性、应用、作用原理、使用方法和应用范围，以及国内外食品添加剂管理办法、标准等内容。最后一章是本教材的实践部分内容，用于指导学生课内实验和综合实训等环节教学。为了保证教材更贴近生产实际，在编写人员方面，除了多年从事食品添加剂教学、研究和应用的教师参与编写外，还从食品生产企业聘请了从事添加剂应用的技术人员编写了部分应用实例。

本教材由汤高奇、曹斌担任主编。绪论由汤高奇编写，第一章由折改梅编写，第二章由曹志军编写，第三章由任静波、钟智敏编写，第四章由汤高奇、李和平、张清杉编写，第五章由张广燕编写，第六章、第八章由曹斌、牛林编写，第七章由钟智敏编写；同时聘请了黑龙江省完达山乳业股份有限公司邵景海、丹尼斯克(中国)投资有限公司贾新庄、庄臣泰华施贸易(上海)有限公司胡志军、济南维尔康食品有限公司马玉山、东莞广益食品添加剂实业有限公司林富强编写了部分应用实例。全书由汤高奇统稿，主审由河南农业职业学院朱维军教授担任。

本教材在编写过程中得到了河南农业职业学院领导和中国农业大学出版社的大力支持和帮助，在此一并致以衷心的感谢！

由于食品添加剂发展迅速，新品种、新技术、新成果不断涌现，加之编者编写水平有限，编写时间短促，错误与不妥之处在所难免，恳请广大读者批评指正。

编　者

2009 年 12 月

目　　录

绪　论

民以食为天，食品是人类赖以生存和发展的重要物质基础。近年来，随着改革开放的深入发展，我国的食品工业得到了持续、快速、健康的发展，特别是近几年，食品工业平均总产值保持在10%以上的年增长速度，尤其2008年我国食品工业总产值已达到近4.2万亿元，比2007年增长29.7%，提前2年完成了我国食品工业"十一五"发展纲要中提出的"到2010年，食品工业总产值从2005年的20 345亿元增加到40 900亿元"的目标。图0-1表示了我国2000—2008年食品工业年总产值。

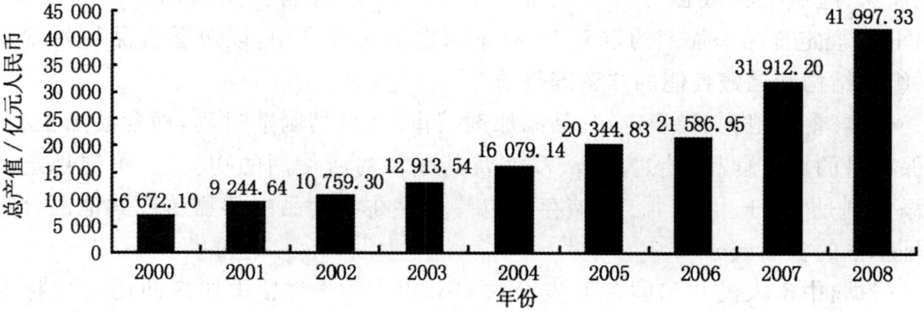

图0-1　2000—2008年我国食品工业总产值

随着食品工业的飞速发展，人们对食品的色、香、味、品种、新鲜度等方面提出了更高的要求，必须开发更多更好的新食品来满足人们的需求，食品添加剂在这方面发挥重要作用。因此从某种意义上讲，食品添加剂在食品工业的发展中起了决定性的作用，没有食品添加剂，就没有现代食品工业，食品添加剂是现代食品工业的催化剂和基础，被誉为"现代食品工业的灵魂"。它已渗透到食品加工的各个领域，包括粮油加工，畜禽产品加工，水产品加工，果蔬保鲜与加工，酿造以及饮料、烟、酒、茶、糖果、糕点、冷冻食品、调味品等的加工，乃至在烹饪行业、家庭的一日三餐中，添加剂也是必不可少的。食品添加剂对于改善食品的色、香、味、形，调整食品营养结构，提高食品质量和档次，改善食品加工条件，延长食品的保存期，发挥着极其重要的作用。

然而，我国相继发生的"苏丹红"和"三聚氰胺"等食品安全事件，使得消费者对食品添加剂产生强烈的恐惧感，有些消费者谈"剂"色变，使消费者误认为"食品添加剂都对人体有害"。其实这是对食品添加剂的一种误解，按照我国现行《食品添加剂卫生标准》(GB 2760—2007)规定：苏丹红、三聚氰胺不属于我国允许使用的食品添加剂，不能用于食品的生产，因此苏丹红、三聚氰胺引起的食品安全问题并不是由于食品添加剂引起的，只是消费者将食品添加剂的安全性问题与非食品添加物造成的安全问题混为一谈，不仅让消费者产生了很大的误解，也对食品工业的健康发展造成不良影响。

一、食品添加剂的定义

由于世界各国对食品添加剂的理解不同，因此其定义也不尽相同。

联合国粮农组织(FAO)和世界卫生组织(WHO)联合食品法规委员会对食品添加剂定义为：食品添加剂是有意识地一般以少量添加于食品，以改善食品的外观、风味、组织结构或储存性质的非营养物质。联合国食品添加剂法典委员会(CCFA)规定食品添加剂的定义为"有意识地加入食品中，以改善食品的外观、风味、组织结构和储藏性能的非营养物质"。

日本《食品卫生法》规定，食品添加剂是指"在食品制造过程，即食品加工中为了保存目的加入食品，使之混合、浸润及其他目的所使用的物质"。美国规定，食品添加剂是"由于生产、加工、储存或包装而存在于食品中的物质或其他混合物，不是基本的食品成分"。

根据《中华人民共和国食品安全法》第 99 条和《食品添加剂使用卫生标准》(GB 2760—2007)，我国对食品添加剂的定义为：为改善食品品质和色、香、味，以及为防腐和加工工艺的需要而加入食品中的化学合成或者天然物质。营养强化剂、食品用香料、加工助剂也包括在内。

以上各国和组织对食品添加剂的定义表述虽然不同，但大体含义基本相同。其中 FAO、WHO 和 CCFA 的食品添加剂中不包括以增强食品营养成分为目的的食品营养强化剂。而美国、日本和我国的食品添加剂中包括了营养强化剂。

二、食品添加剂与食品工业的关系

由于食品工业的快速发展，食品添加剂已经成为现代食品工业的重要组成部分，并且已经成为食品工业技术进步和科技创新的重要推动力。食品添加剂对于改善食品质量、档次和色香味，对于食品原料乃至成品的保质保鲜，对提高食品的营养价值，对于食品加工工艺的顺利进行以及新产品的开发等诸多方面都发挥着极为重要的作用。然而食品添加剂也是一把双刃剑，超量、超范围使用食品添加剂及非食品用添加物的使用也会给食品带来不安全的因素。

（一）食品添加剂的合理使用促进食品工业的发展

食品添加剂在食品中的应用使得我们的饮食丰富多彩并且更易接受，可以说，当今社会我们几乎所接触的每一种食品都与食品添加剂息息相关，普通人每天可能摄入十几种到几十种食品添加剂。综观食品添加剂工业与食品工业发展的历史，我们不难看出，食品工业的需求带动了食品添加剂工业的发展，而食品添加剂工业的发展，也推动了食品工业的进步。由于食品工业的迅速发展，食品添加剂的种类和用量日益增多，使用范围也日益扩大，它们已成为现代食品工业生产中必不可少的物质，被称为“食品的灵魂”。目前，食品添加剂工业已发展成为独立的行业，并且成为现代食品工业的基础工业之一。概括起来，食品添加剂在食品加工中的积极作用表现在以下几个方面：

1. 改善和提高食品色、香、味及口感等感官指标

食品的色、香、味、形态和口感是衡量食品质量的重要指标，食品加工过程一般都有碾磨、破碎、加温、加压等物理过程，在这些加工过程中，食品容易退色、变色，有一些食品固有的香气也散失了。此外，同一个加工过程难以满足产品的软、硬、脆、韧等口感的要求。因此，适当地使用着色剂、护色剂、食用香精香料、增稠剂、乳化剂、品质改良剂等，可明显提高食品的感官质量，满足人们对食品风味和口味的需要。

2. 保持和提高食品的营养价值

食品防腐剂和抗氧化保鲜剂在食品工业中可防止食品氧化变质，对保持食品的营养具有重要的作用。同时，在食品中适当地添加一些营养素，可大大提高和改善食品的营养价值，这对于防止营养不良和营养缺乏，保持营养平衡，提高人们的健康水平具有重要的意义。

3. 有利于食品保藏和运输，延长食品的保质期

各种生鲜食品和各种高蛋白质食品如不采取防腐保鲜措施，出厂后将很快腐败变质。为了保证食品在保质期内保持应有的质量和品质，必须使用防腐剂、抗氧化剂和保鲜剂。

4. 增加食品的花色品种

食品超市的货架，摆满了琳琅满目的各种食品。这些食品除主要原料是粮油、果蔬、肉、蛋、奶外，还有一类不可缺少的原料，就是食品添加剂。各种食品根据加工工艺的不同、品种的不同、口味的不同，一般都要相应选用各类食品添加剂，尽管添加量不大，但不同的添加剂能获得不同的花色品种。

5. 有利于食品加工操作

在食品加工中使用消泡剂、助滤剂、稳定和凝固剂等，可有利于食品的加工操作。例如，当使用葡萄糖酸-δ-内酯作为豆腐凝固剂时，可有利于豆腐生产的机械化和自动化。

6. 满足不同人群的需要

食品应尽可能满足人们的不同需求。例如，糖尿病人不能吃糖，则可用无营养甜味剂或低热能甜味剂，如用三氯蔗糖或阿力甜取代蔗糖或用山梨糖醇、木糖醇等制成无糖食品供应。对于缺碘地区供给碘强化食盐，可防止当地居民的缺碘性甲状腺肿。为了满足婴幼儿生长发育所必需的各种营养素，因而生产了添加有矿物质、维生素的婴幼儿配方奶粉。

7. 提高经济效益和社会效益

食品添加剂的使用不仅增加食品的花色品种和提高品质，而且在生产过程中使用稳定剂、凝固剂、絮凝剂等各种添加剂能降低原材料消耗，提高产品收率，从而降低了生产成本，可以产生明显的经济效益和社会效益。

(二)食品添加剂的不合理使用引发食品的不安全

虽然食品添加剂在食品工业中的应用极大推动了食品工业的发展，但是目前我国也存在一些严重的超范围、超限量使用食品添加剂等问题。这些问题的存在必然危害消费者的健康、损害我国食品添加剂行业的声誉并影响食品工业的健康发展。

1. 食品添加剂超范围使用

《食品添加剂使用卫生标准》(GB 2760—2007)规定了食品添加剂使用范围和使用量，按照《食品添加剂管理办法》的规定，扩大使用范围需要向卫生部申报批准，但某些食品生产企业不按照执行，而是随意扩大。不经全国食品添加剂标准化技术委员会审查、卫生部批准而扩大使用范围，将可能忽视某些卫生安全问题，对消费者的健康构成潜在的威胁。超范围使用的品种主要是合成色素、防腐剂和甜味剂等品种。

2. 食品添加剂超限量使用

超限量使用食品添加剂的现象目前在我国十分普遍，从历年公布的国家和地方监督抽查中，暴露的问题相当严重。其中最突出的是面粉处理剂、防腐剂和甜味剂。酱腌菜生产历史悠久，品种繁多，近年来产品逐渐趋向低盐化。酱腌菜是常温保存的产品，盐分含量的降低可使产品保存周期缩短。为此，部分生产条件较差的企业，通过加大防腐剂的使用量来抑制产品中的微生物，如使用不当即可造成产品中苯甲酸钠等防腐剂的超标。

3. 食品添加剂标志不规范

部分企业在使用食品添加剂，特别是防腐剂、合成色素、甜味剂等品种后，故意在食品标签上不标注，隐瞒使用食品添加剂，违反了《食品标签通用标准》等相关规定。这种行为等于剥夺了消费者的知情权和选择权，侵害了消费者权益。每次质量抽查几乎都存在这种问题，特别是在部分食品如蜜饯、酱腌菜、果冻、饮料、乳制品中。也有一些企业为迎合消费者的心理，故弄玄虚，竞相在广告或标签的醒目处印上“本产品绝对不含任何食品添加剂”之类的文字，以标榜自己的产品安全无害。这无疑给消费者发出了“食品添加剂不安全”的错误信号。

4. 非食品添加物用于食品加工中

“苏丹红”、“三聚氰胺”等重大食品安全事件的发生，使消费者对食品添加剂产生强烈的质疑。这种将食品添加剂的安全性问题与非法添加物造成的卫生安全问题混为一谈，不仅让消费者产生了很大的误解，也对食品工业的健康发展造成不良影响。引起三鹿牌婴幼儿奶粉事件就是最典型的案例，这是不法分子利欲熏心，颠倒是非，把不是食品添加剂的物质冠以“华丽”的名称后混淆黑白、滥竽充数，在国内外造成了极其恶劣的影响，给中国乳制品企业带来难以估量的经济损失，甚至是毁灭性的打击。

三、食品添加剂的分类与使用原则

(一)食品添加剂的分类

食品添加剂有多种分类方法。按来源分，我国将食品添加剂分为天然食品添加剂和化学合成食品添加剂两类。天然食品添加剂是指利用动植物或微生物的代谢产物等为原料，经提取后获得的天然物质。化学合成的食品添加剂是指采用化学手段，通过氧化、还原、缩合、聚合、成盐等合成反应而得到的物质。

根据添加剂的功能，我国《食品添加剂使用卫生标准》(GB 2760—2007)将食品添加剂分为酸度调节剂、抗结剂、消泡剂、抗氧化剂、漂白剂、膨松剂、胶姆糖基础剂、着色剂、护色剂、乳化剂、酶制剂、增味剂、面粉处理剂、被膜剂、水分保持剂、营养强化剂、防腐剂、稳定剂和凝固剂、甜味剂、增稠剂、食品用香料和食品工业用加工助剂等 22 类。此外，食品添加剂还可按安全性评价来划分。CCFA 曾在 JECFA(FAO/WHO 联合食品添加剂专家委员会)讨论的基础上将其分为 A、B、C 3 类，每类再细分为 2 类。

在食品添加剂的各种分类方法中，按功能、用途的分类方法最具有实用价值，因为分类的主要目的是便于按食品加工的要求快速地查找出所需要的添加剂。但此分类方法既不宜将添加剂分得过细，也不宜分得太粗。过细，会使同一物质在不同类别中重复出现的几率过高，给食品添加剂带来一些混乱；太粗，对食品添加剂的选用也存在较大困难。因此，应以主要用途适当分类为宜。

(二)食品添加剂的使用原则

随着食品工业的发展，人们食用的食品品种越来越多，追求的色、香、形、营养等品质越来越高，随食品进入人体的食品添加剂数量和种类也越来越多。日常生活中，普通人每天常摄入几十种食品添加剂，因此食品添加剂的安全使用极为重要。根据《食品添加剂使用卫生标准》(GB 2760—2007)，食品添加剂使用时应符合以下基本原则：

(1)不应对人体产生任何健康危害；

(2)不应掩盖食品腐败变质；

(3)不应掩盖食品本身或加工过程中的质量缺陷或以掺杂、掺假、伪造为目的而使用食品添加剂；

(4)不应降低食品本身的营养价值；

(5)在达到预期的效果下尽可能减少在食品中的用量；

(6)食品工业用加工助剂一般应在制成最后成品之前除去，有规定食品中残留量的除外。

在下列情况下可使用食品添加剂：

(1)保持或提高食品本身的营养价值；

(2)作为某些特殊膳食用食品的必要配料或成分；

(3)提高食品的质量和稳定性，改进其感官特性；

(4)便于食品的生产、加工、包装、运输或者储藏。

四、食品添加剂的生产现状与发展趋势

食品添加剂是现代食品工业的基础，它对于改善食品的色、香、味、营养、加工性，延长食品保质期，提高食品的档次起着非常重要的作用。随着食品工业的发展，食品添加剂也随之发展。现在食品添加剂工业已经发展成为一个重要的精细化工行业，反过来极大地促进了食品工业的快速发展。2007 年世界食品添加剂市场已经达到 200 多亿美元。

美国是世界上食品工业最发达的国家。其食品添加剂市场已经超过 50 亿美元。其中作为营养强化剂的维生素、增香剂、非营养性甜味剂发展较快，食品添加剂的总体增长速度超过食品工业的发展速度。日本食品工业也非常发达，在酸味剂、增味剂、营养强化剂和乳化剂方面有较大的技术优势。欧盟是世界上的第三大经济体，其食品添加剂的发展也很快。

我国食品添加剂的研制、开发起步较晚，但近年来发展很快。截止到2007年，我国批准使用的食品添加剂已有2 000余种，其中香精香料占80%。我国食品添加剂工业的总体特点是规模小，技术落后，但是随着近来多方的不懈努力，我国在味精、木糖、木糖醇、乙基麦芽酚、山梨酸钾、维生素C等方面都逐步实现了规模化生产，扭转了进口产品一统天下的局面，并打入了国际市场。2007年，我国食品添加剂行业继续保持稳步增长，行业经济运行情况良好。据统计，全年食品添加剂总产量达524万t，同比增长18%，实现销售收入529亿元，同比增长15%。食用香精香料、增稠剂、乳化剂、品质改良剂、甜味剂、防腐剂、抗氧化剂、复配食品添加剂等大多数行业都保持了良好的产销势头。在国际市场上，我国生产的异抗坏血酸及其钠盐、柠檬酸、乙基麦芽酚、维生素C、维生素E、黄原胶、天然防腐剂、木糖醇等食品添加剂非常具有市场竞争力，2007年创汇超过27亿美元。

目前世界各国都在致力于开发新型的食品添加剂和新的食品添加剂生产技术，其总体趋势如下：

1. 大力开发天然食品添加剂

虽然按照相关法规的规定使用合成食品添加剂不会产生危险，但是，消费者往往对天然物质有更高的信任度。现在，回归自然、绿色食品、有机食品已经成为食品发展的一大潮流。开发天然食品添加剂，如天然色素、天然防腐剂、天然抗氧化剂等食品添加剂能够促进食品工业和农村经济的发展。

2. 大力开发高效、安全的食品添加剂合成技术

食品添加剂的安全源自两个方面，一是食品添加剂自身的安全性，二是食品添加剂中杂质的安全性。在一般的食品添加剂毒理学研究中，使用的往往是纯品，但实际生产中要得到纯品，在技术上和线路上都有很大的难度。一般认为，在添加剂的生产中，化学合成反应中的杂质有较大的不稳定性，杂质的安全性问题较大。在微生物发酵生产中，虽然杂质也同样有较大的不确定性，但是，其安全性问题可能较小。现在生物发酵生产食品添加剂发展迅猛。

3. 研究食品添加剂复配技术

要开发食品添加剂的新功能或者要降低食品添加剂的成本，一般可以采用两种途径：一是开发新化学结构的物质，二是开发复配型、改良型的食品添加剂。开发新化学结构的食品添加剂往往要经过漫长的安全性评价和市场推广过程，成本很高，一般的食品添加剂生产企业无力承担。开发复配型和改良型的食品添加剂则在安全、成本、市场和时间方面都有一定的优势。例如，乳化剂的复配，增稠剂的复配，面粉改良剂的复配，甜味剂、防腐剂的微胶囊化都在实践中发挥了很好的作用。

4. 开发专用复合食品添加剂

同功能的食品添加剂种类繁多，在很多场合又同时需要多种功能，但一般应用厂家在食品添加剂的选择中，往往面临技术、原料、实验手段、检测手段等方面的限制，这就需要生产厂家开发系列高效的专用复合食品添加剂，一方面方便应用厂家，另一方面也促进了食品添加剂的发展，同时可以避免一些技术性的食品安全问题。国外在专用复合食品添加剂方面已经比较成熟。

5. 开发高分子化和载体化食品添加剂

食品添加剂高分子化和载体化后，往往可以提高食用安全性、效用耐久性并降低热量。

第一章 防腐保鲜类食品添加剂

知识目标

- 了解食品防腐剂和抗氧化剂的定义和分类。
- 熟悉各类食品防腐剂和抗氧化剂的特性。
- 掌握常用食品防腐剂和抗氧化剂的基本原理、使用范围、应用方法及使用注意事项。

技能目标

- 能够根据食品防腐需要在食品生产过程中熟练应用食品防腐剂。
- 能够根据食品抗氧化需要在食品生产过程中熟练应用食品抗氧化剂。

第一节 食品防腐剂

防腐剂是指加入食品中能够杀死或抑制微生物,防止或延缓食品腐败的食品添加剂。防腐剂主要是利用化学的方法来杀死有害微生物或抑制微生物的生长,从而防止腐败或延缓腐败的时间。

食品防腐剂按作用可分为杀菌剂和抑菌剂两类。杀菌剂是指具有杀死微生物作用的食品添加剂,抑菌剂是指能抑制微生物生长繁殖的添加剂,两者并无绝对严格的界限。

杀菌剂和抑菌剂因使用浓度的高低、作用时间的长短和微生物的种类等不同而较难区分,所以多数情况下通称防腐剂。例如,同一物质,浓度高时可杀菌,而浓度低时只能抑菌,又例如,作用时间长时可杀菌,缩短作用时间则只能抑菌;还有由于各种微生物性质的不同,同一物质对一种微生物具有杀菌作用,而对另一种微生物仅有抑菌作用。

食品防腐剂按组分和来源可分为:有机防腐剂、无机防腐剂和生物防腐剂。

有机防腐剂主要包括苯甲酸及其盐类、山梨酸及其盐类、对羟基苯甲酸酯类、丙酸及其盐类、单辛酸甘油酯、双乙酸钠和脱氢乙酸等。其中苯甲酸及其盐类、山梨酸及其盐类、丙酸及其盐类由于在中性 pH 的食品里是没有防腐作用的，也被称为酸型防腐剂。无机防腐剂主要包括亚硫酸及其盐类、亚硝酸盐类和各种来源的二氧化碳等。生物防腐剂主要指由微生物产生的具有防腐作用的物质，以乳酸链球菌素、纳他霉素、甲壳素和鱼精蛋白为代表。

食品防腐剂必须具备的条件是：①符合食品卫生标准；②安全、毒副作用小；③性质稳定，不与食品成分发生不良化学反应；④防腐效果好，在低浓度下仍有抑菌作用；⑤本身无刺激异味；⑥使用方便，价格低廉。

一、食品防腐剂的作用机理

（一）微生物引起食品腐败的本质

造成食品腐败的原因很多，主要包括物理、化学和生物等方面，且这些因素通常是同时或者连续发生的。由于食品中各类营养成分能够满足微生物生长增殖需要，微生物是导致食品败坏的最主要原因。微生物引起食品腐败一般可分为：细菌繁殖所造成的食品腐败，霉菌代谢导致的食品霉变以及酵母菌的氧化还原酶促使的食品发酵等。

1. 食品腐败

在适宜的条件下，当食品受到微生物污染时，微生物的迅速繁殖导致食品的外观和内在发生劣变而失去食用价值的现象，称为食品腐败变质。食品发生腐败后，感观的变化有色泽的改变，发出腐臭气味等。例如，对于糖类食品会呈现酸味，蛋白质类食品呈现苦味和涩味。

食品腐败会表现为在食品中产生白毛、黏液物。这是由于食品中的蛋白质、肽类、氨基酸等含氮有机物被微生物代谢分泌的酶类分解产生多种低分子化合物，如酚、吲哚、腐胺、尸胺、脂肪酸等。这些化合物进一步分解成硫化氢、硫酸、氨、甲烷、二氧化碳等有毒物质，而且这些物质中的一些成分能散发出令人厌恶的恶臭味；某些分解脂肪的微生物能分解食品中的脂肪而导致其酸败变质。

造成食品腐败的微生物主要有 6 种菌属：假单胞菌属、黄色杆菌属、无色杆菌属、变形杆菌属、梭状芽孢杆菌属和小球菌属。

2. 食品霉变

食品中的碳水化合物被霉菌在代谢过程中分泌出大量糖酶分解而导致的食品变质，称为食品霉变。霉变不仅使食品的外观颜色发生改变，营养成分被破坏，而且食品染有霉味。特别需要说明的是若霉变是由产毒霉菌造成的，其所产生的毒素会对人体健康造成严重影响，如黄曲霉毒素可导致癌症发生。

危害较大的引起食品霉变的霉菌主要有7种：根霉属的黑根霉、曲霉属的黄曲霉、灰绿曲霉和黑曲霉、青霉属的灰绿青霉、毛霉属的总状毛霉和大毛霉。

3. 食品发酵

食品发酵是微生物代谢所产生的氧化还原酶促使食品中所含糖发生不完全氧化而引起的变质现象。食品常见的发酵有酒精发酵、醋酸发酵、乳酸发酵和丁酸发酵。

酒精发酵是食品中的己糖在酵母作用下降解为乙醇的过程。水果、蔬菜、果汁、果酱和果蔬罐头等食品发生酒精发酵时产生酒味。

醋酸发酵是食品中已糖经酒精发酵生成乙醇，进一步在醋酸杆菌作用下氧化为醋酸。食品发生醋酸发酵时质量变劣，严重者完全失去食用价值。某些低度酒类、饮料和蔬菜罐头等常常发生醋酸发酵。

乳酸发酵是食品中的己糖在乳酸菌作用下产生乳酸，使食品变酸的现象。鲜奶和奶制品易发生乳酸发酵而变质。

丁酸发酵是食品中的己糖在丁酸菌作用下产生丁酸的现象。丁酸污染食品后会产生令人厌恶的气味。鲜奶、奶酪、豌豆类食品发生了丁酸酸变后，食品品质会严重下降。

微生物繁殖需要有适合的客观条件，包括适当的水分、温度、氧、渗透压、pH和光等。控制食品所处的环境条件或加入防腐剂均可达到食品防腐的目的。

防止食品腐败变质可采用物理方法处理（如冷冻、干制、腌渍、烟熏、加热、辐射等），然而最有效的办法是使用防腐剂。防腐剂能使微生物的蛋白质凝固或变性，干扰其生存和繁殖；或者改变胞浆膜的渗透性，使微生物体内的酶类和代谢产物逸出导致失活；或者干扰微生物体的酶系，破坏其正常代谢，抑制酶的活性，达到防止食品腐败变质的目的。

（二）食品防腐剂的机理

食品防腐剂既可抑制细菌、霉菌及酵母的新陈代谢，也能抑制微生物的生长和繁殖。抑菌作用和杀菌作用表现在微生物的死亡率方面是不同的。

食品防腐剂通过作用于微生物的遗传物质或遗传微粒结构，微生物的细胞壁和细胞膜系统或者微生物的酶或功能蛋白等多种方式相互关联、相互制约对细菌起到抑制。作用方式中有破坏微生物的细胞膜，干扰微生物的新陈代谢，影响生物过程的电离平衡和抑制酶的活性，对细胞原生质部分的遗传微粒结构产生影响等。现代研究表明食品防腐剂最重要机理是其可显著的抑制一些酶的反应和微生物细胞中酶的合成。

原则上说，防腐剂也能对人体细胞有同样的抑制作用。就大多数防腐剂而言，在微生物细胞中所需要的抑制浓度远比人体细胞中要小，而且防腐剂在人体器官中很快被分解或从体内排泄出去，因此在一定的使用浓度范围内不会对人体造成显著的伤害。

二、常用的食品防腐剂

(一)苯甲酸及其盐类

1. 苯甲酸

苯甲酸也称为安息香酸。分子式为 $C_7H_6O_2$，相对分子质量为 122.12。

(1)性质　苯甲酸纯品为白色有丝光的鳞片或针状结晶，质轻，无臭或微带安息香气味，具有吸湿性。该物质密度 1 267 kg/m^3，沸点 249.2℃，熔点 121～123℃。微溶于水，易溶于乙醇、氯仿、乙醚、丙酮、二硫化碳和挥发性、非挥发性油中，微溶于己烷。在酸性条件下容易随同水蒸气挥发。

苯甲酸为一元芳香羧酸，弱酸。在 25%水溶液的 pH 为 2.8。苯甲酸防腐的最适 pH 为 2.5～4.0，它的杀菌和抑菌效力随着介质的酸度增高而增强。例如当介质的 pH 为 3.5 时，含量为 0.125%的苯甲酸在 1 h 内可杀死葡萄球菌和其他菌；pH 为 4.5 时，苯甲酸对一般菌类的抑制最小含量约为 0.1%；pH 为 5 时，5%的苯甲酸溶液的杀菌效果非常差；苯甲酸在碱性介质中则完全失去杀菌、抑菌作用。

苯甲酸具有亲油性，易透过细胞膜，进入细胞体内，从而干扰了微生物细胞膜的通透性，抑制细胞膜对氨基酸的吸收。进入细胞体内的苯甲酸分子，电离酸化细胞内的碱性物质，并能抑制细胞的呼吸酶系的活性，对乙酰辅酶 A 缩合反应有很强的阻止作用，从而起到食品防腐作用。苯甲酸对细菌抑制力较强，对酵母、霉菌抑制力较弱。

(2)毒性　犬经口 LD_{50} 为 2 000 mg/kg，大鼠经口 LD_{50} 为 2 700～4 440 mg/kg。研究表明成人连续 3 个月每日服 1 g 苯甲酸，未出现体内蓄积作用，也没有抗原作用，无致畸、致癌和致突变作用。美国食品与药物管理局将其列为一般公认安全物质。按添加剂使用卫生标准使用，目前还未发现任何有毒作用。FAO/WHO(1994)规定，ADI 为 0～5 mg/kg。

(3)应用　苯甲酸在 pH 低的环境中对广泛的微生物有效，但是对产酸菌作用很弱。在 pH 小于 5.5 时对很多霉菌和酵母基本没有什么效果。

我国《食品添加剂使用卫生标准》(GB 2760—2007)规定苯甲酸及其钠盐作防腐剂的使用范围和最大使用量(以苯甲酸计，g/kg)为：风味冰、冰棍类，果酱(除罐头外)，调味糖浆，果蔬汁(肉)饮料，风味饮料(包括果味、乳味、茶味及其他味饮料)，醋，酱油，酱及酱制品，液体复合调味料(不包括醋和酱油)，半固体复合调味料，蚝油、虾油、鱼露等，1.0；蜜饯凉果、腌制的蔬菜，0.5；乳脂糖果、凝胶糖果、葡萄酒、果酒，0.8；胶基糖果，1.5；复合调味料，0.6；浓缩果蔬汁(浆)(仅限食品工业用)，2.0；碳酸饮料、配制酒，0.2。

苯甲酸在使用时要注意以下事项：①由于苯甲酸在水中溶解度低，故实际应用时要加适量的碳酸钠和碳酸氢钠，用90℃以上的热水溶解，使其转化为苯甲酸钠后再添加到食品中去。若必须使用苯甲酸，可先用适量乙醇溶解后再应用。②由于苯甲酸对水的溶解度比苯甲酸钠低，因此在酸性食品中使用苯甲酸钠时要注意防止由于苯甲酸钠转变成苯甲酸而造成沉淀和降低使用效果。③1 g苯甲酸相当于1.18 g苯甲酸钠，1 g苯甲酸钠相当于0.847 g苯甲酸。

2. 苯甲酸钠

苯甲酸钠也称为安息香酸钠。分子式为$C_7H_5O_2Na$，相对分子质量为144.11。

(1)性质　白色的颗粒或结晶性粉末，无臭或微带安息香的气味，味微甜而有收敛性，在空气中稳定，是稳定无机盐。易溶于水，溶解度为53.0 g/100mL(25℃)，水溶液的pH为8；溶于乙醇，溶解度为1.4 g/100 mL(25℃)。

苯甲酸钠的防腐作用与苯甲酸相同，效果小于苯甲酸。苯甲酸钠只有在游离出苯甲酸的条件下才能发挥防腐作用。在较强酸性食品中，苯甲酸钠的防腐效果好。0.05%的苯甲酸溶液在介质的pH为3.5时可完全防止酵母生长；pH为6.5时，溶液的浓度需要提高至2.5%方可有此效果。苯甲酸钠1.18 g的防腐效能相当于1.0 g苯甲酸。

(2)安全性　大白鼠经口LD_{50}为2 700 mg/kg。美国食品与药物管理局将其列为一般公认安全物质。FAO/WHO(1994)规定，ADI为0～5 mg/kg。人体对苯甲酸钠的解毒机理与对苯甲酸相同。

(3)应用　在使用中，苯甲酸钠转化为有效形式的苯甲酸，其抗菌作用参照苯甲酸。使用时注意以下事项：①我国《食品添加剂使用卫生标准》(GB 2760—2007)规定的苯甲酸钠对各类食品的最大使用量同苯甲酸，使用苯甲酸钠，亦以苯甲酸计，不得超过最大使用量。一般使用方法是适量的水将苯甲酸钠溶解后，再加入食品中搅拌即可。②由于苯甲酸钠与酸性饮料直接接触易转化成难溶于水的苯甲酸，沉淀于容器的底部，起不到防腐的作用。故苯甲酸钠在汽水、果汁中使用时，应在配制糖浆时添加，苯甲酸钠、柠檬酸、悬浊剂必须先后依次加入，若苯甲酸钠、柠檬酸同时加入则会出现絮状物。③用于酱油时，苯甲酸钠要在杀菌工序中添加。具体如下：将生酱油放入杀菌装置，加热至杀菌温度时添加苯甲酸钠搅拌溶解后置入加热装置中，搅拌均匀后即可转送至沉淀桶，沉降后即成成品酱油。

(二)山梨酸及其盐类

1. 山梨酸

山梨酸化学名为2,4-己二烯酸，也称为花楸酸。分子式为$C_6H_8O_2$，相对分子质量为112.13。

(1)性质　无色的针状结晶或白色的结晶粉末，无臭或稍带刺激性气味。山梨酸对光热是稳定的，但在空气中长期放置易被氧化变色。山梨酸的水溶液加热时可随同水蒸气一起挥发。熔点133～135℃，沸点228℃(分解)。山梨酸难溶于水，饱和水溶液pH为3.6，其溶于乙醇、乙醚、丙二醇、花生油、甘油、冰醋酸、丙酮等。

山梨酸对防止霉菌的生长特别有效，在使用浓度(最高达质量的0.3%，即3 000 mg/kg)时，它对风味几乎无影响；山梨酸对嫌气性菌、芽孢杆菌和嗜酸乳杆菌几乎没有防腐作用。山梨酸是酸型防腐剂，在酸性介质中对微生物有良好的抑制作用，随pH增大防腐效果减小，故它适用于pH＜5.5食品的防腐，但当pH＞6.5时，山梨酸也有防腐作用，这个pH远大于丙酸和苯甲酸的有效pH范围，当pH＝8时，山梨酸丧失防腐作用。

(2)安全性　大白鼠经口LD_{50}为10 500 mg/kg。FAO/WHO(1994)规定，ADI为0～25 mg/kg (山梨酸及其钾、钠、钙盐的总量，以山梨酸计)。

山梨酸是一种不饱和脂肪酸，基本上和天然不饱和脂肪酸一样在机体内可正常地参与新陈代谢，在机体内被同化产生二氧化碳和水，所以几乎无毒。研究表明山梨酸在人体内新陈代谢所发生的变化和产生的热效应与同碳数的饱和及不饱和脂肪酸无差异，无特异的代谢效果。因此山梨酸经口在肠内吸收，不从尿中排出，不会在体内积累，对人体无害。由于山梨酸及其盐类是防腐剂中对人体毒害最小的防腐剂，因此目前世界上所有国家都允许使用。

(3)应用　按照我国《食品添加剂使用卫生标准》(GB 2760—2007)规定，山梨酸及其钾盐用作防腐剂等添加，允许使用的范围和最大使用量(以山梨酸计，g/kg)为：干酪，氢化植物油，果酱，盐渍的蔬菜(仅限即食笋干)，豆干再制品，乳脂糖果，凝胶糖果，面包，糕点，焙烤食品馅料，风干、烘干、压干等水产品，其他水产品及其制品(仅限即食海蜇)，调味糖浆，醋，酱油，复合调味料，乳酸菌饮料，1.0；风味冰、冰棍类，经表面处理的鲜水果，蜜饯凉果，经表面处理的新鲜蔬菜，酱渍的蔬菜，盐渍的蔬菜，加工食用菌和藻类，酱及酱制品，饮料类(包装饮用水类外)，胶原蛋白肠衣(肠衣)，果冻，0.5；胶基糖果、肉灌肠类，1.5；熟肉制品、预制水产品(半成品)、蛋制品(改变其物理性状)、0.075；浓缩果蔬汁(浆)(仅限食品工业用)，

2.0;配制酒,0.2;葡萄酒、果酒,0.6。

山梨酸在使用时要注意以下事项:①山梨酸难溶于水,使用时先将其溶于乙醇或碳酸氢钠、碳酸氢钾的溶液中。②溶解山梨酸时不得使用铜、铁容器和与铜、铁接触。③山梨酸在食品被严重污染、微生物数量过高的情况下,不仅不能抑制微生物繁殖,反而会成为微生物的营养物质,加速食品腐败,故应特别注意食品卫生。④为了防止山梨酸受热挥发,最好在加热过程的后期添加,例如果酱生产中可在果酱浓缩时均匀分散加入。⑤山梨酸也可用于容器的消毒,如果酱的瓶盖,可先用药棉蘸浓度75%的乙醇擦干后,再用0.2%山梨酸溶液擦,稍等一会儿即可使用。

2. 山梨酸钾

山梨酸钾分子式为 $C_6H_7O_2K$,相对分子质量为150.2。

(1)性质　无色至白色的鳞片状结晶或结晶粉末。无臭或稍有臭气,在空气中不稳定,能被氧化分解变色,有吸湿性,熔点270℃(分解)。山梨酸钾易溶于水,溶解于丙二醇、乙醇。1%山梨酸钾水溶液的pH为7~8。

山梨酸钾具有强抑制腐败菌和霉菌的作用,其毒性远低于其他防腐剂,已成为广泛使用的防腐剂。山梨酸钾的抑菌作用机理与山梨酸相同,在酸性介质中具有防腐作用,在中性条件下防腐作用小。山梨酸及钾盐除用作防腐剂外还可作抗氧化剂和稳定剂。

(2)毒性　小白鼠经口 LD_{50} 为5 860 mg/kg,FAO/WHO(1994)规定ADI为0~25 mg/kg(以山梨酸计)。其他参照山梨酸。

(3)应用　山梨酸钾易溶于水,且溶解状态稳定,使用方便,但其1%的水溶液pH为7~8,可使食品的pH升高,应予以适当注意。山梨酸钾在储存时应注意遮光,防湿,包装完整,不破不漏,严禁毒物污染。在酸牛奶饮料生产中添加山梨酸钾,可使该产品在冷藏箱中保存4周,品质风味不变。

使用山梨酸钾时,1 g山梨酸钾相当于0.746 g山梨酸,即1 g山梨酸相当于1.33 g山梨酸钾。根据我国《食品添加剂使用卫生标准》(GB 2760—2007)规定:山梨酸钾的使用范围和最大使用量参见山梨酸。此外,山梨酸钾还可用于胶姆糖配料。

(三)对羟基苯甲酸酯类

作为食品防腐剂的对羟基苯甲酸酯类有对羟基苯甲酸甲酯、对羟基苯甲酸乙酯、对羟基苯甲酸丙酯、对羟基苯甲酸丁酯和对羟基苯甲酸异丁酯。我国主要使用的有对羟基苯甲酸乙酯和丙酯,日本使用最多的是对羟基苯甲酸丁酯。

对羟基苯甲酸酯类的防腐作用在于抑制微生物细胞的呼吸酶系和电子传递

酶系的活性，破坏微生物的细胞膜结构。对羟基苯甲酸酯类对霉菌、酵母和细菌有广泛的抗菌作用。其中对霉菌与酵母的作用较强，具有良好的防止发酵、抑制细菌增殖和杀菌能力。但对细菌特别是革兰阴性杆菌及乳酸菌的作用较差。对羟基苯甲酸酯类都难溶于水，所以通常是将它们先溶于氢氧化钠、乙酸、乙醇中，然后使用。为更好发挥防腐作用，最好是将两种或两种以上的该酯类混合使用。

1. 对羟基苯甲酸乙酯

对羟基苯甲酸乙酯也称为尼泊金乙酯。分子式为 $C_9H_{10}O_3$，相对分子质量为 166.18。

(1)性质　呈无色的小结晶或白色结晶粉末。无臭、稍有涩味，对光和热稳定。熔点 116～118℃，沸点 297～298℃，无吸湿性，不亲水，微溶于水，易溶于乙醇与丙二醇。

对羟基苯甲酸乙酯的抗菌作用比苯甲酸和山梨酸强，这是由于对羟基苯甲酸乙酯是由未电离分子发挥抗菌活力的。对羟基苯甲酸乙酯的羟基被酯化了，所以其抗菌效果不易随 pH 的变化而变化，这是与酸型防腐剂的区别。对羟基苯甲酸乙酯分子一般在 pH4～8 的范围具有较好的抗菌活性，它烷链越长，抗菌作用越强。在有淀粉存在时，对羟基苯甲酸乙酯的抗菌力减弱。由于对羟基苯甲酸乙酯的水溶性较低，使用时通常先将它溶于氢氧化钠、乙酸或乙醇溶液后再添加。

(2)毒性　鼠经口 LD_{50} 为 5 000 mg/kg。FAO/WHO(1994)规定，ADI 为 0～10 mg/kg(以对羟基苯甲酸甲酯、乙酯和丙酯的总量计)。总的来说，对羟基苯甲酸酯类的毒性较苯甲酸低。

(3)应用　按照我国《食品添加剂使用卫生标准》(GB 2760—2007)规定，对羟基苯甲酸酯类及其钠盐(对羟基苯甲酸甲酯、对羟基苯甲酸乙酯、对羟基苯甲酸丙酯及其钠盐)的使用范围和最大使用量(以对羟基苯甲酸计，g/kg)：经表面处理的鲜水果、新鲜蔬菜，0.012；果酱(除罐头外)、酱油、酱及酱制品、果蔬汁(肉)饮料、风味饮料(包括果味饮料、乳味、茶味及其他味饮料)，0.25；焙烤食品馅料(仅限糕点馅)，0.5；碳酸饮料、热凝固蛋制品(如蛋黄酪、松花蛋肠)，0.2；醋，0.1。实际生产中，对羟基苯甲酸酯类在脂肪制品、乳制品、鱼肉制品、饮料及糖果中均有应用。由于在较高浓度下可感觉其气味，因此在成品中的浓度一般在 0.05%以下。

2. 对羟基苯甲酸丙酯

对羟基苯甲酸丙酯也称为尼泊金丙酯。分子式为 $C_{10}H_{12}O_3$，相对分子质量为 180.21。

(1)性质　对羟基苯甲酸丙酯的性状与对羟基苯甲酸乙酯类似，为小而无色的结晶或白色粉末，几乎无臭、稍有涩味，熔点 95～98℃，微溶于水而易溶于乙醇与丙二醇。

对羟基苯甲酸丙酯的抗菌作用大于乙酯，特别是对苹果青霉、黑根霉、啤酒酵母、耐酸酵母等具有显著的抑杀能力，使用参照对羟基苯甲酸乙酯。

(2)毒性　对小白鼠经口 LD_{50} 为 17 100 mg/kg。按 FAO/WHO(1985)规定，ADI 为 0～10 mg/kg。

(3)应用　对羟基苯甲酸丙酯的使用范围和最大使用量可参考对羟基苯甲酸乙酯的应用。

3. 对羟基苯甲酸丁酯

对羟基苯甲酸丁酯又名为尼泊金丁酯。分子式为 $C_{10}H_{14}O_3$，相对分子质量为 194.23。

(1)性质　对羟基苯甲酸丁酯为小而无色的结晶或白色粉末。几乎无臭，稍有涩味，熔点 69～72℃，极微溶于水，易溶于乙醇与丙二醇。

对羟基苯甲酸丁酯的抗菌能力大于对羟基苯甲酸丙酯和乙酯。对酵母和霉菌有强抑制作用，在中性条件下能充分发挥防腐作用。

(2)毒性　小白鼠经口 LD_{50} 为 17 100 mg/kg。按 FAO/WHO(1985)规定，ADI 为 0～10 mg/kg。

(3)应用　对羟基苯甲酸丁酯的使用范围和最大使用量可参考对羟基苯甲酸乙酯。

用于酱油时，在 5%的氢氧化钠溶液中加 20%～25%对羟基苯甲酸丁酯，然后加到 80℃的酱油中，用量为 0.05～0.1 g/L，即可达到酱油防霉的目的，也可与苯甲酸合用。对食醋可用醋酸溶液或氢氧化钠溶液，用量为 0.1 g/L，也可与水杨酸合用。

对清凉饮料可用乙醇溶液或氢氧化钠溶液，通常与苯甲酸和脱氧醋酸合用。对果汁和各种腌渍食品使用对羟基苯甲酸丁酯的醋酸溶液或乙醇溶液，对番茄汁使用 0.000 1%～0.000 2%即有效。

(四)丙酸及其盐类

1. 丙酸钠

分子式为 $C_3H_5O_2Na$，相对分子质量为 96.06。

(1)性质　白色结晶或白色晶体粉末或颗粒，无臭或微带特殊臭味。易溶于水，溶于乙醇，微溶于丙酮。在空气中吸潮。在 10%的丙酸钠水溶液中加入等量的稀硫酸，加热后产生有丙酸臭味的气体。

丙酸是一元羧酸，以抑制微生物 β-丙氨酸的合成而起到抗菌作用，故在丙酸钠中加入少量β-丙氨酸，其抗菌作用即被抵消，但是对棒状曲菌、枯草杆菌、假单胞杆菌等却仍有抑制作用。

丙酸钠是酸型防腐剂，起防腐作用的主要是未解离的丙酸，所以应在酸性范围内使用。如用于面包发酵中抑制杂菌生长及乳酪制品防霉等。丙酸钠对霉菌有良好的抑制效能，对细菌抑制作用较小，对酵母菌无抑制作用。

(2)毒性　丙酸是人体正常代谢的中间产物，可被代谢和利用，安全无毒。小鼠经口LD_{50}为5 100 mg/kg。FAO/WHO(1994)规定，ADI无需规定。

(3)应用　丙酸及其钠盐、钙盐用作食品防腐剂添加，按我国《食品添加剂使用卫生标准》(GB 2760—2007)规定，其使用范围和最大使用量(以丙酸计，g/kg)为：豆制品，2.5；原粮，1.8；生湿面制品(如面条、饺子皮、馄饨皮、烧卖皮)、面包、糕点、醋、酱油，2.5；其他(杨梅罐头加工工艺用)，50.0。

日本和美国在面包和西式糕点制造中，丙酸钠的最大使用量低于2.5 g/kg。在面包里使用丙酸钠会减弱酵母的功能，面包发泡稍差些。

2. 丙酸钙

分子式为$C_6H_{10}CaO_4 \cdot nH_2O(n=0,1)$，相对分子质量为186.23(无水物)，204.24(一水物)。

(1)性质　白色结晶或白色晶体粉末或颗粒，无臭或微带丙酸气味。用作食品添加剂的丙酸钙为一水盐，对光和热稳定，有吸湿性。易溶于水，不溶于乙醇、醚类。

丙酸钙的水溶液为碱性，其10%水溶液的pH为8～10。丙酸钙在酸性介质中游离出丙酸，发挥抑菌作用。

丙酸钙抑制霉菌的有效剂量小于丙酸钠，但它能降低化学膨松剂的作用。丙酸钙的优点在于糕点、面包和乳酪中使用它可补充食品中的钙质，且能抑制面团发酵时枯草杆菌的繁殖。pH为5.0时，最小抑菌浓度为0.01%；pH为5.8时需要0.188%；最适pH应低于5.5；其他参照丙酸钠。

(2)毒性　小鼠经口LD_{50}为3 340 mg/kg。FAO/WHO(1994)规定，ADI无需规定。

(3)应用　丙酸及其钠盐、钙盐用作食品防腐剂添加，应符合我国《食品添加剂使用卫生标准》(GB 2760—2007)要求。用于面包生产，使用时可用丙酸钙粉末或其浓溶液，与面粉、酵母混合，在面包中加入丙酸钙可延长货架期2～4 d不长霉，在月饼中加入可延长货架期30～40 d不长霉。番茄罐头开罐后易生霉，若加入丙酸钙，可延长保存期。丙酸钙具有强化钙的作用。考虑丙酸钙会降低膨松剂的效果，可使用丙酸钠。

(五)其他防腐剂

1. 脱氢乙酸

脱氢乙酸，又名脱氢醋酸，简称 DHA，分子式为 $C_8H_8O_4$，相对分子质量为 168.14。为无色至白色针状或片状结晶，或为白色或淡黄色的晶体粉末，几乎无味，无刺激性。熔点 109～112℃，易升华，沸点 270℃。难溶于水，溶于苛性碱的水溶液和乙醇。无吸湿性，加热能随水蒸气挥发，对热稳定，在光的直射下微变黄。其饱和水溶液(0.1%，25℃)的 pH 为 4。

脱氢乙酸有较强的广谱抗菌能力，对霉菌和酵母的抗菌能力特别强，0.1%的浓度即可有效地抑制霉菌，而抑制细菌有效浓度为 0.4%。对热稳定，在 120℃下加热 20 min 抗菌作用无变化。脱氢乙酸的抗菌作用不受 pH 变化影响，也不受其他因素影响。

根据我国《食品添加剂使用卫生标准》(GB 2760—2007)规定：脱氢乙酸及其钠盐可用于黄油和浓缩黄油，酱渍的蔬菜，盐渍的蔬菜，发酵豆制品，果蔬汁(浆)中，最大使用量为 0.3 g/kg；用于面包、糕点、焙烤食品馅料、复合调味料中，最大使用量为 0.5 g/kg。

2. 双乙酸钠

双乙酸钠简称 SDA，又名二醋酸-钠，为白色结晶粉末，带有醋酸气味，易吸湿，极易溶于水(100 g/100 mL)。10%的水溶液 pH 为 4.5～5.0；加热至 150℃以上分解，具有可燃性；SDA 是一种新型的食品添加剂。具有高效防腐、防霉、保鲜及增加食品营养价值等特点，分子式为 $C_4H_7NaO_4 \cdot H_2O$，相对分子质量为 142.9(无水)。双乙酸钠为乙酸钠和乙酸的分子化合物，由短氢键相螯合。双乙酸钠在阴凉干燥条件下稳定。

双乙酸钠是一种广谱、高效、无毒的防腐剂。对细菌和霉菌有良好的抑制能力。抗菌机理是：双乙酸钠含有分子状态的乙酸，可降低产品的 pH；乙酸分子与类酯化合物溶性较好，乙酸分子比离子化乙酸更能有效地渗透于微生物的细胞壁，干扰细胞间酶的相互作用，使细胞内蛋白质变性，从而起到有效的抗菌作用。

双乙酸钠作为食品添加剂是很安全的。研究试验证明，使用双乙酸钠对人、动物及生态环境没有破坏和副作用，它在生物体内的最终代谢产物是水和二氧化碳。

双乙酸钠可用于粮食及豆制品。双乙酸钠对谷物有极好的防霉效果。依据我国《食品添加剂使用卫生标准》(GB 2760—2007)，双乙酸钠的使用范围和最大使用量(g/kg)为：基本不含水的脂肪和油、豆干类、豆干再制品、原粮、油炸小食品(仅限油炸薯片)，1.0；大米(残留量≤30 mg/kg)，0.2；糕点，4.0；预制肉制品、熟肉制品，3.0；调味品，2.5；复合调味料，10.0。

双乙酸钠用于面包、蛋糕等食品的防霉，可以完全代替丙酸钙，由于两者有协同作用，复配使用能大大提高防霉的效果。

3. 乳酸链球菌素

乳酸链球菌素，也称乳酸链球菌肽，分子式为 $C_{143}H_{228}N_{42}O_{37}S_7$，平均相对分子质量为 3 348，为白色或略带黄色的易流动粉末，略带咸味。乳酸链球菌素在水中的溶解度随 pH 的下降而提高，且在酸性条件下最稳定。

乳酸链球菌素是多肽类，食用后在消化道内很快被蛋白质水解酶消化成氨基酸，不会改变肠道内正常菌群，以及引起常用其他抗生素会出现的耐药性，更不会与其他抗生素发生交叉抗性。其安全性很高。乳酸链球菌素的抑菌机理是作为阳离子表面活性剂能影响细菌胞膜和抑制革兰阳性菌胞壁质的合成。一般不能杀死细菌孢子，但当孢子发芽膨胀时，会增加对乳酸链球菌素的敏感度而被杀死。

乳酸链球菌素的抗菌谱较窄，只能抑制或杀灭革兰阳性细菌，如乳酸杆菌、链球菌、芽孢杆菌、梭状芽孢杆菌及其他厌氧性形成芽孢的细菌等，对革兰阴性菌、酵母和霉菌无杀灭作用。依据我国《食品添加剂使用卫生标准》(GB 2760—2007)，乳酸链球菌可用于乳及乳制品[纯乳、婴儿配方食品、较大婴儿和幼儿配方食品、婴幼儿断奶期食品、病人用特殊食品和孕产妇(乳母)配方食品除外]，最大使用量为 5.0 g/kg；食用菌和藻类罐头、八宝粥罐头、饮料类(包装饮用水类除外)，最大使用量为 0.2 g/kg；预制肉制品、熟肉制品，最大使用量为 0.5 g/kg。

三、食品防腐剂的应用及注意事项

(一)使用防腐剂应考虑的因素

使用防腐剂时，在对不同类型的食品性质、不同保藏条件的要求等全方位的了解基础上，才能正确地去选择和使用有效的防腐剂。

1. 全面了解所使用的防腐剂的杀菌、抑菌谱和使用的最低浓度

明确需要使用防腐剂的食品可能携带的腐败菌种类及其性质等，做到目的性明确。

2. 正确和合理地使用防腐剂

全面了解所用防腐剂的性质，包括溶解性、pH、对光和热的稳定性等。

3. 发挥防腐剂最大作用

全面了解食品的性质、食品加工的条件、储藏的环境、期限以及对防腐剂的要求和影响。

(二)影响防腐效果的因素

正确和合理地使用各类防腐剂需要正确地了解以下几个具体的因素：

1. 防腐剂的溶解性及其分散性

在使用食品防腐剂时，首先要明确被使用的对象。当使用易溶于水的防腐剂时，可用水先将其溶解后再加入食品中。对难溶或不溶于水的防腐剂，则可以先将其溶解于其他可食用的溶剂中后再添加到食品中去。对于那些在其他可食用溶剂中仍难以溶解或不溶的防腐剂，则可以采用化学方法进行适当的改性，使之能溶解或分散。

另外，还特别要注意防腐剂在食品中不同相中的分散性。①水果、蔬菜、冷藏类等食品的腐败仅发生在食品的外部，此时的防腐剂应具有好的分散性，但对其溶解性的要求并不高。②罐头、饮料、焙烤等食品，所用的防腐剂应具有很好的分散性，即能很好地溶解而均匀地分散于食品中。

2. pH 和水分活度

当在含水的食品体系中，所使用的防腐剂有些会处于解离平衡的状态，如有一类酸型的防腐剂，除解离出的氢离子起防腐作用外，更主要的是未解离的酸对微生物起作用，故这类防腐剂在使用过程中，要使未解离的浓度为最高，即这类防腐剂在 pH 低时效果最佳。

当在水中加入电介质或可溶性物质，都可以降低水分活度，这对防腐剂能产生增效作用。通常细菌生存的水分活度在 0.9 以上，而霉菌一般在 0.7 以上，故在水分活度高的情况下，大多数细菌方能生长，因此，通过降低水分活度对食品的防腐是有效的。

pH、水分活度与防腐剂的联合效应，可以用“栅栏原理”形象地描述，即使其中任何单独的一个不能足够地抑菌，但若以足够的数量和浓度共同作用于基质，就能一起防止微生物的生长。

3. 防腐剂的抑菌范围

防腐剂的抑菌范围包含着两个方面的意思：一是指防腐剂使用时食品的染菌程度；二是指食品中的细菌能否被防腐剂抑制。一般来说，食品被细菌污染的程度越高，则防腐剂的防腐效果就越差，通常防腐剂应在食品中细菌的诱导期之前和期间加入才能有效。如果防腐剂是在细菌进入增殖的对数期加入，则防腐的效果明显变差，所以食品防腐剂的加入应尽可能早，这样除防腐的效果好以外，其添加的防腐剂量也可以相应地减少。

4. 防腐剂的复配作用

许多微生物经长期使用某一类防腐剂后，往往会对其产生耐药性。为了克服这一缺点,可以对一些防腐剂进行适当的复配使用,从而扩大其抑菌作用的范围,减少一些微生物产生抗菌性的作用,从而提高防腐剂抑菌作用的效果。

特别需要注意的是防腐剂复配使用的过程中,可能会产生3种不同的作用:一是能增效或协同效应;二是能增加或相加效应;三是产生对抗或拮抗效应。前两者是有利的,而最后者是不利的。由此可以看出,并不是所有的防腐剂都可以进行复配使用。

(三)防腐剂与其他方法的结合

防腐剂与其他方法的结合使用可增强防腐效果。

1. 一般情况下加热可增强防腐剂的防腐效果

在加热杀菌时加入防腐剂,杀菌时间可以缩短。例如在56℃时,使酵母营养细胞数减少到1/10需180 min,若加入对羟基苯甲酸丁酯0.01%,则缩短为48 min。但是防腐剂与加热的方法只是合用,而不能代替巴氏灭菌或其他灭菌法。

2. 防腐剂与冷冻处理相结合

冷冻可以限制微生物的增殖,在室温条件下不足以防止食品腐败变质的防腐剂用量,在冷冻条件下就可能是足够的。防腐剂与冷冻处理相结合一般都能延长食品的冷藏保存期。

3. 防腐剂与辐射相结合

在辐射保藏食品实验中,发现防腐剂与电离和电磁辐射之间存在着增效作用,如在苹果、蔬菜汁和其他乳制品中使用山梨酸,可以降低辐射保鲜处理时的辐射剂量,这样有利于减少和防止辐射的副作用,节约能源和材料,但是辐射剂量的降低不能低于所要杀灭的微生物的致死量。

(四)防腐剂使用注意事项

1. 减少原料染菌的机会

食品加工用的原料应保持新鲜、干净,所使用的容器、设备等应彻底消毒,尽量减少原料被污染的机会。原料中含菌数越少,所加防腐剂的防腐效果就越好。若含菌数太多,即使添加防腐剂,食品仍易腐败。尤其是快要腐败的食品,即使加了防腐剂也如同没有添加一样。

2. 确定合理的添加时机

防腐剂是在原料中添加还是添加到半成品中,或者添加在成品表面,应根据产品的工艺特性及食品的保存期限等来确定,不同产品的添加时机可有不同。

3. 适当增加食品的酸度

不同防腐剂的防腐效果，受基质 pH 的影响较大。一般来说，对酸性防腐剂只有未离解的酸才具有抗菌作用，它能够通过微生物细胞的半透膜在细胞内部产生作用，防腐剂的作用浓度大大低于 1%。酸性防腐剂通常在 pH 较低的食品中防腐效果较好。此外，在低 pH 的食品中，细菌也不易生长。因此，如果能在不影响食品风味的前提下增加食品的酸度，可减少防腐剂的用量。

应用实例

山梨酸钾在肉制品中的应用

山梨酸钾是肉制品中使用很广泛的一种化学防腐剂。由于是一种不饱和脂肪酸，山梨酸可以在体内参与新陈代谢，最终被分解成二氧化碳和水，几乎没有毒性。山梨酸钾对霉菌、酵母菌及需氧菌有一定的抑制作用，而对革兰氏厌氧性芽孢菌几乎没有抑制作用。

将山梨酸钾、双乙酸钠和 0.01%浓度的 Nisin 配成 10%浓度的水溶液，浸泡 30 s 左右，然后在 65～75℃下干燥 10 min 就可以达到外防腐的目的，一般能延长产品货架期 3 d 左右。这种方法适合于温度高的季节和需要进行外防腐的产品，此时山梨酸钾的优势能够充分体现出来。其次山梨酸钾可以进行复配使用，能够起到协同作用，增加抑菌效果。

大量实验研究表明：山梨酸钾的防腐效果受到 pH 和产品包装形式的影响。

(1)一般情况下 pH 越低的产品，防腐效果越好，但在肉制品中以使用猪肉原料为例，一般 pH 为 5.8～6.5，在加工过程中根据生产需要必须添加磷酸盐，而磷酸盐加入到肉制品中后必然将 pH 向高点移动，从而达到保水性的目的。就保水性来讲，pH 越高越好。许多微生物生长范围的 pH 也恰在肉制品的具备范围内。因此在同等的山梨酸钾添加量下，pH 不一样，所表现的防腐效果不一样。

(2)山梨酸钾对需氧菌有抑制作用，对厌氧芽胞杆菌及乳酸杆菌均没有抑菌效果。

4. 与热处理并用

热处理可减少微生物的数量。因此，加热后再添加防腐剂，可使防腐剂发挥最大的功效。如果在加热前添加防腐剂,则可减少加热的时间。但是,必须注意加热的温度不应太高,否则防腐剂会与水蒸气一起挥发掉而失去防腐作用。

5. 分布均匀

防腐剂必须均匀分布于食品中,尤其在生产时更应注意。对于水溶性好的防腐剂,可先溶于水,或直接加入食品中充分混匀;对于难溶于水的防腐剂,可将其溶于乙醇等食品级有机溶剂中,然后在充分搅拌下加入食品中。有些防腐剂并不一定要求完全溶解于食品中,可根据食品的特性,将防腐剂添加于食品表面或喷洒于食品包装纸上。

此外,食品中的水分活度及防腐剂在油相及水相中的溶解度之比(即分配系数的大小)也对防腐剂的防腐作用具有明显的影响。

第二节　食品抗氧化剂

食品在生产、储存、运输和流通过程中,除受细菌、霉菌等作用发生腐败变质外,与空气中的氧作用也会出现食品中的油脂酸败、退色、褐变、风味变劣及维生素破坏等现象,不仅会使食品外观和营养发生各种变化,还会产生一些有害的物质,引起食物中毒。为了防止和减缓食品氧化,可以采用降温、干燥、充氮、密封、避光等方法,但在氧化变质前添加抗氧化剂是一种简单、经济而又较理想的方法。

防止食品发生氧化变质的方法有物理法和化学法。物理法是指对食品原料、加工环节及成品采用低温、避光、隔氧或充氮包装等方法;化学法是指通过在食品中添加抗氧化剂达到防止食品氧化变质的方法。因此食品抗氧化剂是指添加到食品中能阻止或延缓空气中氧气对食品的氧化,提高食品品质的稳定性和延长食品储存期的一类食品添加剂。

抗氧化剂种类繁多,目前尚无统一的分类标准。依据溶解性的不同,抗氧化剂可分为水溶性抗氧化剂和油溶性抗氧化剂两类。水溶性抗氧化剂包括抗坏血酸及其盐类、异抗坏血酸及其盐类、茶多酚、二氧化硫及其盐类等;脂溶性抗氧化剂包括丁基羟基茴香醚(BHA)、二丁基羟基甲苯(BHT)、特丁基对苯二酚(TBHQ)和维生素E等。依据来源的不同,抗氧化剂又可分为天然抗氧化剂和人工合成抗氧化剂。天然抗氧化剂包括茶多酚、植酸、脑磷脂等;人工合成抗氧化剂包括BHA、BHT、TBHQ等。依据作用机理的不同,抗氧化剂可分为自由基抑制剂、金属离子螯合剂、氧清除剂、单重态氧淬灭剂、过氧化物分解剂、酶抗氧化剂和紫外线吸收剂等。

食品抗氧化剂应具备以下条件:①有优良的抗氧化效果。②本身及分解的产物都无毒、无害。③稳定性好，与食品可以共存，对食品的感官性质没有影响。④使用方便，价格便宜。

我国《食品添加剂使用卫生标准》(GB 2760—2007)中允许使用的食品抗氧化剂为15种，包括丁基羟基茴香醚(BHA)、二丁基羟基甲苯(BHT)、没食子酸丙酯(PG)、*D*-异抗坏血酸钠、茶多酚、植酸、叔丁基对苯二酚(TBHQ)、甘草抗氧化物、抗坏血酸钙、脑磷脂、抗坏血酸棕榈酸酯、硫代二丙酸二月桂酯、4-己基间苯二酚、抗坏血酸及迷迭香提取物等。2004年增补竹叶抗氧化物。其他可用作抗氧化剂的如生育酚(维生素E)列入营养强化剂，葡萄糖氧化酶列入酶制剂中。目前，美国允许使用的食品抗氧化剂为24种，德国为12种，英国及日本各为11种，加拿大及法国均为8种。

一、食品抗氧化剂的作用机理

1. 食品的氧化变质

由活性氧引起的自由基反应可产生许多变化，例如生物体内的氧化还原、老化及食品品质的劣变等。活性氧即单重态氧，是由三重态氧($^3O_2$)经过诱导而产生的，单重态氧($^1O_2$)和过氧化阴离子游离基($\cdot O_2$)都可以还原为过氧化氢(H_2O_2)。H_2O_2与金属离子在紫外线照射的作用下生成羟基游离基($\cdot OH$)和其他种类游离基，所有这些活性物质与生物体或食品中的成分均可发生明显的相互氧化作用，使得食品发生老化、变质。

2. 抗氧化剂的作用机理

由于抗氧化剂种类较多，抗氧化剂的作用比较复杂，存在着多种可能性，归纳起来大致有以下几种：

(1)抗氧化剂释放出氢原子与油脂自动氧化反应产生的过氧化物结合，中断链式反应，从而阻止氧化过程继续进行。

(2)通过抗氧化剂的还原反应，降低食品内部及其周围的氧含量。有些抗氧化剂如抗坏血酸与异抗坏血酸本身极易被氧化，能使食品中的氧先与这些抗氧化剂反应，从而避免了油脂的氧化。

(3)通过破坏、减弱氧化酶的活性，使其不能催化氧化反应的进行。

(4)通过反应将能催化及引起氧化反应的物质封闭，如络合能催化氧化反应的金属离子等。

(5)多功能抗氧化剂，如磷脂和美拉德反应产物等。

在这4种抗氧化作用中，主要的是第一种，即终止自动氧化反应的链式传递。例如抗氧化剂BHA、BHT等酚类化合物，它们均能提供氢原子与油脂自动氧化所产生的游离基结合，终止链式反应的传递。它的作用机理用通式可表示如下（AH 表示抗氧化剂）：

$$ROO\cdot + AH \longrightarrow ROOH + A\cdot$$
$$R\cdot AH \longrightarrow RH + A\cdot$$

抗氧化剂的游离基 A· 没有活性，不能引起链式反应的传递，却能参与一些终止反应。例如：

$$A\cdot + A\cdot \longrightarrow AA$$
$$ROO\cdot + A\cdot \longrightarrow ROOA$$

抗氧化增效剂能与促进油脂自动氧化反应的微量金属离子生成螯合物，从而对促进氧化的金属离子起钝化作用。也有人认为增效剂（指酸性物质，用 SH 表示）可与抗氧化剂反应的产物基团（A·）作用，使抗氧化剂（AH）获得再生。一般酚型抗氧化剂，可依其使用量的 1～1/2 来使用柠檬酸等有机酸作为增效剂。

$$A\cdot + SH \longrightarrow AH + S$$

酶促氧化褐变是食品中酚氧化酶催化酚类物质发生氧化形成醌及其聚合物的一类反应。由于反应生成了黑色素类物质，使食品的颜色加深，从而影响了食品的外观质量。

发生酶促氧化褐变需要的 3 个条件为酚氧化酶、氧和适当的酚类物质。这 3 个条件缺一不可。由于从食品中除去酚类物质的可能性较小，现主要措施就是破坏和抑制酚氧化酶的活性及消除氧。若在食品中添加适量的抗氧化剂，通过还原作用，消耗食品体系中的氧，也可起到防止食品的酶促氧化褐变。

二、常用的食品抗氧化剂

1. 没食子酸丙酯

没食子酸丙酯（PG）别名棓酸丙酯、五倍子酸丙酯、3，4，5-三羟基苯甲酸丙酯，分子式为 $C_{10}H_{12}O_5$，相对分子质量为 212.21。

（1）性质　白色至淡褐色结晶性粉末或乳白色针状结晶，无臭。微有苦味，熔点 146～150℃。在水或含水乙醇溶液中结晶可得一水合物，在 105℃ 则失水变成无水物，有吸湿性。易溶于热水，难溶于冷水，水溶液无味。遇铜、铁离子发生呈色反应，变为紫色或暗绿色，对光不稳定，发生分解，耐高温性较差。

PG 使用量达 0.01% 时即能自动氧化着色，故一般不单独使用。没食子酸丙酯对猪油抗氧化作用较 BHA 和 BHT 都强；在没食子酸丙酯的使用中加增效剂柠檬酸后使抗氧化作用更强，但不如没食子酸丙酯与BHA和BHT混合时的抗氧化作用强。具有螯合作用的柠檬酸、酒石酸与PG复配使用，不仅可以起到增效作用，而且可以防止金属离子的呈色作用，因此没食子酸丙酯与BHA和BHT混合使用时，再加增效剂柠檬酸则抗氧化作用最好。没食子酸丙酯的缺点是易着色，在油脂中溶解度小。

(2)毒性　大鼠经口LD_{50}为3.8 g/kg体重。ADI为0～0.2 mg/kg体重(没食子酸丙酯、辛酯、十二酯总和)，FAO/WHO(1985)。

(3)应用　我国《食品添加剂使用卫生标准》(GB 2760—2007)规定：PG可用于脂肪、油和乳化脂肪制品，坚果与籽类罐头，方便米面制品，饼干，腌腊肉制品类，风干、烘干、压干等水产品。油炸食品中，PG的最大使用量为0.1 g/kg；胶基糖果中，最大使用量为0.4 g/kg。没食子酸丙酯与BHA，BHT混合使用时，BHA和BHT总量不得超过0.1 g/kg，没食子酸丙酯不得超过0.05 g/kg。实际应用时，PG的添加量随油脂的种类、品质不同而异，一般用量在0.01%以下，可以充分发挥其抗氧化作用。没食子酸丙酯对植物油作用良好，对猪油的抗氧化效果优于BHA或BHT，例如0.02%的没食子酸丙酯和0.01%的BHT对黄油制作的面包有良好效果。

2. 丁基羟基茴香醚

丁基烃基茴香醚(BHA)，别名叔丁基-4-烃基茴香醚、叔丁基对羟基茴香醚、丁基大茴香醚。分子式为$C_{11}H_{16}O_2$，相对分子质量为180.25。BHA是两种异构体3-叔丁基-4-烃基茴香醚(3-BHA)和2-叔丁基-4-烃基茴香醚(2-BHA)的混合物。

(1)性质　白色至微黄色蜡状结晶性粉末，略带酚类的特异臭味或刺激性气味。随BHA混合物中两种异构体的比例不同其熔点和沸点也不同，熔点48～63℃，沸点264～270℃(98 kPa)。不溶于水，易溶于乙醇、丙二醇及各种油脂，热稳定性高，在弱碱性条件下不容易破坏，这可能是其在焙烤食品中有效的原因之一。几乎没有吸湿性，在直射光线长期照射下，色泽会变深。

目前丁基烃基茴香醚是国际上广泛应用的抗氧化剂之一，也是我国常用的抗氧化剂之一。它的抗氧化作用是由它放出的氢原子阻断油脂自动氧化而实现的。商品BHA中3-BHA大于90%。3-BHA的抗氧化效果比2-BHA强1.5～2倍，两者混合后有一定的协同作用，含有高比例3-BHA的混合物，其效力几乎与纯3-BHA相仿。有实验证明，BHA的抗氧化效果以用量0.01%～0.02%为好，在低于0.02%时随浓度的增高抗氧化效果增强，而超过0.02%时，其抗氧化效果反而下降。

与其他抗氧化剂相比，BHA不像PG那样会与金属离子作用而着色；BHT不溶于丙二醇，而BHA易溶于丙二醇，易成为乳化状态，具有使用方便的特点，缺点是成本较高。BHA除具有抗氧化作用外，还有相当强的抗菌性。用量为0.015%的BHA能抑制金黄色葡萄球菌，用量为0.028%的BHA可阻止寄生曲霉孢子的生长，能阻碍黄曲霉毒素的生成。

(2)毒性　大白鼠经口LD_{50}为2.9 mg/kg体重。1994年FAO/WHO规定ADI为0～0.5 mg/kg。多年来国内外的研究报道表明BHA是比较安全的抗氧化剂。

(3)应用　我国《食品添加剂使用卫生标准》(GB 2760—2007)规定：BHA可用于食用油脂、油炸食品、干鱼制品、饼干、方便面、速煮米、果仁、罐头、腌腊肉制品，最大使用量为0.2 g/kg，胶基糖果最大使用量为0.4 g/kg。

实际应用上丁基烃基茴香醚广泛用于各种食品，如油脂、含油食品及食品包装材料。应用时应注意以下几个方面：①BHA对动物脂肪的抗氧化作用较强。在鱼油中添加0.02%的BHA后其氧化稳定性得到明显的提高；BHA对植物油的作用较小。②0.01%的BHA可稳定生牛肉的色素和抑制脂类化合物氧化，BHA可防止各种干香肠的退色和变质。③0.01%的BHA能延长奶粉和奶酪的保质期。④BHA可延长咸干鱼类的储存期。⑤BHA能稳定辣椒粉的颜色，防止核桃、花生等的氧化。将BHA加入焙烤用油和盐中，可以保持焙烤食品和盐味花生的香味。⑥BHA还可用于包装材料上，将其涂抹在包装内面，也可在包装袋内充入抗氧化剂的蒸气，或用喷雾法将抗氧化剂喷洒在包装纸张或纸板上，用量为0.02%～0.1%。

3. 二丁基羟基甲苯

二丁基羟基甲苯(butylated hydroxy toluene，BHT)，别名2,6-二叔丁基对甲酚，分子式为$C_{15}H_{14}O_2$，相对分子质量为220.36。

(1)性质　无色结晶或白色晶体粉末，无臭、无味。熔点69.5～71.5℃(69.7℃，纯品)，沸点265℃。不溶于水和甘油，能溶于乙醇、丙酮、甲醇、苯、矿物油、大豆油、棉籽油、猪油等许多溶剂中。具有单酚型特征物质的升华性，加热时能与水蒸气一起挥发。化学稳定性好，热稳定性高，与金属离子反应不着色。

二丁基羟基甲苯同其他脂溶性抗氧化剂相比，稳定性高，抗氧化效果好，在猪油中加入0.01%的BHT，能使其氧化诱导期延长2倍，且没有没食子酸丙酯那样遇金属离子反应着色的缺点，也没有BHA的特异臭，并且价格低廉，为BHA的1/8～1/5，可用作主要抗氧化剂。但是它的毒性相对较高，为我国主要使用的合成抗氧化剂品种。

BHT与柠檬酸、抗坏血酸或BHA复配使用，能显著提高抗氧化效果。BHT的抗氧化作用是由于其自身发生自动氧化而实现的。

(2)毒性　大白鼠经口 LD_{50} 为 1.70～1.97 g/kg 体重。ADI 为 0～0.125 mg/kg 体重(FAO/WHO,1987)。

(3)应用　我国《食品添加剂使用卫生标准》(GB 2760—2007)规定:二丁基羟基甲苯的使用范围及最大使用量(g/kg)为:脂肪、油和乳化脂肪制品,坚果罐头,即食谷物[包括碾轧燕麦(片)],方便米面制品,饼干,腌腊肉制品类(如咸肉、腊肉、板鸭、中式火腿、腊肠等),风干、烘干、压干等水产品,油炸食品,0.2;胶基糖果,0.4。与 BHA 相同,两者混用时,总量不得超过 0.2 g/kg。实际应用方面 BHT 对于油炸食品所用油脂的保护作用较小,对人造黄油储存期间没有足够的稳定作用,一般很少单独使用。BHT 与柠檬酸、抗坏血酸或 BHA 复配使用时,能显著提高抗氧化效果。

具体使用时应注意以下方面:①对于动物油脂,使用浓度为 0.005%～0.02%,BHA、没食子酸酯类、柠檬酸混用时,用量为 0.001%～0.01%。②对于植物油,可使用 BHT、BHA 和柠檬酸组成比为 2∶2∶1 的混合物。③对焙烤食品,用量为添加脂肪的 0.01%～0.04%。④对谷物食品,使用量为 0.005%～0.02%。⑤对肉制品,BHT 可有效延缓猪肉中亚铁血红素的氧化,防止退色。⑥对奶制品,0.008%的 BHT 可稳定牛奶。⑦对核桃、花生等带壳的食品,BHT 可延长焙烤的坚果和杏仁的货架期。⑧对香精油和口香糖,0.01%～0.1%的 BHT 可防变味、发硬和变脆。⑨BHT 也可加入包装焙烤食品、速冻食品及其他食品的纸或塑料薄膜等材料中,用量为每千克包装材料加 0.2～1 g BHT。

4. 特丁基对苯二酚

特丁基对苯二酚(TBHQ),别名叔丁基对苯二酚、叔丁基氢醌,分子式为 $C_{10}H_{14}O_2$,相对分子质量为 166.22。

(1)性质　白色至黄白色结晶性粉末,有特殊气味。熔点 126.5～128.5℃,沸点 300℃,微溶于水,易溶于有机溶剂,且在油、水中溶解度随温度升高而增大。对热稳定,不与铁、铜等形成络合物,但在见光或碱性条件下可呈粉红色。

叔丁基对苯二酚有较强的抗氧化能力。对植物油而言,抗氧化能力顺序为 TBHQ＞PG＞BHT＞BHA;对动物油脂而言,抗氧化能力顺序为 TBHQ＞PG＞BHA＞BHT。

TBHQ 对其他的抗氧化剂有增效作用。特别是对其他酚类抗氧化剂都不起作用的油脂中,它还是有效的。由于柠檬酸可增强其抗氧化活性,在植物油、膨松油和动物油脂中,TBHQ 一般与柠檬酸结合使用。TBHQ 对稳定油脂的颜色和气味没有作用,在焙烤食品中它没有“携带进入”能力,与 BHA 混合使用时可改善上述性质,但在油炸食品中具有这种能力。

TBHQ 还具有一定的抗菌作用,对细菌、酵母和霉菌均有抑制作用,且氯化钠对其抗菌有增效作用。但在 pH 为 7.5 时，抗菌作用较弱。

(2)毒性　大鼠经口 LD_{50} 为 700～1 000 mg/kg 体重，ADI 暂定为 0～0.2 mg/kg 体重(FAO/WHO,1994)。

(3)应用　我国《食品添加剂使用卫生标准》(GB 2760—2007)规定：TBHQ 可用于食用油脂、油炸食品、干鱼制品、饼干、方便面、速煮米、干果 罐头及腌肉制品，最大使用量为 0.2 g/kg,

实际应用中，TBHQ 对于油脂，特别是不饱和的粗植物油是很有效的。添加 0.02%的 TBHQ 可使饱和与不饱和的油脂氧化稳定性提高 2～5 倍，比传统的抗氧化剂更能延长油脂食品的货架期；且抗氧化效果随添加量的增加而增大；TBHQ 与少量的增效剂配合使用能起到抗氧化协同作用而增强抗氧化效果，如 PG、BHT、维生素 E、抗坏血酸棕榈酸酯、柠檬酸和 EDTA 等。

TBHQ 对于高温是很稳定的，挥发性比 BHA 和 BHT 小，对于加工和食用中需要加热的食品非常适用。

TBHQ 在油炸食品过程中，能很好地随油脂进入食品中而起抗氧化作用，但在食品焙烤过程中效果较差。0.02%的 TBHQ 能提高棕榈油及方便面的氧化稳定性，花生油中 TBHQ 的一般使用量为 0.02%，香肠依据脂肪量加入 0.015% TBHQ，TBHQ 还可使果仁及谷类早餐食品等延长货架期。尽量避免在碱性条件下使用 TBHQ，以防止变色。

5. *L*-抗坏血酸类

L-抗坏血酸，即维生素 C，分子式为 $C_6H_8O_6$，相对分子质量为 176.13。

(1)性质　白色或略带淡黄色的结晶性粉末，无臭，有酸味，易溶于水、乙醇，不溶于乙醚、氯仿和苯，熔点为 190～192℃，受光照后逐渐变成褐色。干燥状态下在空气中稳定，在水溶液中迅速变质、分解，特别是在中性或碱性溶液中，在 pH 为 3.5～4.5 时较稳定。重金属离子会促进其氧化分解。因此，在使用时必须注意避免从水及容器中混入金属和接触空气。

抗坏血酸的抗氧化机理是消耗氧，还原高价金属离子，降低食品的氧化还原电势，以防止对食品的氧化。由于 *L*-抗坏血酸能与氧结合而作为食品除氧剂，故其常用在啤酒、无醇饮料、果汁中，既可以防止退色，变色，也可防止风味变劣和其他由氧化而引起的质量问题。抗坏血酸作为抗氧化剂使用时，可以用柠檬酸作为增效剂。正常剂量的抗坏血酸对人体无毒害作用，大剂量也无害于人体健康。

抗坏血酸呈酸性，不宜用于酸性物质食品，如是酸性物质食品可改用抗坏血酸钠盐。例如牛奶等可采用抗坏血酸钠盐。

L-抗坏血酸为非脂溶性，不能直接作为油脂食品的抗氧化剂，一般使用脂溶性的 α-生育酚增效剂作用于油脂食品。*L*-抗坏血酸在油脂食品中的使用量为

α-生育酚的 1/4～1/2。

抗坏血酸还可抑制果蔬的酶促褐变，即使浓度极大也无异味，主要用于含气体的果蔬制品中。一般每毫升容器顶隙只需要 7 mg 抗坏血酸，即可除去食品内部及周围（或容器顶隙）96％的氧，将含氧量降低到临界水平以下，从而有效地防止氧化褐变及其他氧化反应，延长食品的货架期。

（2）毒性　大鼠经口 LD_{50} 大于 5 000 mg /kg 体重；ADI 为 0～15 mg/kg 体重（FAO/WHO，1994）。

（3）应用　我国《食品添加剂使用卫生标准》（GB 2760—2007）规定：维生素 C 作为抗氧化剂可用于啤酒，最大使用量为 0.04 g/kg；用于发酵面制品为0.2 g/kg；果蔬汁饮料为 0.5 g/kg。

6. 生育酚

生育酚（tocopherol），别名维生素 E、维多酚。广泛存在于高等动植物体中，它是一种天然的抗氧化剂，有防止动植物组织内的脂质氧化的功能。已知的天然维生素 E 有 α-、β-、γ-、δ-等 7 种同分异构体，作为抗氧化剂使用的是它们的混合浓缩物。

在一般情况下，生育酚对动物油脂的抗氧化效果比植物油大，但是动物油脂中天然存在的生育酚比植物油少。有关猪油的实验表明，生育酚的抗氧化效果几乎与 BHA 相同。

（1）性质　黄至褐色透明黏稠液体，可有少量微晶体蜡状物，几乎无臭。易溶于乙醇，可溶于丙醇、氯仿、乙醚，不溶于水，热稳定性高。在较高的温度下，生育酚仍有较好的抗氧化性能，其耐光、耐紫外线、耐放射线的性能也较 BHA 和 BHT 强。生育酚还有阻止咸肉中产生致癌物亚硝胺的作用。

（2）毒性　大白鼠、小白鼠经口 LD_{50} 大于 10 g/kg 体重。ADI 为 0.15～2 mg/kg 体重（FAO/WHO，1994）。

（3）应用　在国外生育酚混合物广泛用作食品抗氧化剂，很多国家对其使用量没有限制。我国还未将生育酚列入《食品添加剂使用卫生标准》（GB 2760—2007）。合成法生产的维生素 E，由于价格较高，主要用于医药、化妆品和强化食品。

实际应用中，对于油脂，维生素 E 的最适使用浓度因油脂中脂肪酸组成不同而异。对肉制品、水产品、脱水蔬菜、果汁饮料、冷冻食品、方便面等，其用量一般为食品中油脂含量的 0.01％～0.2％。

7. 茶多酚

茶多酚（tea polyphenols，TP），是一种多酚化合物的总称，主体是儿茶素类化合物，其中儿茶素占 60％～80％。儿茶素类化合物主要包括表儿茶素（EC）、表没食子儿茶素（EGC）、表儿茶素没食子酸酯（ECG）和表没食子儿茶素没食子酸酪酯

(EGCG)4 种。

(1)性质　白褐色粉末或结晶，具有涩味。易溶于水、乙醇和乙酸乙酯，微溶于油脂，不溶于氯仿、苯等有机溶剂，略有吸湿性。在 pH 2～7 范围内均十分稳定。在碱性条件下易氧化褐变。遇铁离子生成绿黑色化合物。

茶多酚中的酯型儿茶素 EGCG，其还原性甚至可达 *L*-抗坏血酸的 100 倍，且抗氧化性能随温度的升高而增强。对动物油脂的抗氧化效果优于对植物油脂的效果。4 种主要儿茶素化合物在等摩尔浓度时，它们的抗氧化能力顺序为：EGCG＞EGC＞ECG＞EC，且随温度升高抗氧化能力增强。茶多酚与苹果酸、柠檬酸、酒石酸、生育酚和抗坏血酸等有良好的协同作用。

(2)毒性　茶多酚对人体无毒。

(3)应用　我国《食品添加剂使用卫生标准》(GB 2760—2007)规定：茶多酚用于含复合调味料，最大使用量为 0.1 g/kg；油炸食品、方便面使用量为 0.2 g/kg；肉制品、鱼制品为 0.3 g/kg；油脂、火腿、糕点及其馅料，最大使用量为 0.4 g/kg。以上均为茶多酚含量为 40％～60％的制剂（以油脂中儿茶素计）。茶多酚在实际生产中主要作为抗氧化剂、防腐剂使用。主要用于动植物油脂、水产品饮料、糖果、乳制品、油炸食品、调味品、化妆品及功能性食品的抗氧化、防腐保鲜、护色、保护维生素、消除异味、改善食品风味等。

茶多酚使用时，在水基食品中可将茶多酚溶于水直接使用。对油脂、鱼、肉等食品，可先将茶多酚溶于食用乙醇后使用。也可将茶多酚制成乳液使用。水产品和部分肉制品可采用浸入法或喷涂法。

茶多酚除具抗氧化作用外，还具有抑菌作用，如对葡萄球菌、大肠杆菌、枯草杆菌等均有抑制作用，最低抑制含量为 0.005％～0.1％。茶多酚具有一定的除臭作用，可吸附食品中的异味，并可将高糖食品中“酸尾”除去，使口感甘爽。茶多酚对食品中的色素具有保护作用，既可起到天然色素的作用，又可防止食品退色。

三、食品抗氧化剂使用注意事项

1. 适时使用和充分溶解分散

抗氧化剂只能阻碍脂质氧化，延缓食品开始败坏的时间，而不能改变已经变坏的后果，因此，抗氧化剂必须要在食物发生氧化之前加入。抗氧化剂用量一般很少，所以必须充分地分散在食品中，才能发挥其作用。油溶性的抗氧化剂要先溶于油相中，水溶性的抗氧化剂则要先溶于水相中，然后要混合均匀。

2. 适量的使用和协同作用

抗氧化剂的量和抗氧化效果并不总是正相关，当超过一定浓度后，不但不再增强抗氧化作用反而具有促进氧化的效果。

由于不同抗氧化剂可以分别在不同的阶段终止油脂氧化的连锁反应。因此凡两种或两种以上抗氧化剂混合使用时，其抗氧化效果往往大于单一使用之和，这种现象称为抗氧化剂的协同作用。

3. 金属助氧化剂和抗氧化剂的增效剂

过渡元素金属，特别是具有合适的氧化还原电位的三价或多价的过渡金属(Co、Cu、Fe、Mn、Ni)有很强的促进脂肪氧化的作用被称为助氧化剂，所以必须尽量避免这些离子的混入。

通常在植物油中添加抗氧化剂时，同时添加某些酸性物质，可显著提高抗氧化效果，这些酸性物质叫做抗氧化剂的增效剂。如柠檬酸、磷酸、抗坏血酸等，一般认为是这些酸性物质可以和促进氧化的微量金属离子生成螯合物，从而起到钝化金属离子的作用。也有的增效剂其本身是还原剂，如抗坏血酸可以使酚型抗氧化剂再生。所以，在使用抗氧化剂时要避免金属助氧化剂的存在，同时和增效剂一起使用。

应用实例

L-抗坏血酸棕榈酸酯在乳制品中的应用

L-抗坏血酸棕榈酸酯作为一种高效的氧清除剂和增效剂广泛应用于乳制品及营养保健食品中，它主要通过降低包装体系中的氧气浓度而起抗氧化作用。其添加工艺包括“干法”和“湿法”工艺。

【干法工艺】

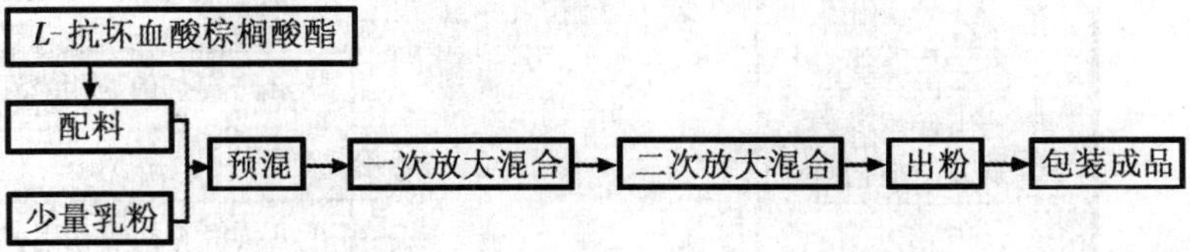

【湿法工艺】

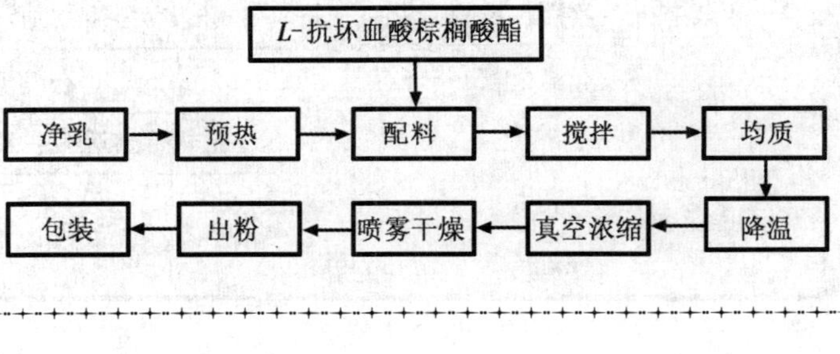

4. 避免光、热、氧的影响

使用抗氧化剂的同时还要注意存在的一些促进脂肪氧化的因素，尤其是紫外线，极易引起脂肪的氧化，可采用避光的包装材料。

加工和储藏中的高温可以促进食品的氧化。一般的抗氧化剂，经加热特别是在油炸等高温处理时很容易分解或挥发，例如 BHT 在大豆油中经加热至 170℃，90 min 就完全分解或挥发。而对于 BHA 只有 60 min，没食子酸丙酯仅30 min。此外 BHT 在 70℃以上、BHA 在 100℃以上加热，则会迅速升华挥发。

大量氧气的存在会加速氧化的进行，实际上只要暴露于空气中，油脂就会自动氧化。避免与氧气接触极为重要，尤其对于具有很大比表面的含油粉末状食品。一般可以采用充氮包装或真空密封包装等措施，也可采用吸氧剂或称脱氧剂，否则任凭食品与氧气直接接触，即使大量添加抗氧化剂也难以达到预期效果。

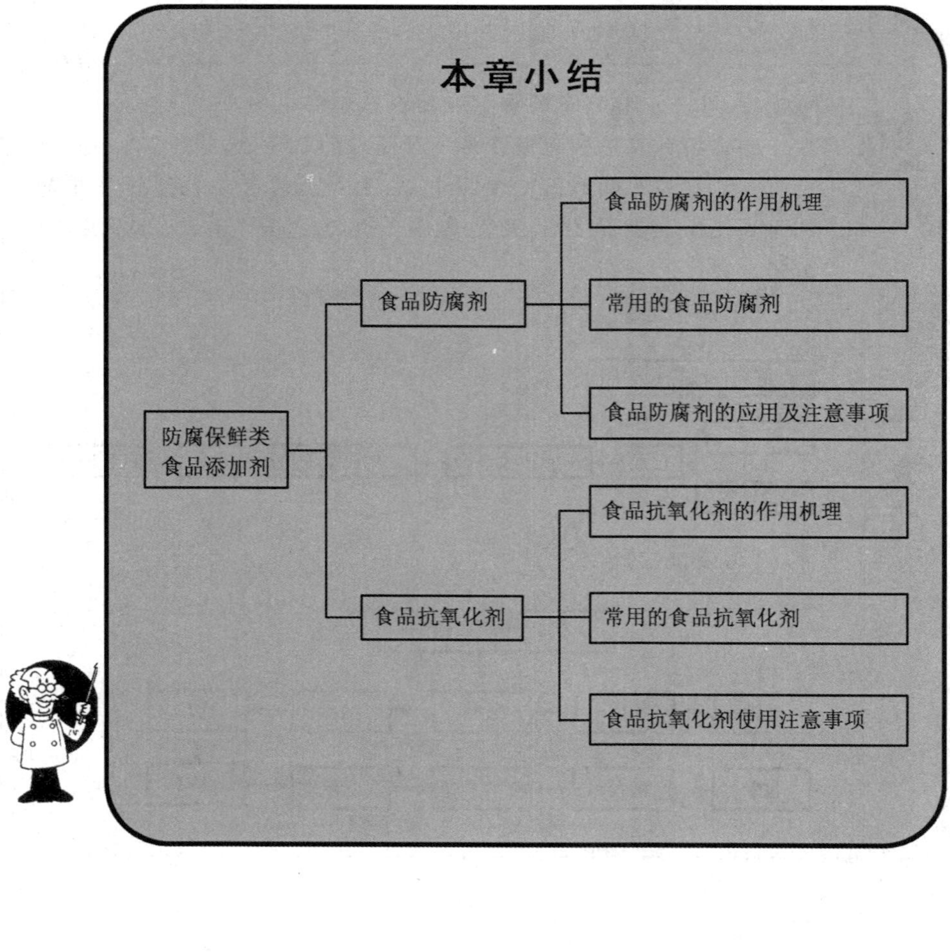

复习思考题

1. 食品变质的主要表观现象是什么？导致食品变质败坏的主要因素是什么？

2. 简述防腐剂抗菌作用的一般机理。

3. 防腐剂在食品中充分发挥作用必须注意哪些方面？

4. 试比较几种化学防腐剂的共同点和不同点。

5. 举例阐述一类防腐剂的性质、特点和应用。

6. 什么是抗氧化剂？其作用机理如何？

7. 比较一下抗氧化剂 BHA、BHT 及 PG 在安全性、抗氧化特性及使用特性方面的异同。

8. 试举例说明如何利用抗氧化剂的互配效应以达到用较小的剂量解决食品的抗氧化问题。

9. 举例说明除氧剂的组成、作用及脱氧机理。

10. 举例说明茶多酚的性能、作用和应用。

11. 针对抗氧化剂对自由基的清除，结合所学知识，谈谈你对天然抗氧化剂开发的认识。

第二章 护色调色类食品添加剂

知识目标

- 了解食品发色剂和漂白剂的定义和分类，食品着色剂的生色机理及拼色原理。
- 熟悉食品发色剂和漂白剂的作用机理，食品着色剂的概念和分类。
- 掌握食品发色剂和漂白剂的特性与使用中注意的问题，色素溶液配制方法及应注意的问题。

技能目标

- 掌握发色剂发色处理技术。
- 掌握色调调配技术、食品的着色技能。
- 掌握食品或原料的漂白处理技术。

第一节 护色剂

发色剂也称为护色剂或助色剂，是为增色、调色或加深颜色而加入到食品中的物质，主要是指向食品中添加的非色素类的并能使肉类制品发色的化学物质。常用的发色剂有硝酸盐和亚硝酸盐，此类物质具有一定的毒性，特别是可与胺类物质生成强致癌物质亚硝胺。

食品中除使用发色剂外，还常常配合使用一些能促进发色的还原性物质，以获得更佳的发色效果，这些物质称为发色助剂。

我国《食品添加剂使用卫生标准》(GB 2760—2007)规定普通食品常用的护色剂有亚硝酸钠、亚硝酸钾、硝酸钠、硝酸钾。常用的发色助剂有*L*-抗坏血酸及其钠盐、异抗坏血酸及其钠盐、烟酰胺等。硝酸盐和亚硝酸盐是我国已经使用几百年的肉制品护色技术，但是因为安全性的原因，绿色食品中禁止使用亚硝酸钠、亚硝酸钾、硝酸钠和硝酸钾。

一、护色机理

动物瘦肉呈现的红色是由肌肉组织中所含肌红蛋白(myoglobin,Mb)和血红蛋白(hemoglobin,Hb)构成的。由于肉的部位不同和家畜品种的差异,其含量和比例也不一样。一般来说,机体肌肉中血红蛋白占总色素的20%~30%,肌红蛋白占70%~80%。由此可见,肌红蛋白是使肉类呈色的主要成分。

肌红蛋白中含有一分子正铁血红素,血红蛋白中含有四分子正铁血红素。生肉进行加工、加热处理会使正铁血红素氧化而变性,导致肉的颜色发生变化。鲜肉中的肌红蛋白为还原型,呈暗紫色,很不稳定,易被氧化变色。当还原型肌红蛋白分子中二价铁离子上的结合水被分子状态的氧置换,形成氧合肌红蛋白(MbO_2),色泽鲜艳,此时的铁仍为二价。当氧合肌红蛋白在氧或氧化剂的存在下进一步将二价铁氧化成三价铁时,则生成褐色的高铁肌红蛋白,成为浅褐色。为了使肉制品不变色,所以在肉制品加工中常使用发色剂和发色助剂。

硝酸盐在亚硝酸细菌的作用下还原成亚硝酸盐,亚硝酸盐在酸性条件下可生成亚硝酸。屠宰后的肉经过成熟作用,肉内含有乳酸。由于乳酸的积累,肉的pH为5.6~5.8,构成酸性条件,故不需要另添加酸即可使亚硝酸盐变成亚硝酸,其反应为:

$$NaNO_2 + CH_3CHOHCOOH = HNO_2 + CH_3CHOHCOONa \quad (1)$$

生成的亚硝酸不稳定,在常温下可分解为亚硝基(NO),反应为:

$$3HNO_2 = 2NO + H_2O + HNO_3 \quad (2)$$

所生成的亚硝基很快与肌红蛋白(Mb)反应生成鲜红色的亚硝基肌红蛋白(MbNO)。

$$Mb + NO = MbNO \quad (3)$$

MbNO是肌肉的主要成分,MbNO遇热后释放出硫氢基(—SH),变成较稳定的具有鲜艳红色的亚硝基血色原,而使肉呈现鲜红色。

由式(2)可知,亚硝酸分解生成NO时,也生成少量硝酸,而NO在空气中还可被氧化成NO_2,进而与水反应生成硝酸,如下式所示:

$$2NO + O_2 = 2NO_2 \quad (4)$$

$$2NO_2 + H_2O \rightarrow HNO_2 + HNO_3 \quad (5)$$

如式(4)、式(5)所示,不仅亚硝基被氧化生成硝酸,而且还抑制了亚硝基肌红蛋白的生成。硝酸有很强的氧化性，即使肉中含有很强的还原性物质，也不能防止肌红蛋白部分氧化成高铁肌红蛋白。因此，在使用硝酸盐与亚硝酸盐的同时，常用 *L*-抗坏血酸及其钠盐等还原性物质来防止肌红蛋白氧化，且可把氧化型的褐色高铁肌红蛋白还原为红色的还原型肌红蛋白，以助发色。此外，烟酰胺可与肌红蛋白结合生成很稳定的烟酰胺肌红蛋白，难以被氧化。所以在肉类制品的腌制过程中添加适量的烟酰胺，可以防止肌红蛋白在从亚硝酸到生成亚硝基期间的氧化变色。磷酸盐和柠檬酸盐作为金属离子螯合剂，也可防止肌红蛋白的氧化变色。由于发色助剂复配使用效果更佳，所以在用亚硝酸钠腌肉时，将抗坏血酸钠 0.55 g/kg、维生素 E 0.5 g/kg、烟酰胺 0.2 g/kg 和亚硝酸钠 0.04～0.05 g/kg 合用，既可以护色，又可以抑制亚硝胺的生成。

二、常用护色剂

食品护色剂的应用在我国已有悠久的历史，古代人们在腌制肉类食品时就使用硝石（硝酸钾），这一应用对食品生产发展起了重要的作用。常用的食品护色剂主要有亚硝酸钠、亚硝酸钾、硝酸钠、硝酸钾等。

1. 亚硝酸钠

亚硝酸钠分子式为 $NaNO_2$，相对分子质量为 69.10。

（1）性质　白色至浅黄色结晶性粉末或粒块状颗粒，味微咸，相对密度 2.168，熔点 271℃，沸点为 320℃（分解）。在空气中易吸湿，且能缓慢吸收空气中的氧，逐渐变为硝酸钠。易溶于水，水溶液 pH 约为 9。微溶于乙醇。

（2）毒性　ADI：0～0.06 mg/kg 体重（以亚硝酸根离子计），此 ADI 值除 3 月龄以下的婴儿外均适用，（FAO/WHO，1995）。小鼠口服 LD_{50} 为 220 mg/kg 体重；大鼠口服 85 mg/kg 体重（雄性），175 mg/kg 体重（雌性）。

（3）应用　我国《食品添加剂使用卫生标准》（GB 2760—2007）规定：亚硝酸钠可用于腌腊肉制品类（咸肉、腊肉、板鸭、中式火腿、腊肠等），酱卤肉制品，熏、烧、烤肉类，油炸肉类，西式火腿（熏烤、烟熏、蒸煮火腿）类，肉灌肠类，发酵肉制品类和肉罐头类，最大使用量为 0.15 g/kg。肉罐头类残留量以亚硝酸钠计≤50 mg/kg，西式火腿（熏烤、烟熏、蒸煮火腿）类残留量以亚硝酸钠计≤70 mg/kg，其他肉制品残留量以亚硝酸钠计≤30 mg/kg。

FAO/WHO（1983）规定：亚硝酸钠可用于咸牛肉罐头，最大使用量为 50 mg/kg（单用或与亚硝酸钾合用，以亚硝酸钠计）；用于午餐肉、熟腌火腿、熟猪前腿肉、熟腌碎肉最大使用量为 125 mg/kg（单用或与亚硝酸钾合用，以亚硝酸钠计）。

2. 亚硝酸钾

亚硝酸钾分子式为 KNO_2，相对分子质量为 85.10。

(1)性质 白色至微黄色晶体或柱状体。相对密度 1.915，熔点 441℃，350℃分解。在空气中易吸潮，在潮湿空气中可缓慢转变为硝酸钾。易溶于水，微溶于乙醇。

(2)毒性 参照亚硝酸钠。

(3)应用 我国《食品添加剂使用卫生标准》(GB 2760—2007)规定：亚硝酸钾使用与亚硝酸钠相同，并且可代替亚硝酸钠作为混合盐的组成成分用于肉制品的腌制，使用可参考亚硝酸钠。

3. 硝酸钠

硝酸钠别名智利硝，分子式为 $NaNO_3$，相对分子质量为 84.99。

(1)性质 无色透明结晶或白色结晶状粉末，可稍带浅颜色，无臭，味咸，微苦。加热到 380℃分解，并生成亚硝酸钠。在潮湿空气中易吸湿，易溶于水，微溶于乙醇。当溶解于水时有吸热现象，使溶液温度降低，其水溶液呈中性。

(2)毒性 大鼠口服 LD_{50} 为 3 236 mg/kg 体重，ADI：0～5 mg/kg 体重(以硝酸钠计得硝酸盐总量)，(FAO/WHO，1994)。

(3)应用 我国《食品添加剂使用卫生标准》(GB 2760—2007)规定：硝酸钠可用于腌腊肉制品类(咸肉、腊肉、板鸭、中式火腿、腊肠)，酱卤肉制品，熏、烧、烤肉类，油炸肉类，西式火腿，肉灌肠类，发酵肉制品类，最大使用量为 0.5 g/kg，残留量以亚硝酸钠计≤30 mg/kg。

4. 硝酸钾

硝酸钾别名硝石、硝钾，分子式为 KNO_3，相对分子质量为 101.10。

(1)性质 无色透明棱状结晶、白色颗粒或白色结晶性粉末。无臭，有咸味，口感清凉。在潮湿空气中稍吸湿。相对密度 2.109(16℃)，熔点 333℃，在约 400℃时分解，释放出氧，生成亚硝酸钾。水溶液对石蕊呈中性。1 g 约溶于 3 mL 水(25℃)或 0.5 mL 沸水中，微溶于乙醇。

(2)毒性 大鼠口服 LD_{50} 为 3 236 mg/kg 体重，ADI：0～5 mg/kg 体重(以硝酸钠计得硝酸盐总量)，(FAO/WHO，1994)。

(3)应用 我国《食品添加剂使用卫生标准》(GB 2760—2007)规定：硝酸钾使用范围和使用量与硝酸钠相同，可代替硝酸钠作为混合盐的组成成分用于肉制品的腌制。

三、食品助色剂

食品助色剂是指本身并不能发色，但与发色剂配合使用可以明显提高发色效果，同时可降低发色剂的用量而提高其安全性的一类物质。常用的食品助色剂主要有*L*-抗坏血酸及其钠盐、异抗坏血酸、烟酰胺等。

1. *L*-抗坏血酸

L-抗坏血酸又称维生素C。分子式为$C_6H_8O_6$，相对分子质量为176.13。

(1)性质　白色或略带淡黄色的结晶或粉末，无臭，味酸，遇光色渐变深，干燥状态比较稳定，但水溶液很快被氧化分解，在中性或碱性溶液中更易氧化分解，必须注意避免从水及容器中混入金属和接触空气。易溶于水，溶于乙醇，但不溶于苯、乙醚等溶剂。

抗坏血酸具有强还原性能，用于防止因氧化引起的品质变劣现象。此外还有抑制水果、蔬菜酶促褐变，钝化金属离子的作用。

(2)毒性　大白鼠经口LD_{50}大于5 g/kg体重。ADI为0～15 mg/kg体重(FAO/WHO，1994)。

(3)应用　抗坏血酸作为肉制品的护色助剂使用，可以把氧化型的褐色高铁肌红蛋白还原为红色的还原型肌红蛋白，以助护色，在腌制或斩拌时添加。也可把原料肉浸在含有维生素C的0.02%～0.03%水溶液中。根据我国《食品添加剂使用卫生标准》(GB 2760—2007)规定：抗坏血酸用于水果罐头、果酱、蔬菜罐头、八宝粥罐头、肉罐头类，最大使用量为1 g/kg；预制肉制品，熟肉制品，最大用量为0.5 g/kg；果蔬汁(肉)，葡萄酒，最大使用量为0.15 g/kg。

抗坏血酸与柠檬酸、磷酸盐类同时使用，不仅能提高肉制品的品质，而且发色效果也好。这是由于柠檬酸、磷酸盐类能螯合金属离子，有防止抗坏血酸氧化的性能。

2. 烟酰胺

烟酰胺，分子式为$C_6H_5ON_2$，相对分子质量为122.13。

(1)性质　白色结晶性粉末，无臭或几乎无臭，味苦，易溶于水和乙醇，溶解于甘油，对热、光及空气极稳定，在碱性溶液中加热则成烟酸。

(2)毒性　大白鼠皮下注射，LD_{50}为1 680 mg/kg体重。FAO(1985)将烟酰胺列为一般公认安全物质。

(3)应用　烟酰胺可作为肉制品的护色助剂用，目前已经知道肌红蛋白与烟酰胺相结合生成很稳定的烟酰胺肌红蛋白，难以被氧化。其添加量为0.01%～0.02%。也可作为食品营养强化剂使用。有人研究，抗坏血酸与烟酰胺并用的助色效果更好。

应用实例

亚硝酸钠在干牛肉制品中的应用

【原料配方】鲜牛肉,5 kg;米片,若干;食盐,150 g;水解植物蛋白,150 g;亚硝酸钠,1 g;黑胡椒,5 g;水,500 mL;蔗糖,50 g。

【制作方法】

1. 将脂肪含量30%的鲜牛肉切成厚约8 mm的肉片,放入搅拌机的缸内,添加米片碾压成厚0.5 mm的米片,向该混合物中添加食盐、蔗糖、水解植物蛋白、亚硝酸钠、黑胡椒和水。

2. 开动搅拌机搅拌至混合物形成粘着物时停机,混合物中的肉纤维既不过短,米片又可在肉中清晰可见。

3. 用轧辊将混合物压制成厚1.5 mm的波纹状片,移入烤盘后,放入网温为90℃的气流干燥箱内,直至片状物含25%的水分时停止干燥,约需15 min。干燥制品的水分活度为0.78。

4. 制品冷却后成长100 mm、宽10 mm的小片,用透明复合包装材料进行真空包装。

第二节　着色剂

着色剂又称食用色素,是指使食品着色和改善食品色泽的食品添加剂。

食品的色泽是食品重要的感官性状之一,也是评价食品品质的指标之一。天然食品一般都具有良好的色泽,在加工过程中由于受热、氧等因素的影响,易发生退色甚至变色现象,使食品感官质量下降。根据长期的经验,人们可以根据其色泽预见食品的营养价值、变质与否以及商品价值的高低。例如,白色的食物一般多含碳水化合物、植物蛋白、植物油成分;红、黄色的食物多含动物蛋白、脂肪、不饱和脂肪酸、脂溶性维生素、微量元素等成分;绿色食物中多含纤维素、叶绿素、维生素、微量元素;黑色食物中多含氨基酸、矿物质、B族维生素等。变质的食品所含有的天然色素受到微生物和理化因素的破坏会变成其他不正常的色泽,或者颜色消失,因此人们可在一定程度上根据食品颜色的变化情况作为食用价值的标志。特别是对于未加工的食物以及现代透明包装的食品,颜色成为鉴别其新鲜程度和品质优劣的外在特征。

一、着色剂的分类

食品着色剂可按来源、结构性质和溶解性分类。

食品着色剂按来源可分为天然着色剂和合成着色剂。天然着色剂主要从动植物和微生物中提取。天然着色剂具有较高的安全性、着色色调比较自然等优点，一些品种具有维生素活性（如 β-胡萝卜素），但存在成本高、着色力弱、稳定性差、容易变质、难以调出任意色调等缺点，一些品种还有异味、异臭。如甜菜红、辣椒红素、栀子黄等。近年来，也有人将与自然界发现的色素在化学结构上完全相同的人工合成有机色素称为天然等同色素，如 β-胡萝卜素、叶绿素铜钠、二氧化钛等。合成着色剂也称为食品合成染料，是用人工合成方法制得的有机着色剂。合成着色剂的着色力强、色泽鲜艳、不易退色、稳定性好、易溶解、易调色、成本低，但安全性低。如苋菜红、胭脂红、新红、日落黄、柠檬黄、靛蓝等。

合成着色剂按结构性质可分为偶氮类着色剂和非偶氮类着色剂。偶氮类着色剂又包括油溶性偶氮类着色剂和水溶性偶氮类着色剂，油溶性偶氮类着色剂不溶于水，进入人体不易排出体外，毒性较大，目前基本上不再使用。水溶性偶氮类着色剂较容易排出体外，毒性较低，目前世界各国使用的有相当一部分是水溶性偶氮类着色剂。如新红、柠檬黄等。非偶氮类着色剂如赤藓红、亮蓝、靛蓝等。

天然着色剂按结构性质可分为多酚类衍生物（如萝卜红、高粱红、花青素、花黄素等）、异戊二烯衍生物（如 β-胡萝卜素、辣椒红素等）、四吡咯衍生物（如叶绿素、血红素等）、酮类衍生物（如红曲红、姜黄素等）、醌类衍生物（如紫胶红、胭脂虫红等）和其他类着色剂（如甜菜红、栀子红、焦糖色素等）。

食品着色剂按溶解性可分为水溶性着色剂和脂溶性着色剂。水溶性着色剂如合成着色剂胭脂红、柠檬黄等，天然着色剂甜菜红、花青素、红花黄色素等。脂溶性着色剂如 β-胡萝卜素、辣椒红素、玉米黄等。一些色素的水溶性可以通过工艺处理进行改变，如 β-胡萝卜素不溶于水，但可通过乳化方法生产出既可溶于水，同时也可溶于油脂的色素。

二、着色剂的作用原理

自然光的波长在 400～800 nm 之间是可见光，在可见光区，不同波长的光显示不同的颜色。不同的物质能吸收不同波长的光，显示不同的颜色。

当食品中的色素物质所吸收的光波波长在可见光区以外，这种食品看起来是白色的。如果食品中的色素物质所吸收的光波波长在可见光区域，那么该食品就会呈现一定的颜色，其颜色是其所吸收光波颜色的互补色。例如某种物质选择吸收波长为 510 nm 的光，这是绿色光谱，而人们看见它呈现的颜色是紫色，紫色是绿色的互补色。

食品的色素都是有机物，这些有机物分子中都有生色基，凡是能够在紫外区和可见光区内吸光的基团均称为生色基(发色团)，它们是食品呈色的原因。

三、合成着色剂

食品合成着色剂的安全性问题日益受到重视，各国对其均有严格的限制，不仅在品种和质量上有明确的限制性规定，而且对生产企业也有明确的限制，因此生产中实际使用的品种正在逐渐减少，但是由于价格便宜，人工合成着色剂使用量还较大。

1. 苋菜红

苋菜红又名杨梅红、鸡冠花红、蓝光酸性红、食用红色 2 号，为水溶性偶氮类着色剂。分子式为 $C_{20}H_{11}N_2Na_3O_{11}S_3$，相对分子质量为 604.49。

(1)性质　红棕色至暗红棕色粉末或颗粒，无臭，耐光，耐热性强，耐氧化，还原性差。对柠檬酸、酒石酸稳定。遇碱变为暗红色，遇铜、铁易退色。最大吸收波长为 (520±2) nm。易溶于水(17.2 g/100 mL，21℃)及甘油，水溶液带紫色。微溶于乙醇(0.5 g/100 mL；50%乙醇)。不适宜在发酵食品及含有还原性物质的食品中使用。

0.01%水溶液呈玫瑰红色，在盐酸中发生黑色沉淀。对氧化还原作用敏感，若制品中色素含量较高，则色素粉末有带黑的倾向。染色力较弱。

(2)毒性　ADI 为 0～0.5 mg/kg 体重(FAO/WHO，1994)。LD_{50}≥10 g/kg 体重(小鼠经口)。

(3)应用　根据我国《食品添加剂使用卫生标准》(GB 2760—2007)规定：果味型饮料、果汁型饮料、碳酸饮料、配制酒、糖果、糕点上彩妆、焙烤食品馅(仅限夹心饼干)、浓缩果汁、果冻、蜜饯凉果，最大使用量 0.05 g/kg；果酱、水果调味糖浆，最大用量为 0.3 g/kg；固体汤料中最大用量为 0.2 g/kg；装饰性果蔬最大用量为 0.1 g/kg；冷冻饮品(除食用冰外)最大用量为 0.025 g/kg。人工合成着色剂混合使用时，应根据最大使用量按比例折算。高糖果味饮料按照稀释倍数加入，高糖果蔬汁(肉)饮料按照稀释倍数加入，果冻粉按冲调倍数加入。

按 FAO/WHO(1984)规定，苋菜红在苹果调味酱、梨罐头用量为 0.2%(单用或复合用量)；在虾或对虾中用量为 0.03%(单用或复合用)。

2. 胭脂红

胭脂红又称丽春红 4R、大红、亮猩红，为水溶性偶氮类着色剂。分子式为

$C_{20}H_{11}N_2Na_3O_{10}S_3$，相对分子质量为604.49。

(1)性质　胭脂红为红色至深红色粉末，无臭，溶于水，水溶液呈红色，20℃时在100 mL水中的溶解度为23 g。溶于甘油，微溶于乙醇，不溶于油脂。胭脂红吸湿性强。最大吸收波长为(508±2)nm。耐光性、耐酸性、耐盐性较好，但耐热性、耐还原性相当弱，耐细菌性也较弱，遇碱变为褐色。

0.1%水溶液呈红色的澄清液，在盐酸中呈棕色，发生黑色沉淀。对氧化-还原作用敏感，不适宜用于发酵食品。着色性能差。

(2)毒性　本品经动物试验证明无致癌、致畸作用，ADI为0～4 mg/kg体重，绝大多数国家许可使用。

(3)应用　根据我国《食品添加剂使用卫生标准》(GB 2760—2007)规定：果味型饮料、果汁型饮料、碳酸饮料、配制酒、糖果、糕点上彩妆、焙烤食品馅(仅限夹心饼干)、浓缩果汁、果冻、对虾片、蜜饯凉果，最大使用量0.05 g/kg；果酱、水果调味糖浆、半固体调味料，最大用量为0.5 g/kg；调味糖浆、蛋黄酱、沙拉酱中最大用量为0.2 g/kg；装饰性果蔬最大用量为0.1 g/kg；可食用肠衣类、植物蛋白饮料、胶原蛋白肠衣最大用量为0.025 g/kg；调制乳粉、调制奶油粉最大用量为0.15 g/kg。果冻粉按冲调倍数加入。胭脂红可单独或与其他着色剂并用。

3. 赤藓红

赤藓红又称樱桃红、食用赤色3号(日本)，非偶氮类着色剂。分子式为$C_{20}I_4Na_2O_5 \cdot H_2O$，相对分子质量为897.88。

(1)性质　红褐色均匀粉末或颗粒，无臭。易溶于水，0.1%的中性水溶液呈微蓝的红色，可溶于乙醇、甘油和丙二醇，不溶于油脂。耐热(105℃)、耐还原性好，但耐光、耐酸性差，最大吸收波长为(526±2) nm。在酸性溶液生成黄棕色沉淀，碱性条件下较稳定。

赤藓红具有良好的着色性，尤其对蛋白质的着色性好。由于本品耐热、耐碱性较强，因此在需高温焙烤的食品和碱性及中性的食品中着色力较其他合成红色色素强。其耐光性差，可对罐头食品着色，而不适于在汽水等饮料中添加，尤其是本品在酸性(pH4.5)条件下易变成酸沉淀，不适于酸性强的液体食品和水果糖等着色。

(2)毒性　小鼠经口LD_{50}≥6 800 mg/kg体重，大鼠经口LD_{50}≥14 000 mg/kg体重。ADI为0～0.1 mg/kg体重(FAO/WHO,1994)。

(3)应用　我国《食品添加剂使用卫生标准》(GB 2760—2007)规定：用于果汁(味)饮料、酱及酱制品、碳酸饮料、配制酒、糖果、可可制品、巧克力、巧克力制品、糕点上彩妆、凉果类、果蔬汁(肉)饮料、风味饮料、渍制小菜、复合调味料，最大使用量为 0.05 g/kg,用于装饰性果蔬,最大使用量为 0.1 g/kg;膨化食品、油炸小食品,最大使用量为 0.025 g/kg。

4. 柠檬黄

柠檬黄又称食用黄色 4 号(日本)、黄色 4 号(美国),偶氮类着色剂。分子式为 $C_{16}H_{9}N_{4}Na_{3}O_{9}S_{2}$,相对分子质量为 534.36。

(1)性质　橙黄色粉末或颗粒,无臭。易溶于水,0.1%水溶液呈黄色,中性和酸性水溶液中呈金黄色,最大吸收波长为(428±2) nm。溶于甘油、丙二醇,微溶于乙醇,不溶于油脂。耐酸性、耐热性、耐盐性、耐光性均好,但耐氧化性较差。在柠檬酸、酒石酸中稳定。遇碱稍变红,还原时退色。

柠檬黄是着色剂中最稳定的一种,可与其他合成色素复合使用,调色性能优良。易着色,坚牢度高,是使用量最大的合成食用色素。

(2)毒性　小鼠经口 LD_{50}≥12 750 mg/kg 体重,大鼠经口 LD_{50}≥2 000 mg/kg 体重。ADI 为 0～7.5 mg/kg 体重(FAO/WHO,1994)。经长期动物试验表明安全性很高,为世界各国普遍许可使用。

(3)应用　我国《食品添加剂使用卫生标准》(GB 2760—2007)规定:高糖果汁(味)或果汁(味)饮料、配制酒、糖果、糕点上彩妆、西瓜酱罐头、蜜饯凉果、虾(味)片、盐渍小菜、膨化食品、油炸小食品、香辛料酱,最大使用量为 0.1 g/kg;复合固体饮料最大使用量为 0.2 g/kg;植物蛋白饮料、调味果料发酵乳、调制炼乳、冰淇淋、雪糕、焙烤食品馅料、果冻,最大使用量为 0.05 g/kg;果酱、水果调味糖浆、半固体复合饮料,最大使用量为 0.5 g/kg;即食谷物最大使用量为 0.08 g/kg;其他调味糖浆最大使用量为 0.3 g/kg。

5. 其他合成着色剂

(1)日落黄　日落黄又称晚霞黄、橘黄、食用黄色 5 号(日本),为水溶性偶氮类着色剂。分子式为 $C_{16}H_{10}N_{2}Na_{2}O_{7}S_{2}$,相对分子质量为 452.38。

日落黄为橙红色均匀粉末或颗粒,无臭。易溶于水,中性和酸性水溶液呈橙黄色,碱性时呈红棕色。溶于甘油、丙二醇,微溶于乙醇,不溶于油脂。最大吸收波长为(482±2) nm。吸湿性、耐热性(205℃)、耐光性强,在柠檬酸、酒石酸中稳定。遇碱呈红褐色,还原时退色。与柠檬黄相似,日落黄可与其他合成色素复合使用,调色性能优良。易着色,坚牢度高。

小鼠经口 LD_{50}≥2 000 mg/kg 体重。ADI 为 0～2.5 mg/kg 体重(FAO/WHO,1994)。经长期动物试验表明,日落黄是安全性较高的食用合成色素。

我国《食品添加剂使用卫生标准》(GB 2760—2007)规定:日落黄可用于果汁(味)饮料类、碳酸饮料、配制酒、糖果、糕点上彩妆、西瓜酱罐头、膨化食品、油炸小食品、蜜饯凉果、可可制品、巧克力、巧克力制品、虾(味)片、乳酸菌饮料、植物蛋白饮料,最大使用量为0.1 g/kg;装饰性果蔬、复合调味料、巧克力糖果包衣,最大使用量为0.2 g/kg;冰淇淋、雪糕,最大使用量为0.09 g/kg;调味和果料发酵乳、调制乳、调制炼乳,最大使用量为0.05 g/kg;果酱、水果调味糖浆、半固体复合调味料,最大使用量为0.5 g/kg;其他调味糖浆,最大使用量为0.3 g/kg;固体饮料类,最大使用量为0.6 g/kg;果冻,最大使用量为0.025 g/kg。日落黄还用于配制赭色、金菜色、黑色等颜色的染料。

(2)亮蓝　食用蓝色2号、食用蓝色1号(日本),为非偶氮类着色剂。分子式为$C_{37}H_{34}N_2Na_2O_9S_3$,相对分子质量为792.84。

亮蓝呈红紫色均匀粉末或颗粒,有金属光泽,无臭。易溶于水,0.05%的中性水溶液呈清澈蓝色,弱酸时呈青色,强酸时呈黄色,仅在煮沸并加碱时呈紫色。溶于乙醇、甘油和丙二醇。最大吸收波长为(629±2) nm。与柠檬黄可配成绿色色素。耐光性及耐热性(250℃)强。对柠檬酸、酒石酸、碱稳定。亮蓝色度极强,通常都是与其他着色剂配合使用,在很小使用量(0.000 5%～0.01%)就可达到染色目的。

大鼠经口LD_{50}≥2 500 mg/kg体重。ADI为0～12.5 mg/kg体重,(FAO/WHO,1994)。

我国《食品添加剂使用卫生标准》(GB 2760—2007)规定:亮蓝可用于果蔬汁(肉)饮料、冷冻饮品(食用冰除外)、果汁(味)饮料、配制酒、调味和果料发酵乳,最大使用量为0.025 g/kg;用于装饰性果蔬,最大使用量为0.1 g/kg;用于固体饮料,最大使用量为0.2 g/kg;用于香辛料酱、绿芥末膏,最大使用量为0.01 g/kg;用于可可玉米片(即食早餐谷类食品),最大使用量为0.015 g/kg;用于可可制品、巧克力、巧克力制品、糖果,最大使用量为0.3 g/kg(以亮蓝计)。

(3)靛蓝　靛蓝亦称食品蓝、酸性靛蓝、食用青色2号(日本),为水溶性非偶氮类着色剂。分子式为$C_{16}H_8O_8N_2S_2Na_2$,相对分子质量为466.36。

靛蓝呈蓝棕至红棕色粉末或颗粒。易溶于水,中性水溶液呈蓝色,最大吸收波长为(610±2) nm。酸性时呈蓝紫色,碱性时呈绿至黄绿色,溶于浓硫酸时呈紫蓝色,用水稀释后呈蓝色。溶于甘油、丙二醇,微溶于乙醇,不溶于油脂。耐热、耐光、耐碱性差,易还原。吸湿性强。中性或碱性水溶液能被亚硫酸钠还原,形成无色母体,在空气中氧化后又复色。靛蓝易着色,有独特的色调,使用广泛。

靛蓝经动物试验,认为安全性高,为世界各国普遍许可使用。ADI为0～5 mg/kg体重(FAO/WHO,1994)。LD_{50}≥2.5 g/kg体重(小鼠,经口)。

我国《食品添加剂使用卫生标准》(GB 2760—2007)规定:靛蓝可用于果味型

饮料(液、固体)、果汁型饮料、碳酸饮料、配制酒、糖果、糕点上彩妆、焙烤食品馅(仅限饼干夹心)、凉果类、蜜饯类,最大使用量为0.1 g/kg;用于装饰性果蔬,最大使用量为0.2 g/kg;用于油炸食品、膨化食品最大使用量为0.05 g/kg。FAO/WHO(1984)规定,在苹果调味酱、豌豆罐头、果酱和果冻中,靛蓝的最大使用量为0.2 g/kg,在冷饮中最大使用量为0.1 g/kg。

(4)新红　新红属水溶性偶氮类着色剂,分子式为$C_{18}H_{12}O_{11}N_3Na_3S_3$,相对分子质量为611.45。

新红为红色粉末,易溶于水,水溶液呈红色,微溶于乙醇,不溶于油脂,最大吸收波长为(515±10) nm,具有酸性染料特性。新红遇铁、铜易变色,对氧化还原较为敏感。

经长期动物试验,除偶见有肾盂移行上皮增生外,未见致癌、致畸、致突变性,大鼠MNL(最大无作用量)为0.5%。

我国《食品添加剂使用卫生标准》(GB 2760—2007)规定:可可制品、巧克力、巧克力制品、碳酸饮料、果蔬汁(肉)饮料、配制酒、糕点上彩妆、凉果类,最大使用量为0.05 g/kg;装饰性果蔬,最大使用量为0.1 g/kg。

(5)诱惑红　别名艳红、阿洛拉红、食用赤色40号,分子式为$C_{18}H_{14}N_2Na_2O_8S_2$,相对分子质量为496.43。

诱惑红呈深红色均匀粉末,无臭。溶于水,呈微带黄色的红色溶液。可溶于甘油与丙二醇,微溶于乙醇,不溶于油脂。耐光、耐热性强,耐碱及耐氧化还原性差。着色牢固度较强。

小鼠经口LD_{50}为10 g/kg体重(FAO/WHO,1985)。ADI为0～7 mg/kg体重(FAO/WHO,1994)。

我国《食品添加剂使用卫生标准》(GB 2760—2007)规定:用于果汁(味)型饮料、碳酸饮料、膨化食品、油炸小食品、饼干夹心和熟制豆类,最大使用量为0.1 g/kg。

(6)酸性红　又称偶氮玉红、食品红3号、酸性红14,分子式为$C_{20}H_{12}N_2Na_2O_7S_2$,相对分子质量为502.42。

酸性红为褐色颗粒或粉末,无臭。易溶于水,溶于甘油、丙二醇,不溶于油脂和乙醚,其水溶液呈带蓝的红色,发浅黄色荧光。耐热、耐光、耐氧化、耐还原及耐盐等性能均佳。酸性红是食用焦油色素中着色牢固度最强的一种。

ADI为0～4 mg/kg体重(FAO/WHO,1994)。

我国《食品添加剂使用卫生标准》(GB 2760—2007)规定:可用于淀粉、焙烤食品、香肠、樱桃等,常与其他色素配合使用,用量为5～100 mg/kg。用于糖果、冰淇淋等,最大使用量为0.05 g/kg。

四、天然着色剂

食品天然着色剂中植物性着色剂占多数,天然食品着色剂不仅安全,而且许多具有一定的营养价值和生物活性。目前,许多国家都在大力开发和研制天然着色剂,因为安全性高,所以发展较快,世界各国允许使用的品种和用量都在不断增加。国际上开发出的天然着色剂已有 100 种以上。目前我国允许使用的食品天然着色剂主要有以下几类。

(一)吡咯类天然着色剂

吡咯类衍生物色素广泛存在于绿色植物叶绿体中,主要包括叶绿素及其钠盐。在一定的环境中,叶绿素分子中镁原子可被其他金属所取代,其中叶绿素铜钠的色泽最为鲜亮,对光、热稳定,制法简单,所以在食品工业中有着重要的作用。

1. 叶绿素

叶绿素是重要的天然色素,广泛存在于所有可能发生光合作用的高等植物的叶、果和藻类中,在活细胞中与蛋白质结合形成叶绿体。

(1)性质　为蜡状固体,呈橄榄绿色至深绿色,与其所结合的镁量有关,略带异臭。不溶于水,溶于乙醇、乙醚等脂类溶剂。对光和热敏感,在稀碱液中可皂化水解成鲜绿色的叶绿酸、叶绿醇及甲醇,在酸性溶液中可成暗绿至绿褐色的脱镁叶绿素。

由于叶绿素的稳定性较差,受光辐射发生光敏感氧化,裂解为无色物质,因此很少直接添加到食品中,实际上是直接使用植物的叶和干燥粉末。

(2)毒性　ADI 值不作限制性规定(FAO/WHO,2001)。

(3)应用　可用于糕点、饮料、利口酒等。实际上常直接用植物的叶和干燥粉末。《食品加剂使用卫生标准》(GB 2760—2007)中未列入。

2. 叶绿素铜钠

叶绿素广泛存在于一切绿色植物中,叶绿素铜钠可由青草、苜蓿或蚕沙(蚕粪)用有机溶剂抽提出叶绿素后,经皂化、铜化制成,为叶绿素 a 盐与 b 盐的复合物。

(1)性质　叶绿素铜钠为黑绿色粉末,有金属光泽,有氨一样的臭气。易溶于水,略溶于醇,水溶液呈蓝绿色,透明,无沉淀。若有钙离子存在,则有沉淀析出。叶绿素铜钠不宜加入酸性饮料中,否则易沉淀析出。本品耐光性比叶绿素强得多。

(2)毒性　经动物试验表明安全性高,除美国外,世界其他各国普遍许可使用。日本按化学合成品对待。ADI 为 0～15 mg/kg 体重。

(3)应用　我国《食品添加剂使用卫生标准》(GB 2760—2007)规定:冷冻饮品、蔬菜罐头、配制酒、糖果、糕点上彩妆、饼干、果冻,最大用量为0.5 g/kg;碳酸饮料、风味饮料(仅限果味饮料),最大用量为0.3 g/kg;果蔬汁(肉)饮料按生产需要适量使用。用于果冻粉,按冲调倍数增加。

(二)异戊二烯衍生物类天然着色剂

异戊二烯衍生物类是以异戊二烯的残基为单元组成共轭双键相连的一类色素。类胡萝卜素是异戊二烯衍生物类色素的代表,是胡萝卜素和其含氧衍生物叶黄素的总称,为从浅黄到深红色的一类脂溶性着色剂。

1. β-胡萝卜素

β-胡萝卜素是胡萝卜素中一种最普通的异构体。胡萝卜素广泛存在于动植物中,以胡萝卜、辣椒、南瓜等蔬菜含量较多,水果、谷类、蛋黄、奶油中也存在。

(1)性质　β-胡萝卜素为紫红色结晶或结晶性粉末,不溶于水、丙二醇、甘油、酸和碱,难溶于乙醇、丙酮,溶于二氧化硫、苯、氯仿、石油醚和橄榄油等植物油,熔点为176～182℃。色调在低浓度时呈黄色,在高浓度时呈橙红色。在一般食品的pH范围内(pH2～7)较稳定,且不受还原物质的影响。但对光和氧不稳定,受微量金属、不饱和脂肪酸、过氧化物等影响易氧化,铁离子可促进其退色。β-胡萝卜素结晶在CO_2或N_2中储存,温度低于20℃时可长期保存,但在45℃的空气中储存6周后几乎完全被破坏。其油脂溶液及悬浮液在正常条件下很稳定。

人工化学合成的β-胡萝卜素,日本将其作为合成着色剂,但欧美各国将其视为天然着色剂或天然等同着色剂。我国现已成功地从盐藻中提制出天然的β-胡萝卜素,并已正式批准许可使用。

(2)毒性　天然β-胡萝卜素安全性高,目前JECFA尚未制定ADI。

(3)应用　我国《食品添加剂使用卫生标准》(GB 2760—2007)规定:β-胡萝卜素可按正常生产需要添加。本品除作为着色剂使用外,还具有食品的营养强化作用。

2. 辣椒红

辣椒红是从辣椒属植物的果实中用溶剂提取后去除辣椒素制得。其主要着色物质为辣椒红素。

(1)性质　辣椒红为深红色黏稠状液体、膏状或粉末,具有特殊气味或辣味。熔点为176℃。不溶于水,溶于油脂和乙醇。在石油醚(及汽油)中最大吸收峰波长为475.5 nm,在正己烷中为504 nm,在二硫化碳中为503 nm和542 nm,在苯中为486 nm和519 nm。乳化分散性及耐酸性、耐热性均好,在160℃加热2 h几乎不退色。耐光性稍差,波长210～440 nm特别是285 nm紫外光可促使辣椒红退色。Fe^{2+}、Cu^{2+}、Co^{2+}等重金属离子也可使其退色，遇Al^{3+}、Sn^{2+}、Pb^{2+}等离子会发生沉淀，不受其他离子影响。在pH为3～12间颜色不变。辣椒红着色力强，色调因稀释浓度不同由浅黄色至橙红色。

(2)毒性　小白鼠经口$LD_{50}\geq 75$ g/kg体重。

(3)应用　我国《食品添加剂使用卫生标准》(GB 2760—2007)规定使用范围和最大使用量：罐头食品、酱料、冰棍、冰淇淋、雪糕、饼干、熟肉制品、膨化食品、油炸小食品、复合饮料、冷冻鱼糜食品，按正常生产需要适量添加。在罐头食品中，主要用于传统的肉、禽类罐头的生产；调理肉制品(生肉添加调理料)最大使用量为0.1 g/kg。此外，本品在国外亦可制成具有一定辣味的品种对食品进行调色、调味。

(三)多酚类衍生物天然着色剂

多酚类衍生物主要为花青素、花黄素、儿茶素和鞣质类，是植物中水溶性色素的主要成分。多酚类色素在自然界中广泛存在，颜色艳丽，但坚牢性差，有些在酸、碱环境下产生变色，从而限制了它们在食品中的应用。

1. 萝卜红

萝卜红是红心萝卜压榨、真空浓缩制得的，其主要着色物质是含有天竺葵素的花青苷。

(1)性质　萝卜红为深红色液体、膏状、固体或粉末，稍有特异臭。易溶于水，不溶于无水乙醇、丙酮、氯仿、四氯化碳等极性较小的溶剂。耐光、耐氧、耐热，酸性溶液呈橘红色，强碱液呈黄色。萝卜红色彩鲜艳，着色力强，在酸性食品中使用效果尤佳。Cu^{2+}可加速其降解，并使之变为蓝色，Fe^{3+}可使其溶液变为锈黄色，Mg^{2+}、Ca^{2+}对本品影响不大，Al^{3+}、Sn^{2+}及抗坏血酸对它有保护作用。

(2)毒性　大、小鼠经口$LD_{50}\geq 15$ g/kg体重。致突变试验为骨髓细胞微核试验、显性致死突变试验和Ames突变试验，三项结果均为阴性。

(3)应用　我国《食品添加剂使用卫生标准》(GB 2760—2007)规定使用范围和最大使用量：饮料、糖果、配制酒、罐头、蜜饯和糕点上彩妆、糕点、冰棍、雪糕、冰淇淋、果冻，按正常生产需要适量添加。

2. 红米红

红米红又称黑米红，是由优质红米经萃取、浓缩制得，其主要成分为含矢车菊色素的花青素。

(1)性状　为深红色液体、黑紫色膏状或粉末，易溶于水、乙醇，不溶于丙酮、石油醚。在酸性溶液中呈红色、紫红色，随pH上升而变成红褐色，碱性是为青褐色和淡黄色，加热则变为黄色。稳定性好、耐热、耐光，但对氧化剂敏感。钠、钾、钙、钡、锌、铜及微量铁离子对它无影响，但遇锡变玫瑰红色，遇铅及多量铁离子则退色并产生沉淀。红米红主要用于饮料等酸性食品，最适 pH 小于 3。使用中应避免接触铅及多量铁离子，以防退色和沉淀，同时应避免遇碱而变色。

(2)毒性　大鼠经口 $LD_{50}\geqslant 21.5$ g/kg 体重。Ames 突变试验为阴性。

(3)应用　我国《食品添加剂使用卫生标准》(GB 2760—2007)规定使用范围和最大使用量：饮料、糖果、配制酒、膨化食品、糕点、冰棍、雪糕、果冻，按生产需要适量添加。

(四)酮类衍生物天然着色剂

属于酮类衍生物天然着色剂的主要有红曲色素和姜黄素。

1. 红曲米

红曲米，又名红曲、赤曲、红米、福米，是将稻米蒸熟后接种红曲霉发酵制得。它是中国自古以来传统使用的天然着色剂，安全性高，现在许多亚洲国家均有应用。近年来的科学研究证明，红曲中的次生代谢产物 Monacolin 类物质能降低血脂和胆固醇，因此越来越受到重视。

(1)性质　红曲米为棕红色至紫红色的整米粒或碎米粒，断面呈粉红色，质轻而脆，无霉变，无虫蛀，略带酸味。耐酸性、耐碱性、耐热性、耐光性均好。溶于热水、酸、碱溶液，稀溶液呈鲜红色，浓溶液带黑褐色并有荧光。溶于苯，呈橘黄色；微溶于石油醚，呈黄色；易溶于氯仿，呈红色；遇氯呈褐色。

红曲米着色力较强，不受金属离子，如 0.01 mol/L 的 Ca^{2+}、Mg^{2+}、Fe^{2+}、Cu^{2+} 等的影响。对氧化、还原作用稳定，不受 0.1%的过氧化氢、维生素 C、亚硫酸钠等氧化还原剂的影响。

(2)毒性　小鼠腹腔注射 $LD_{50}\geqslant 7$ g/kg 体重。以 20 g/kg 体重的剂量对小鼠饲喂，无死亡。红曲米安全性高，为无毒品。

(3)应用　我国《食品添加剂使用卫生标准》(GB 2760—2007)规定：红曲红使用范围和最大使用量：冷冻食品(食用冰除外)、饼干、果冻、膨化食品、调制乳、碳酸饮料、果味饮料、复合饮料、果酱、含乳饮料、腐乳类、糖果等，按正常生产需要适量添加，调味果料发酵乳最大使用量为 0.8 g/kg。

现主要用于腐乳的生产，此外也用于酱菜、糕点、香肠、火腿等的着色。部分食品中的用量如下：辣椒酱 0.6%～1.0%，甜酱 1.4%～3%，腐乳 2%，酱鸡、酱鸭 1%。

2. 红曲红

红曲红又名红曲色素，可由红曲深层培养或从红曲米中提取制得。

(1)性质　红曲红为粉末状，色暗红，油脂状，无味、无臭。熔点为 165～

192℃。溶于热水及酸、碱溶液，极易溶于乙醇、丙二醇、丙三醇及它们的水溶液。不溶于油脂及非极性溶剂。水溶液最大吸收峰波长为(490±2) nm。乙醇溶液最大吸收峰波长为470 nm，有荧光。对pH稳定。耐热性强，用其乙醇溶液在100℃加热1.5 h或120℃加热0.5 h，色素保存率为92%以上。其酸溶液对紫外线相当稳定，但日光直射可退色。几乎不受金属离子和氧化还原剂的影响。红曲红对含蛋白质高的食品染着性好，一旦染色后，经水洗也不退色。结晶品不溶于水，可溶于酒精、氯仿，呈橙红色。

红曲红对枯草芽孢杆菌、金黄色葡萄球菌具有较强的抑制作用，对大肠杆菌、灰色链霉菌的抑制作用较弱，而对酵母、霉菌和黄色八叠球菌无抑制作用。

(2)毒性　小白鼠经口试验几乎无毒性，即使以实验可能的最大给予量20 g/kg体重的剂量饲喂，也无死亡例。腹腔注射，$LD_{50}\geqslant 7$ g/kg体重。亚急性毒性实验、霉菌素试验均未发现异常，说明红曲红安全性高，且性质稳定。以雌性老鼠脾中的免疫细胞T细胞作为研究对象，检测红曲红色素对其免疫能力的影响。将红曲红色素与T细胞在特定的板上进行共同培养，生长一段时间后进行细胞计数。实验结果得出，红曲红色素应该被看作是潜在的免疫抑制剂。

(3)应用　我国《食品添加剂使用卫生标准》(GB 2760—2007)规定，红曲红使用范围和最大使用量：冷冻食品(食用冰除外)、饼干、果冻、膨化食品、调制乳、碳酸饮料、果味饮料、复合饮料、果酱、含乳饮料、腐乳类、糖果等，按正常生产需要适量添加，调味果料发酵乳最大使用量为0.8 g/kg。

我国自古以来就利用红曲米着色各种食品，例如用它造红曲黄酒，香肠着色，酱、腐乳着色等。现在将它制成着色剂用于各种调味品、糕点、禽类和火腿等食品中。如上海工业微生物研究所研制的色素已应用于糕团、肉罐头、糖果和药片等产品中；中国食品发酵工业研究红曲红代替发酵香肠中亚硝酸盐用于发色，取得了很好的效果。

红曲红可用于食醋、酱油、豆酱和豆腐乳等调味品的生产中。如在豆腐乳制作中，通过添加红曲，制出的腐乳色泽红艳、口感细腻、香味浓厚。红曲的添加量还可根据不同消费者的要求而调制成色泽深浅不同的系列产品，如红曲酱腐乳，既有红曲腐乳的风味，又具有酱腐乳特有的酱香味。

3. 姜黄素

姜黄素是由姜黄经乙醇等有机溶剂抽提、精制所得，为二酮类着色剂，主要由以下3个组分组成：①姜黄色素；②脱甲氧基姜黄色素；③双脱甲氧基姜黄色素。

(1)性质　姜黄素为黄色结晶性粉末，不溶于冷水和乙醚，溶于热水、乙醇、冰醋酸、丙二醇和碱性溶液。在乙醇中最大吸收波长为425 nm。熔点为179～

182℃。在中性或酸性条件下呈黄色，在碱性时则呈红褐色。对光、热、氧化作用以及铁离子等不稳定，但耐还原性好。姜黄素着色力强，尤其是对蛋白的着色更好。

(2)毒性 暂定姜黄素ADI为0～0.1 mg/kg体重。

(3)应用 我国《食品添加剂使用卫生标准》(GB 2760—2007)规定：姜黄素使用范围和最大使用量：可可制品、巧克力和巧克力制品(包括类巧克力和代巧克力)以及糖果，碳酸饮料，果冻，0.01 g/kg；冷冻饮品(除食用冰外)为0.15 g/kg；胶基糖果为0.7 g/kg；面糊(如用于鱼和禽肉的挂面糊)、煎炸粉、裹粉为0.3 g/kg。姜黄素在国外用于各种油脂，以恢复其在加工时损失的颜色，亦可用于奶油、人造奶油和干酪的着色，用量可按正常生产需要添加。

按FAO/WHO规定，姜黄素可用于汤料、咖喱粉、人造奶油、干酪、水果饮料、法式菜、芥末酱等的着色和增香。在酸黄瓜中用量为0.03%(单用或与其他色素合用量)。

在日本，姜黄素用于咖喱粉、米糠、腌制萝卜咸菜、芥末咸菜、奶油、干酪和西式芥末等，也可用于维也纳香肠等，用量按正常生产需要添加。

(五)醌类衍生物天然着色剂

醌类是开花植物、真菌、细菌、地衣和藻类细胞中存在的一类黄色色素，目前已知的有200种以上，颜色从淡黄到近似黑色。常用的主要有紫胶红、胭脂虫红、紫草等。

紫胶红，又名虫胶红，是由一种很小的介壳虫——紫胶虫在蝶形花科黄檀属、梧桐科芒木属等寄主植物上所分泌的紫胶原胶中的着色剂。主要着色物质是紫胶酸，且有A、B、C、D、E 5个组分，以A和B为主。

(1)性质 紫胶红为鲜红色粉末，微溶于水、乙醇和丙醇，20℃时的溶解度为0.033 5%(水)、0.916%(95%乙醇)。纯度愈高，在水中的溶解度愈小。易溶于碳酸氢钠、碳酸钠和氢氧化钠等碱液。其色调随pH的变化而改变，pH＜4时为橙黄色，pH在4.0～5.0时为橙红色，pH＞6时为紫红色，pH＞12时放置则退色。在酸性条件下对光和热稳定，在100℃时加热2 h无变化。对维生素C稳定，几乎不退色。易受金属离子影响，特别是铁离子含量在10^{-6}以上，使色素变黑。

紫胶红染色性随pH变化，越接近中性，染色性越差。酸性时呈橙色非常稳定，最适用于不含蛋白质、淀粉的饮料、糖果、果冻类。对蛋白质、淀粉染色呈紫色，对馅心染色良好。香肠、火腿染紫红色，为防止蛋白质染色时发黑，可用酒石酸钠等稳定剂。

(2)毒性 大鼠经口LD_{50}为1.8 g/kg体重。Ames试验无致突变现象。

(3)应用　我国《食品添加剂使用卫生标准》(GB 2760—2007)规定:果味型饮料(液、固体)、果汁型饮料、碳酸饮料、可可制品、巧克力、巧克力制品、配制酒、果酱、复合调味料,最大使用量为0.5 g/kg。因本品对光、热的稳定性高,故适于对糖果、饮料等食品的着色。在日本,紫胶红用于果汁、糖浆、乳酸饮料、番茄加工品、果酱、冷饮、胶糖、糖果、火腿、香肠和焙烤食品等,添加量为0.05%~0.2%。

(六)其他天然着色剂

焦糖色素别名焦糖,酱色。焦糖色素按生产方法的不同分为以下几种类型:①焦糖色素Ⅰ:普通焦糖,用碱或酸作添加剂加工制得。②焦糖色素Ⅱ:苛性亚硫酸盐焦糖,用亚硫酸盐作催化剂加工制得。③焦糖色素Ⅲ:氨法焦糖,用含氮化合物作催化剂加热制得。④焦糖色素Ⅳ:亚硫酸铵焦糖,用亚硫酸盐和含氮化合物作催化剂加工制得。

(1)性质　焦糖色为暗褐色的液体或固体粉末,有特殊的甜香气和愉快的焦苦味,但在通常的使用量时很少表现出来。易溶于水,1%的水溶液呈清亮的黄褐色。对光和热稳定性好,在阳光下照射6 h无明显变化。

焦糖色具有胶体特性,有等电点,其pH通常在3~4.5之间,依制造方法和产品的不同而异。在一般条件下,焦糖色均带有很少的正电或负电,使用时应特别注意使其与加其他的产品所带电荷种类相同,否则相互吸引,产生絮凝或沉淀。好的饮料用焦糖应带强负电荷,且等电点pH在1.5以上。酱油、啤酒用焦糖通常带正电荷。一般说加入饮料的焦糖,其pH多在2.5~3.5之间,而加入酱油中的焦糖pH多在3.8~5之间,焦糖色使用量很大,占食品着色剂使用量的80%以上。

以砂糖为原料制得的焦糖色,对酸、盐稳定性好,红色色度高,着色力强;以淀粉或葡萄糖为原料制得的焦糖,以碱作催化剂制得的产品耐碱性强,对酸和盐不稳定,红色色度高;用酸作催化剂制得的焦糖色,对酸和盐稳定,红色色度高,但着色力弱。

(2)毒性　大鼠经口LD_{50}≥1 900 mg/kg体重。ADI值为Ⅰ类普通焦糖不作限制性规定,Ⅱ类苛性亚硫酸盐焦糖不必提出,Ⅲ类氨法焦糖和Ⅳ类亚硫酸铵焦糖的ADI值为0~200 mg/kg体重(FAO/WHO,1994)。

(3)应用　我国《食品添加剂使用卫生标准》(GB 2760—2007)规定:亚硫酸铵法焦糖色素可用于碳酸饮料、调味糖酱、酱制品、可可制品、巧克力、巧克力制品、饼干、酱油、醋、果冻、膨化食品、调制炼乳、果味饮料、复合饮料、含乳饮料、腐乳类、糖果、啤酒、麦芽饮料、葡萄酒、黄酒中,按生产需要适量使用;冷冻食品(食用冰除外)的最大用量为2 g/kg。加氨生产的焦糖色还可用于即食谷物、冰棍、雪糕、冰淇淋，按生产需要适量使用，果酱最大用量为 1.5 g/kg；不加氨生产的焦糖色用于调理肉制品、蚝油、虾油、鱼露，可按生产需要适量使用。

天然色素种类很多，除上述品种以外，根据我国《食品添加剂使用卫生标准》(GB 2760—2007)规定，允许使用的天然着色剂还有以下品种(表 2-1)。

表 2-1　部分天然着色剂应用一览表

着色剂名称	应用
越橘红	用于果汁(味)饮料类、冰淇淋，可按生产需要量使用
辣椒橙	又名椒橙素，使用范围及使用量参照辣椒红
菊花黄浸膏	用于果汁(味)饮料类、巧克力、巧克力制品、可可制品、糖果、糕点上彩妆，最大使用量为 0.3 g/kg
黑豆红	用于果汁(味)饮料类、糖果、配制酒糕点上彩妆，最大使用量为 0.8 g/kg
高粱红	用于熟肉制品、果冻、糕点上彩妆、雪糕、膨化食品，最大使用量为 0.4 g/kg
玉米黄	用于氢化植物油、糖果，最大使用量为 5 g/kg
落葵红	用于糖果≤0.1 g/kg，碳酸饮料≤0.13 g/kg，糕点上彩妆≤0.2 g/kg，果冻≤0.25 g/kg
黑加仑红	用于碳酸饮料、起泡葡萄酒、黑加仑酒、糕点上彩妆，按生产需要适量使用
栀子蓝	用于果汁(味)饮料类、配制酒、糕点上彩妆，最大使用量为 0.2 g/kg；用于糖果、果酱，最大使用量为 0.3 g/kg
沙棘黄	用于氢化植物油，最大使用量为 1 g/kg；糕点上彩妆，最大使用量为 1.5 g/kg
玫瑰茄红	用于果汁(味)饮料类、配制酒、糖果，可按生产需要适量使用
桑葚红	用于果酒、果汁(味)饮料类、风味饮料类≤1.5 g/kg，用于糖果≤2 g/kg，用于果冻、山楂糕≤5 g/kg
胭脂虫红	用于碳酸饮料≤0.02 g/kg，香肠、西式火腿、冷冻食品(食用冰除外)≤0.025 g/kg，布丁点心酸奶、糖果、调味酱、半固体复合调味料、西式糕点≤0.05 g/kg，风味饮料、油炸小食品、果汁(肉)饮料≤0.1 g/kg，即食谷物最大使用量为 0.2 g/kg，调制乳粉、调制奶油粉最大使用量为 0.6 g/kg，复合调味料最大使用量为 1 g/kg
花生衣红	用于碳酸饮料≤0.1 g/kg，糖果、饼干、火腿肠≤0.4 g/kg
紫草红	用于果汁(味)饮料类、冷冻食品(食用冰除外)、果酒，最大使用量为 0.1 g/kg
天然苋菜红	用于果汁(味)饮料类、碳酸饮料、配制酒、糖果、糕点上彩妆、山楂制品、果冻，最大使用量为 0.25 g/kg
金樱子棕	用于果汁配制酒，使用量为 0.2 g/kg；用于碳酸饮料≤1.0 g/kg

续表 2-1

着色剂名称	应用
酸枣色	用于糖果、糕点≤0.2 g/kg，果蔬汁(肉)饮料类、酱油、酱菜、盐渍蔬菜、风味饮料≤1.0 g/kg
密蒙黄	用于配制酒、糕点，面包、糖果、果汁饮料，可按生产需要适量使用
茶黄色素	用于果汁(味)饮料类、配制酒、糖果、糕点上彩妆、奶茶、果茶，可按生产需要适量使用
茶绿色素	用于果汁(味)饮料类、配制酒、糖果、糕点上彩妆、奶茶、果茶，可按生产需要适量使用
柑橘黄	用于饼干、面饼、糕点、糖果、果汁(味)饮料类，可按生产需要适量使用
胭脂树橙	用于人造奶油≤0.05 g/kg，糕点≤0.015 g/kg，肉汤香肠、西式火腿、巧克力、可可制品、巧克力制品≤0.025 g/kg，再制干酪≤0.6 g/kg，即食谷物类≤0.7 g/kg，复合调味料≤0.1 g/kg，其他油脂和油脂制品、饮料类≤0.1 g/kg，油炸小食品(仅限油炸薯片)≤0.01 g/kg
可可壳色	冷冻食品(食用冰除外)、饼干最大使用量为 0.04 g/kg，巧克力、巧克力制品、可可制品、糕点上彩妆最大使用量为 3.0 g/kg，碳酸饮料≤2.0 g/kg，配制酒≤1.0 g/kg，植物蛋白饮料≤0.25 g/kg
葡萄皮红	用于碳酸饮料、果汁(味)饮料类、配制酒、风味饮料、冷冻饮品(除食用冰)，最大使用量为 1.0 g/kg，果酱最大使用量为 1.5 g/kg，糖果、糕点最大使用量为 2.0 g/kg
栀子黄	冷冻食品(食用冰除外)、蜜饯类、坚果和籽类罐头、可可制品、巧克力、巧克力制品、生干面、糕点、果蔬汁(肉)饮料、风味饮料、果冻、配制酒、膨化食品，最大使用量为 0.3 g/kg；粮食制品馅料(仅限奶黄包)，最大使用量为 0.2 g/kg，生湿面制品(饺子皮、面条、烧卖皮)，最大使用量为 1.0 g/kg
植物炭黑	糖果、饼干、糕点大米制品、小麦粉制品，最大使用量为 5.0 g/kg
红花黄	冷冻饮品(除食用冰外)、蜜饯凉果类、水果罐头、可可制品、巧克力、巧克力制品、糕点上彩妆、果蔬汁(肉)饮料、碳酸饮料、风味饮料、糖果、配制酒、果冻、装饰性果蔬、八宝粥罐头，最大使用量为 0.2 g/kg

五、着色剂的合理使用

(一)合成着色剂的合理使用

1. 准确称量

使用色素时为避免形成色差，对于同种颜色的着色剂，改用不同品种、不同色泽强度的色素时，必须经折算和试验后确定新的添加量后再大批使用，以保证前后产品色调的一致性，称量要准确。

2. 使用浓度适宜

粉状着色剂使用前宜先用少量冷水打浆后，在搅拌下缓慢加入沸水，配制成溶液再使用。一般配制成1%～10%浓度的溶液，过浓的溶液难以使色调均匀。

3. 溶剂选择

配制溶液所用水必须选用蒸馏水或去离子水。采用自来水时，必须去钙、镁及煮沸赶气冷却后使用，否则有时因余氯量大，导致染料的退色，或因水中钙离子的存在而引起着色剂沉淀，造成色素溶解困难。

4. 配制器皿选择

溶解色素时，宜采用玻璃、陶器、搪瓷、不锈钢和塑料等耐腐蚀的清洁容器具，避免使用金属器皿，防止金属离子对色素稳定性的影响。剩余溶液应于冷暗处密封保存，最好是现用现配。

5. 添加时机

为避免各种因素对合成色素的影响，色素应尽可能在最后加入。

6. 染色适度

使用合成着色剂，即使不超过使用标准，也不要将食品染得过于鲜艳，要掌握住分寸，要注意符合自然和均匀统一。

(二)天然着色剂的合理使用

天然着色剂的使用除了如合成着色剂使用所要求的几点之外还要注意以下几点。

(1)使用要有针对性，以取得更佳效果。

(2)为加强其稳定性，天然着色剂使用时可加入保护剂，如胡萝卜素耐光性较差，应与维生素C一起使用。对易受金属离子影响的天然着色剂，要与金属螯合剂共用。

(3)天然着色剂因含杂质较多，使用时易沉淀，使用前应采取过滤、离心分离等措施。

(4)为避免加工过程对天然着色剂的影响，最好在最后的工序中加入。

(5)天然着色剂应避光保存，保存环境要干燥、阴凉。

六、着色剂使用注意事项

(一)合成着色剂使用注意事项

1. 食品着色的色调的选择

色调是一个表面呈现近似红、黄、绿、蓝颜色的一种或两种色的目视感知属性。色调仅对于彩色而言。食品大多具有丰富的色彩,而且其色调与食品内在品质和外在美学特性具有密切的关系。因此,在食品的生产中,特定的食品采用什么色调是至关重要的。食品色调的选择依据是心理或习惯上对食品颜色的要求,以及色调与风味、营养的关系。即应选与食品名称一致的色调。

有些产品,尤其是带壳、带皮的食品,在不对消费者造成错觉的前提下可使用艳丽的色彩,如彩豆、彩蛋等。对于色调的选择也不能墨守成规,现在很引人注目的"异彩食品"如白咖啡、黑色豆腐等具有新颖的效果,但不可滥用,起码要符合特定的消费心理。

2. 色调的调配

为了丰富食用合成色素的色调,以满足加工的需要,根据调色技术原理,红、黄、蓝为基本三原色,理论上可采用三原色依据其比例和浓度调配出除白色之外的任何色调。而白色可调整彩色的深浅。其简易调色原理如下所示:

```
基本色  红      黄      蓝      红      黄
          ＼  ／  ＼  ／  ＼  ／  ＼  ／
二次色      橙      绿      紫      橙
              ＼  ／  ＼  ／  ＼  ／
三次色         橄榄     灰     棕褐
```

各种合成着色剂溶解于不同溶剂中可产生不同的色调和强度,尤其是在使用两种或数种着色剂拼色时,情况更为显著。例如某一定比例的红、黄、蓝三色的混合物,在水溶液中色较黄,而在50%酒精中则较红。此外,食品在着色时是潮湿的,当水分蒸发逐渐干燥时,色素亦会随着较集中于表层,产生所谓的"浓缩影响",特别是在食品与色素的亲和力低时更为明显。拼色时还要注意各种色素的稳定性不同,因此可能导致合成色色调的变化,如靛蓝退色较快,柠檬黄则不易退色,由其合成的绿色会逐渐转变为黄绿色。运用以上原理进行效果较好的拼色往往只适用于合成色素。由于影响色调的因素很多,应用时必须通过具体的实践,灵活地掌握。

采用着色剂对食品进行色调调配还要考虑色素和成品的色价、色价损失等因素,可参照有关颜料学和美学等知识进行。另外,各种色素的表现力均有其特定条件、对象及使用要求,如果滥用会适得其反。

3. 合成色素液的配制

直接使用色素粉末不易在食品中分布均匀,可能形成色素斑点,所以使用适当的溶剂溶解,配制成溶液容易应用,一般使用浓度为1%~10%,配制时色素的称量必须准确,此外,溶液应该按每次的用量配制,配好的溶液久置后容易析出沉淀，又由于温度对溶解度的影响，色素的浓溶液在夏天配好后，储存于冰箱或放置到冬天，亦会有色素析出，胭脂红的水溶液长期放置后会变成黑色。配置溶液所用的水通常应该将其煮沸，冷却后再使用，或者用蒸馏水，或经离子交换树脂处理，配制时应尽可能避免使用金属器具，剩余的溶液保存时应避免日光直射，最好在冷暗处保存。实验室中配制色素溶液时，为了防止腐败，应用20%的酒精溶液配制，并且要避光保存。

(二)天然着色剂的使用注意事项

天然色素并非绝对安全。使用天然色素时，除了首先应考虑安全无害，因而要进行适当的安全性评价外，还要求溶解度较高，染着性和稳定性好，无异味、异臭等。食用天然色素容易在金属离子的催化作用下分解、变色，或形成不溶的盐类。因此，所用加工的设备容器及包装材料等的性质均应稳定，并应防止污染。

应用实例

苋菜红色素在水果冰淇淋中的应用

【原料配方】牛奶，340 g；白砂糖，140 g；鸡蛋黄，2 g；鲜奶油，100 g；白葡萄干，8 g；糖渍柠檬皮，8 g；糖渍红樱桃，8 g；糖生姜，8 g；橘子香精、香草香精适量；苋菜红色素适量。

【制作方法】

(1)将白葡萄干、柠檬皮、红樱桃和糖生姜切成小粒，放入锅中，加入白砂糖30 g和清水30 mL煮烂。冷后，加入橘子香精和香草香精拌匀，放入冰箱内，备用。

(2)将牛奶和砂糖煮到将近沸腾，离火冷却，用漏网滤去杂质。

(3)将蛋黄放在碗中用打蛋器打发，加入牛奶搅匀，再倒入锅中煮热。

(4)将鲜奶油打至泡沫状，倒入蛋黄牛奶和苋菜红色素拌匀，置冰箱中冷至4℃。

(5)把上述材料倒入手摇冰淇淋器中，摇成冰淇淋，趁未凝固时，加入水果颗粒，拌匀，倒入模型中，放进冰箱冷冻即可。

第三节　漂白剂

在食品的加工过程中，为了改善和保护食品的色泽，除了使用食用色素对食品进行着色外，有时为了改善食品的感官性状及提高其商品性能，还需要使用某些漂白剂。

漂白剂是指能破坏或抑制食品的发色因素，使色素退色或使食品免于褐变的食品添加剂。漂白剂不同于以吸附方式除去着色物质的脱色剂。

一、漂白剂的分类

按作用机理的不同，漂白剂可分为氧化型漂白剂和还原型漂白剂。氧化型漂白剂作用较强烈，食品中的色素受氧化作用而分解退色，但同时也会破坏食品中的营养成分，而且残留量较大。主要包括漂白粉、过氧化氢、高锰酸钾、次氯酸钠、过氧化丙酮、二氧化氯和过氧化苯甲酰。还原型漂白剂作用比较缓和，具有一定的还原能力，食品中的色素在还原剂的作用下形成无色物质而消除色泽，但是被其漂白的色素物质一旦再被氧化，可能重新显色。已列入我国《食品添加剂使用卫生标准》(GB 2760—2007)的还原型漂白剂全部以亚硫酸制剂为主，主要包括硫磺、二氧化硫、亚硫酸氢钠、亚硫酸钠、偏重亚硫酸盐(焦亚硫酸盐)和低亚硫酸盐(连二亚硫酸钠、次硫酸钠、保险粉)。

二、常见的还原型漂白剂

1. 二氧化硫

二氧化硫别名无水亚硫酸，分子式为 SO_2，相对分子质量为 64.07。

(1)性质　常温下为无色有强烈刺激性臭味的气体，有窒息性。易溶于水与乙醇，对水的溶解度为 22.8%(0℃)、5%(50℃)。溶于水时一部分与水化合成亚硫酸。亚硫酸不稳定，即使在常温下，如不密封容易分解放出 SO_2。熔点为 −76.1℃，沸点为 −10℃。−10℃冷凝成无色液体。气体的相对密度为空气的 2.236 倍。

(2)毒性　兔口服 LD_{50}(SO_2 计)为 600～700 mL/kg 体重。SO_2 是一种有害气体，对眼睛和呼吸道黏膜有强烈刺激性。1 L 空气中含数毫克可因声门痉挛窒息而死。

(3)应用　我国《食品添加剂使用卫生标准》(GB 2760—2007)规定：用于可可制品、巧克力、巧克力制品、水果干类、食糖、粉丝，最大使用量为 0.1 g/kg(以 SO_2 残留量计)；腐竹类、干制蔬菜、淀粉糖(果糖、饴糖、葡萄糖、部分转化糖等)类，最大使用量为 0.2 g/kg(以 SO_2 残留量计)；经表面处理的鲜水果、盐渍蔬菜、蔬菜罐头(仅限竹笋、酸菜)、食用菌和藻类罐头(仅限蘑菇罐头)、果蔬汁、果酒、葡萄酒，最大使用量为 0.05 g/kg (以 SO_2 残留量计)；蜜饯凉果类，最大使用量为 0.35 g/kg

(以 SO_2 残留量计);食用淀粉,最大使用量为 0.03 g/kg (以 SO_2 残留量计);干制蔬菜(仅限脱水马铃薯),最大使用量为 0.4 g/kg (以 SO_2 残留量计);啤酒和麦芽饮料,最大使用量为 0.01 g/kg(以 SO_2 残留量计)。

对蜜饯类、干果、干菜、粉丝等果蔬干制品而言,不能将硫磺直接加入到食品中,只允许使用熏蒸的方法,达到漂白目的。熏蒸时,熏硫室要严密,车间通风要良好。对果脯、蜜饯,可以使成品保持浅黄色或金黄色,对一般果蔬干制品可防止褐变。熏硫还可以保存果实中的维生素 C 和起抑制微生物的作用。

2. 亚硫酸钠

亚硫酸钠有无水物和七水合物。无水亚硫酸钠的分子式为 Na_2SO_3,相对分子质量为 125.06,七水合亚硫酸钠的分子式为 $Na_2SO_3 \cdot 7H_2O$,相对分子质量为 252.5。

(1)性质 无结晶水盐和七结晶水盐均为无色结晶体或粉末。无臭、无味,易溶于水,其水溶液呈碱性,浓度为 1 g/100 mL 的溶液 pH 为 8.3～9.4。

(2)毒性 ADI 为 0～0.7 mg/kg 体重(对二氧化硫和亚硫酸盐的类别 ADI,以二氧化硫计,FAO/WHO,1994)。

(3)应用 我国《食品添加剂使用卫生标准》(GB 2760—2007)规定亚硫酸钠的使用范围与使用量同二氧化硫。

FAO/WHO(1983)规定:速冻小虾或对虾、龙虾在半成品中的最大使用量为 100 mg/kg(按 SO_2 计,单用及与其他亚硫酸盐合用);速冻法式炸马铃薯片为 50 mg/kg(按 SO_2 计,单用及与其他亚硫酸盐合用)。

3. 亚硫酸氢钠

亚硫酸氢钠别名酸式亚硫酸钠,分子式为 $NaHSO_3$,相对分子质量为 104.1。

(1)性质 白色块状结晶或粉末,有强烈的二氧化硫气味,密度为 1.48 g/L。暴露于空气中极易氧化成硫酸氢钠。易溶于水,微溶于乙醇,水溶液显酸性。亚硫酸氢钠的饱和水溶液在 15℃时含 $NaHSO_3$ 41.4%,97℃时含 $NaHSO_3$ 51.4%。$NaHSO_3$ 遇强酸放出 SO_2,温度高于 65℃时也分解放出 SO_2。$NaHSO_3$ 具有强还原性,对维生素 B_1 有破坏作用,不能用于谷物、肉类和乳制品。

(2)毒性 ADI 为 0～0.7 mg/kg 体重(对二氧化硫和亚硫酸盐的类别 ADI,以二氧化硫计,FAO/WHO,1994)。

(3)应用 我国《食品添加剂使用卫生标准》(GB 2760—2007)规定亚硫酸氢钠的使用范围与使用量同二氧化硫。

4. 焦亚硫酸钠

焦亚硫酸钠别名偏重亚硫酸钠，分子式为 $Na_2S_2O_5$，相对分子质量为 190.13。

(1)性质　白色结晶或白色至微黄色粉末，带有二氧化硫的臭气，在空气中可放出二氧化硫而分解，最后变成硫酸钠。加热至 150℃ 即分解释放出二氧化硫。易溶于水与甘油，微溶于乙醇，溶于水后，生成稳定的亚硫酸氢钠，水溶液呈酸性，11%水溶液的 pH 为 4.0～5.5。与硫酸反应时放出二氧化硫，与烧碱或纯碱反应时生成亚硫酸钠。

(2)毒性　ADI 为 0～0.75 mg/kg 体重（对二氧化硫和亚硫酸盐的类别 ADI，以二氧化硫计，FAO/WHO，1994）。大鼠静脉注射 LD_{50} 为 115 mg/kg 体重。

(3)应用　我国《食品添加剂使用卫生标准》(GB 2760—2007)规定焦亚硫酸钠的使用范围与使用量同二氧化硫。

三、常见的氧化型漂白剂

1. 过氧化苯甲酰

过氧化苯甲酰别名过氧化二苯(甲)酰，分子式为 $C_{14}H_{10}O_4$，相对分子质量为 242.23。

(1)性质　无色至白色结晶或结晶性粉末，无臭或略带苯甲醛气，相对密度为 1.334 0(25℃)，于 103～106℃熔化并分解。可溶于苯、乙醚、丙酮、氯仿，难溶于乙醇，不溶于水。有强氧化性，可被还原成苯甲酸，易着火并迅速燃烧，可因加热、撞击而爆炸。

过氧化苯甲酰用于面粉的漂白。面粉的色泽主要是由面粉中的色素物质，如类胡萝卜素等形成的。过氧化苯甲酰在空气和酶的作用下水解，放出初生态氧，而氧化面粉中的不饱和脂溶性色素，使其失去颜色。

(2)毒性　小鼠经口 LD_{50} 为 3 950 mg/kg 体重，大鼠经口 LD_{50} 为 7 710 mg/kg 体重。ADI 为 0～40 mg/kg 体重(特殊条件下 40～75 mg/kg 体重，FAO/WHO，1994)。

(3)应用　我国《食品添加剂使用卫生标准》(GB 2760—2007)规定：在小麦粉中的最大使用量为 0.06 g/kg。

由于本品特别是干燥品有强氧化性，经撞击会自发爆炸，通常用碳酸钙、磷酸钙、硫酸钙、碳酸镁、明矾、淀粉等三种或两种以上的物质稀释至 20%左右后使用。我国现已研制成功以过氧化苯甲酰为主要成分，并配以碳酸镁、磷酸钙、硫酸钙等面粉品质改良剂。按每 100 kg 面粉中添加 25～30 g，即可获得满意的效果。

2. 亚氯酸钠

亚氯酸钠分子式为 $NaClO_2$，相对分子质量为 90.44。

(1)性质　亚氯酸钠为白色粉末，无臭或微带臭味，有二水合物和三水合物两种，无水亚氯酸钠有微潮解性，在常温下稳定，如无杂质存在，即使在阳光照射下亦无损失，加热时产生白烟，迅速分解，易溶于水，使红色石蕊试纸变蓝，碱性水溶液比较稳定，酸性溶液不稳定，游离出亚氯酸进而分解为二氧化氯。分解温度为 180～200℃，亚氯酸钠是强氧化剂，与有机物接触能引起爆炸，故应避免与酸、硫及化合物、油脂和其他有机物接触。

亚氯酸钠与酸反应，生成二氧化氯，具有漂白作用，在漂白作用过程中，pH 越低，亚氯酸钠的分解速度越快。

(2)毒性　大鼠经口 LD_{50} 为 0.166 g/kg，亚氯酸钠在阳光照射下，缓慢分解为二氧化氯，鼠崽在含有 0.004 5%二氧化氯的空气中数小时即可死亡。

(3)应用　亚氯酸钠是一种高效氧化剂和优秀漂白剂。纯的亚氯酸钠的有效氯含量为 157%，按照日本规定，亚氯酸钠只用于樱桃、葡萄、桃的漂白，食品经过加工处理后将其分解或除去。

亚氯酸钠的水溶液在酸性条件下有稳定的漂白性能，通常用柠檬酸调 pH 为 3～5，然后进行漂白，这样不会使食品组织脆化，漂白时需要使用木制容器或聚氯乙烯容器，从而避免腐蚀。

3. 稳定态二氧化氯

稳定态二氧化氯分子式为 ClO_2，相对分子质量为 67.45。

(1)性质　二氧化氯为红黄绿色气体，有不愉快臭气，对光较不稳定，可受日光分解，微溶于水(0.3 g/100 mL，25℃)。冷却压缩后成红色液体，沸点 11℃，熔点－59℃。含游离氯 25%以上。

(2)毒性　参照亚氯酸钠。

(3)应用　二氧化氯通常用于油脂、蜂蜡、小麦粉的漂白，同时还可用做氧化剂，杀菌杀虫剂，水质净化剂。在用于小麦粉漂白时，通过二氧化氯气体发生装置使产生的气体直接导入螺旋输送式搅拌机中，与小麦粉充分接触，达到漂白的目的。一般用量为 10～20 mg/kg，其使用缺陷是能导致小麦粉中维生素 E 的氧化破坏。

应用实例

硫磺用于粉条、粉丝的漂白

【原料配方】薯类淀粉，100%；明矾，0.5%；硫磺，0.2%～0.3%。

【工艺流程】淀粉→打浆→调粉→漏粉→冷却→漂白→干燥→成品。

【制作方法】

(1)打浆：取少量淀粉用热水调成粉芡。

(2)调粉：向粉芡内加入0.5%明矾充分混合后，再将湿淀粉和粉芡混合搅拌好，揉至均匀、不粘手，成为能拉丝的软面团即可。

(3)漏粉：面团在漏瓢中漏下成粉丝或粉条落入沸水中凝固成丝或条。

(4)冷却、漂白：用小竿挑起粉丝，拉到冷水中冷却，然后挂在竹竿上，放入熏硫房，用热氧化硫熏蒸漂白。

(5)干燥：将挂在竹竿上的粉丝运往晒场晒干。

本章小结

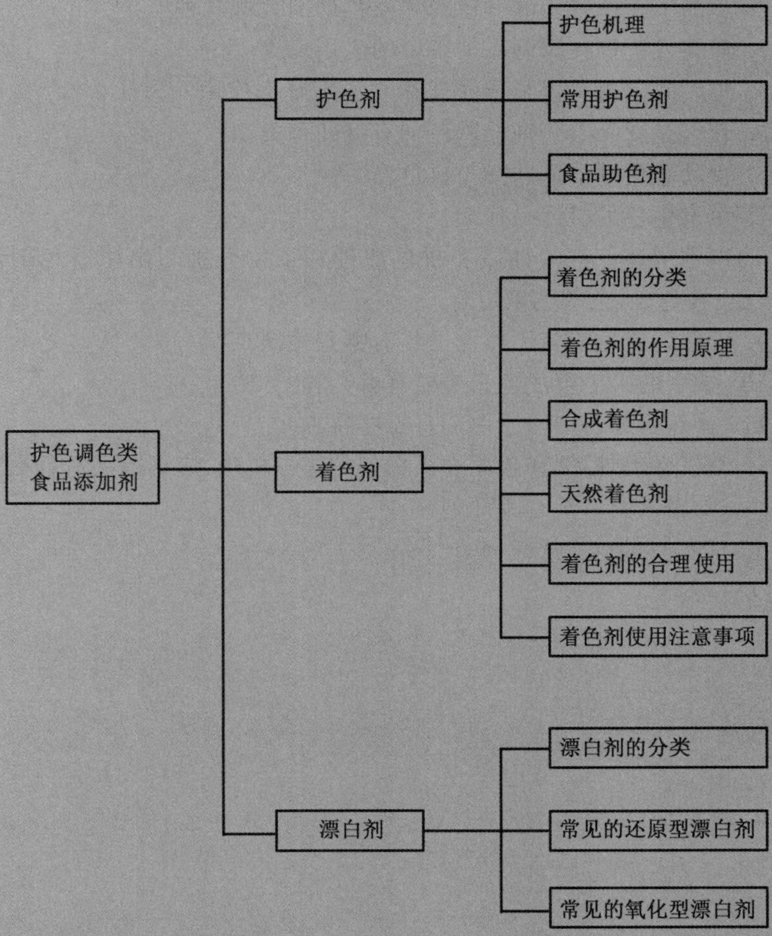
护色调色类
食品添加剂
护色剂
护色机理
常用护色剂
食品助色剂
着色剂
着色剂的分类
着色剂的作用原理
合成着色剂
天然着色剂
着色剂的合理使用
着色剂使用注意事项
漂白剂
漂白剂的分类
常见的还原型漂白剂
常见的氧化型漂白剂

复习思考题

1. 解释发色剂的发色机理。

2. 食品加工中常用的发色剂和发色助剂有哪几种?

3. 简述发色剂在肉制品加工中的应用。

4. 维生素 C 在肉类腌制加工中主要有什么作用? 为什么?

5. 什么是食品着色剂? 着色剂有哪几种类型?

6. 食品着色剂如何选择与拼色?

7. 色素生色的机理是什么?

8. 以常用着色剂的性质和拼色原理为依据分别写出用着色剂调配绿色、紫色、灰色、褐色、黑色的色素组合。

9. 食用合成色素与天然色素各有哪些优缺点?

10. 常用的人工合成色素主要有哪几种?

11. 什么是漂白剂? 漂白剂有哪些特点?

12. 氧化性漂白剂和还原性漂白剂的漂白机理、应用范围有什么不同?

13. 常用的漂白剂有哪几种?

第三章　调味增香类食品添加剂

知识目标

- 了解调味增香类食品添加剂的定义、分类和作用原理。
- 理解常见调味增香类食品添加剂的性质。
- 掌握常见调味增香类食品添加剂在食品中的应用。

技能目标

- 熟练操作简单的调香和常用香精的配制。
- 熟练操作糖酸比的调配和应用常用的酸度调节剂。
- 熟练应用常用的甜味剂和增味剂。

第一节　食品用香料

香味是食品重要的感官品质。食品香料、食品香精是制造食品香味的主要来源之一。食品香料一般都不直接用于食品加香，而是调配成食品香精以后再添加到食品中，食品香料和食品香精是原料和产品的关系。香味化合物在食品组成中含量很小，但其地位却是举足轻重，没有食品香料就没有现代食品工业。

一、香料的来源和分类

香料是一种能被嗅感嗅出香气或味感尝出香味的物质。食用香料是能够用于调配食品用香精的香料，包括天然香料、天然等同的香料和人造香料三种。

1. 食品用香料的来源

香料可以是存在于自然界生物（即动物、植物或藻类）体内的，也可以由人工合成（化学合成、生物合成），其中有些品种在自然界中尚未发现。

天然香料主要来源于自然界的动物和植物。动物性天然香料一般是动物身体特定器官的分泌物，主要品种有麝香、灵猫香、海狸香、龙涎香和麝香鼠香五种。动物香料在食品添加剂中应用较少，多数作为定香剂应用于化妆品的调香过程。

植物性天然香料是以芳香植物的花、草、枝、根、叶、皮、茎、籽或果实等提取的，有一定挥发性、成分复杂的芳香物质，大多数呈油状或膏状，少数呈树脂状或半固态。提取方法常采用水蒸气蒸馏法、浸提法、压榨法、吸收法、超临界萃取等物理方法。

以天然动植物为原料，通过发酵方法得到发酵产物的基料所制备的香味物质，也是天然香料。如粮食发酵产生丁酸和乙醇而合成的丁酸乙酯，发酵法制备的呋喃酮、3-羟-2-丁酮等。

合成香料是通过有机合成方法制取的食品香料。包括单离香料、天然等同香料和人造香料。

单离香料是使用物理或化学方法从天然香料中分离出来的、具有明确分子结构的、单一的芳香化合物。物理方法包括萃取、分馏、结晶等生产技术，化学方法包括层析、膜蒸发、分子蒸馏、光学分割、分子包结等生产技术。例如，薄荷醇就是用重结晶方法从薄荷油中分离出来的单离香料，俗称薄荷脑。用精馏方法从山苍子油中可得到粗柠檬醛，然后用亚硫酸氢钠法进行纯化，得到精制的柠檬醛即为单离香料。天然香料的有效成分大部分可以单离出来并用有机合成的方法制造出来，因此，分子结构相同的单离香料与化学合成香料，除了由于来源不同导致的同位素含量不同外，在安全性、香味特征和应用效果等方面并没有差别。严格来讲，单离香料应属于天然香料，但习惯上仍称为合成香料。

通过分析和测定天然香料的化学成分，确定它的分子结构，然后人工合成出分子结构、香气完全相同的化合物，即为天然等同香料。如 *L*-薄荷脑、合成樟脑、香豆素、肉桂醛等化合物，此类的合成香料占大多数。虽不是天然香料的成分，但香气类似于某天然香料的化合物或香气可用于调和的化合物，如各种人造麝香、洋茉莉醛、戊基肉桂醛等。天然等同香料占食品香料的绝大多数，对调配食品香精十分重要。

人造香料品种较少，均由化学合成方法制成的，其化学结构迄今为止在自然界中尚未发现。基于此，这类香料的安全性引起人们极大的关注。

2. 食品用香料的分类

食用香料按其来源和制造方法等的不同通常分为天然香料、天然等同香料和人造香料三大类。

(1)天然香料　用纯粹物理方法从天然芳香原料中分离得到的物质。通常认为天然香料的安全性较高，如精油、酊剂、浸膏、净油和香辛料油树脂等。大多数香料是天然的，自然界可以合成出众多类型食品的香味。90%以上有化学定义的单体香料化合物存在于食品中，由食品本身而来的香料摄入大于外加的香料摄入。

(2)天然等同香料　用合成方法得到或从天然芳香原料经化学过程分离得到的物质,这些物质与供人类消费的天然产品(不管是否加工过)中仍存在的物质在化学结构上是相同的。如2-甲基-3-呋喃硫醇是金枪鱼、牛肉、猪肉等的芳香成分,因此,2-甲基-3-呋喃硫醇是一种天然等同香料。目前允许使用的食品香料多数是天然等同香料。

(3)人造香料　在供人类消费的天然产品(不管是否加工过)中尚未发现的香味物质,如3-环己基丙酸烯丙酯。

随着科学技术和人们认识的不断深入发展,有些原属于人造香料的品种,在天然食品中发现有所存在,也可列为天然等同香料。例如我国允许使用的人造香料己酸烯丙酯,国际上现已将其列为天然等同香料。

二、天然食品用香料

(一)天然食品用香料的主要制品类型

(1)使用植物原始形态的天然食品香料　如花椒、大料、桂皮、生姜、葱等,许多香味成分由于在植物组织内部,在食物烹煮过程中不能有效溶出,香味成分利用率低。因此,开发了粉末型香辛料、香辛料粉混合物、香辛料精油、香辛料油脂等剂型,但作为食品添加剂使用的主要是天然香料提取物。

(2)精油　精油亦称挥发油或芳香油,是一种从芳香植物中提取出来的挥发性油状液体,是植物性天然香料的主要品种。其成分为萜类和烃类及其含氧化合物,如生姜精油含有近300种成分。精油的制法主要有两种:一种是以植物的花、叶、枝、根、茎、草、果、籽、树脂等为原料,经水蒸气蒸馏制取,例如玫瑰油、茉莉油、薄荷油、熏衣草油、八角茴香油、冷杉油等的生产;另一种是将柑橘类的全果或果皮,经压榨法制取,例如柑橘油、甜橙油、圆柚油、柠檬油、香柠檬油等的生产。精油的提取也常采用溶剂萃取的方法,一般来说,戊醇和己醇适用于花蕾,甲苯适用于含芳烃化合物精油的提取,乙醇或丙酮适用于酚类化合物,含氯溶剂适用于含胺类化合物。

(3)酊剂　指以一定浓度的乙醇为溶剂,在加热或回流条件下浸提天然香料,浸出液经冷却、澄清、过滤后所得到的制品,统称为酊剂,例如枣酊、香荚兰酊、黑香豆酊等。

(4)浸膏　指用挥发性有机溶剂浸提香料植物组织的可溶性物质,蒸馏回收溶剂后,除去所用溶剂和水分后所得的膏状制品。浸膏含有精油、植物蜡和色素等,在室温下呈深色蜡状。以香辛料为原料萃取得到的浸膏习惯上称为油树脂。

目前最常用的挥发性浸膏提剂是石油醚。超临界二氧化碳浸提生产浸膏，是今后的发展方向。

(5)油树脂　指用有机溶剂浸提香辛料后除去溶剂而得到的呈黏稠状的液体制品。主要成分为精油、色素和树脂，有时也含油脂、甾醇及部分糖类等非挥发性成分。油树脂多为天然香辛料有效成分的浓缩液，其浓度约为香辛料的10倍。该类香料为较其他类型提取物更具有香辛料特征的制品。

(6)香树脂　指用有机溶剂浸提香料植物所渗出的带有香味成分的树脂样分泌物，最后经除去所用溶剂和水分的制品。

(7)净油　指植物浸膏、香树脂中含有相当数量的植物蜡、色素等杂质，色深质硬，不适宜配制高级香精。用乙醇微热溶解，冷却后滤去不溶于乙醇的蜡、脂肪和萜烯类化合物等杂质，滤液经减压低温下蒸馏除去乙醇溶剂之后，所得的蒸馏残余物即为色浅质纯的净油，是一种较为纯净的精油。例如茉莉净油、水仙净油、晚香玉净油、紫罗兰净油等，是配制高档香精的佳品。

(二)代表性的天然食品用香料

1. 亚洲薄荷油

亚洲薄荷油亦称薄荷原油，由新鲜的或半干的薄荷全草，用水蒸气蒸馏法制得的。

(1)性质　淡黄色至草绿色液体，温度稍降低即会凝固，有强烈的薄荷香气和清凉的微苦味。主要成分为薄荷脑(即薄荷醇)，还有薄荷酮、胡薄荷酮、乙酸薄荷酯、香叶醇、月桂烯、柠檬烯等。具有清凉、清澈的薄荷香，有清凉、祛风、消炎、镇痛和兴奋等作用，构成食品特殊风味。

(2)应用　在软饮料、糖果、焙烤食品、口香糖、果酒以及烟草香精中广泛使用，用量为90～8 300 mg/kg。

2. 柠檬油

一般采用冷磨柠檬整果和蒸馏柠檬果皮来制得柠檬油，分为冷磨品和蒸馏品两种。

(1)性质　冷磨品为浅黄色至深黄色，或绿黄色澄清液体，具有清甜的柠檬果香气，味辛辣微苦，可与无水乙醇、冰醋酸混溶，几乎不溶于水。蒸馏品为无色至浅黄色液体，可溶于大多数挥发性油、矿物油和乙醇，可能出现混浊，不溶于甘油和丙二醇。主要成分为柠檬烯、柠檬醛、乙酸辛酯、月桂酸、松油醇、香叶醇等。具有轻快新鲜的青甜果香，有成熟柠檬果皮的香气。

(2)应用　调配柠檬、可乐、香蕉、菠萝、樱桃等食品香精，在海鲜香精中也常使用，建议用量为15～100 mg/kg。也可用于糖果、面包制品、软饮料等。

3. 大蒜油和大蒜油树脂

把大蒜瓣粉碎成蒜末，用水蒸气蒸馏制得大蒜油。大蒜经溶剂萃取，如超临界二氧化碳萃取，可制得大蒜油树脂。

(1)性质　大蒜油为淡黄色至橙红色液体。主要成分为烯丙基硫醚、甲基烯丙基二硫、丙基丙烯基二硫、乙基丙烯基二硫、烯丙基二硫、烯丙基三硫等。大蒜油和大蒜油树脂具有强烈的大蒜特征香气和味道。

(2)应用　调配肉香、海鲜、辛香等食品香精，建议用量为0.01～20 mg/kg。

4. 桂花浸膏

桂花采摘后一般立即腌制储存，而后用石油醚浸提，制取桂花浸膏。

(1)性质　黄色或棕黄色膏状物。主要成分为α-紫罗兰醇、α-紫罗兰酮、β-紫罗兰酮、β-二氢紫罗兰酮、橙花醇、香叶醇、松油醇、丁香醇等。具有新鲜桂花香气。

(2)应用　调配桂花、蜜糖、桃子、草莓、茶叶、酒、软饮料等食品香精，建议用量为0.01～10 mg/kg。

5. 香荚兰酊

香荚兰果荚未经加工时不具有香味，经过生香加工才能生香。香荚兰酊为香荚兰豆经发酵后，用乙醇浸提而得。

(1)性质　浅棕色液体，有清甜的豆香和膏香味。主要成分为香兰素、大茴香醛、大茴香酸、洋茉莉醛和羟基苯甲醛等。赋予食品豆香味。

(2)应用　调配香草、椰子、什锦水果等食品香精，也可用于啤酒、苹果酒香精及烟草香精中，建议用量为0.01～20 mg/kg。

三、合成食品用香料

化学合成香料是通过化学合成的方法制取的香料化合物，主要有三种分类方法：一是按官能团分类；二是按碳原子骨架分类；三是按香味类型分类。

按官能团可分为烃类食品香料、醇类食品香料、酚类食品香料、醚类食品香料、醛类食品香料、酮类食品香料、缩羰基类食品香料、酸类食品香料、酯类食品香料、内酯类食品香料、硫醇类食品香料、硫醚类食品香料和杂环类食品香料等。许多合成食品香料分子中含有一个以上官能团，在分类中一般按最主要的官能团分类。

按碳原子骨架可分为：①萜烯类食品香料，如萜烯、萜醇、萜醛、萜酮、萜酯；②芳香类食品香料，如芳香族醇、醛、酮、酸、酯、内酯、酚、醚；③脂肪族类食品香料，如脂肪族醇、醛、酸、酯、内酯、酚、醚；④含氮、含硫、杂环和稠环类食品香料，如硫醇类、硫醚类、硫酯类、呋喃类、噻吩类、吡咯类、噻唑类、吡啶类、吡嗪类、喹啉类。

按香味类型可分为花香型、果香型、柑橘香型、香草型、奶香型、辛香型、清香型、草香型、肉香型、药香型、蜜糖型、壤香型、醛香型、海鲜型等食品香料。

合成食品香料的品种要比天然食品香料多，除了焦糖型食品香料按香味归类外，按主要官能团分类介绍如下。

(一)醇类合成食品用香料

1. 叶醇

叶醇化学名称为顺式-3-己烯-1-醇。天然品存在于茶叶、薄荷、大茉莉、葡萄和椰子等之中。以乙炔为起始原料可经多种途径生成叶醇。

(1)性质　无色油状液体，溶于乙醇、丙二醇和大多数非挥发性油，极微溶于水。具有特殊天然植物的新鲜气息，强烈的青草香、药香和绿叶香，被认为是植物清香的一种象征，是重要的合成食品香料。

(2)应用　用于调配草莓、浆果、甜瓜、茶等食品香精，可添加于软饮料、冷饮、糖果和焙烤食品中，建议用量为1～5 mg/kg。

2. 薄荷醇

薄荷醇俗称薄荷脑，化学名称为5-甲基-2-异丙基环己醇，具有左旋、右旋、消旋三种光学异构体，天然存在的多为左旋体。食品香料应用左旋体或合成的消旋体。天然品存在薄荷油、香叶油、留兰香油等精油之中，由天然薄荷经冷却、结晶、分离得到。

(1)性质　无色柱状结晶，能溶于乙醇、丙二醇、甘油和石蜡油，暴露于空气中会升华。具有清凉的薄荷香气，是最重要的凉香味香料。薄荷脑具有清凉的薄荷香气，使人精神振奋，轻盈扩散时，诱发愉快的薄荷特征香气，但不持久。

(2)应用　薄荷脑是一种用途广、用量大的香料。主要调配凉香型、辛香型、水果香型食品香精，建议用量为35～400 mg/kg，口香糖可高达1 100 mg/kg。

(二)酚类合成食品用香料

1. 丁香酚

丁香酚化学名称为2-甲氧基-4-烯丙基苯酚，是丁香油、丁香罗勒油、月桂叶油的主要香成分。

(1)性质　无色或淡黄色液体，混溶于乙醇、乙醚、氯仿和挥发性油中，溶于冰醋酸和苛性碱，不溶于水。在空气中色泽逐渐变深，液体变稠。具有辛香、烟熏香、熏肉样香气和味道以及很强的杀菌力。

(2)应用　用于配制薄荷、调味品、烟熏、熏肉、辛香型等食品香精，在最终加香食品中的建议用量为0.6～2 000 mg/kg。

2. 4-乙基愈创木酚

4-乙基愈创木酚化学名称为4-乙基-2-甲氧基苯酚，存在于番茄、肉桂、咖啡、白酒等中。

(1)性质 棕红色易流动的液体，溶于乙醇和水。具有辛香、药香、木香及类似丁香和香荚兰香气。

(2)应用 主要用于熏制品的赋香，调配辛香、熏肉、香荚兰、酒类等食品香精，并有一定的防腐保鲜功能，建议用量为0.05～1.1 mg/kg。

(三)醚类合成食品用香料

1. 二丁基硫醚

二丁基硫醚的天然品存在于葱蒜类蔬菜中。一般以正丁醇为原料，经溴化钠和硫酸处理得到中间体溴丁烷，溴丁烷和硫化钠在沸腾乙醇中反应制取。

(1)性质 无色液体，易溶于乙醚和乙醇，不溶于水。大多数硫醚类化合物具有菜香、葱蒜香、烤肉香气，且香势特别强烈。

(2)应用 可用于调配葱蒜、水果、花香等食品香精，建议用量为0.01～1 mg/kg。

2. 二甲基二硫醚

二甲基二硫醚的天然品存在于咖啡、烤牛肉、煮猪肉中。

(1)性质 浅黄色透明液体。具有肉香、烤牛肉香、蔬菜、肉汁样香气，是肉味香精的关键性香料。

(2)应用 用于调配牛肉、猪肉、鸡肉、海鲜、番茄、咖啡等食品香精，建议用量为0.1～5 mg/kg。

(四)醛类合成食品用香料

1. 香兰素

香兰素化学名称为4-羟基-3-甲氧基苯甲醛，天然品存在于香荚兰、丁香油、肉桂油、咖啡、马铃薯中。

(1)性质 白色至微黄色针状结晶或晶体粉末。易溶于乙醇、乙醚、氯仿、冰醋酸和热挥发性油等，溶于水、甘油。对光不稳定，在空气中逐渐氧化。遇碱或碱性物质易变色。具有甜的、奶油特征的香草香气和味道。

(2)应用 香兰素是使用最多的食品赋香剂之一，可配制多种食用香精。是调制香草、巧克力等香型香精必不可少的原料，建议用量为0.2～20 000 mg/kg。本品也单独使用，广泛用于饼干、糕点、糖果等食品的增香，尤其适用于乳制品为主要原料的食品，用量为0.1%～0.4%。

2. 苯甲醛

苯甲醛也称安息香醛、人造苦杏仁油。天然品存在于肉桂、樱桃核、杏仁中。

苯甲醛有低毒，对神经有麻醉作用，对皮肤有刺激作用。

(1)性质　纯品为无色液体，普通品为无色至淡黄色液体，微溶于水，与乙醇、乙醚、氯仿、挥发和非挥发性油混溶。遇空气和光逐渐氧化为苯甲酸，还原可变成苯甲醇。具有苦杏仁、樱桃及坚果香气。

(2)应用　用于调配杏仁、樱桃、可可、香荚兰、热带水果等食品香精，是杏仁露香精的常用原料，建议用量为36～840 mg/kg。也可直接用于食品，如在糖水樱桃罐头的赋香水中可加入3 mL/kg。

(五)其他类合成食品用香料

其他类合成食品用香料除焦糖香型食品香料按香味归类介绍外，其他均按主要官能团归类，主要有酮类、缩羰基类、羧酸类、酯类、内酯类、杂环类、硫醇类等多种，现简要介绍如下。

1. 焦糖型食品香料

(1)甲基环戊烯醇酮　化学名称为2-羟基-3-甲基-2-环戊烯-1-酮，为白色晶体。天然品存在于花生、咖啡及戎芦巴油中，具有焦糖、面包、坚果、圆叶、当归香气和味道，可用于调配咖啡、面包、焦糖、奶糖、烟熏、肉味、白兰地、葡萄酒等食品香精，建议用量为5.6～30 mg/kg。

(2)呋喃酮　俗称菠萝呋喃酮、草莓呋喃酮，化学名称为2,5-二甲基-4-羟基-3(2H)-呋喃酮，为白色固体，纯品在空气中容易氧化，需密封充氮气保存，启封后立即稀释为10%～15%的丙二醇溶液并尽快使用。天然品存在于菠萝蜜、草莓、咖啡、芒果、葡萄、番石榴、炒杏仁、炒榛子中，具有甜的、果香、烤香、焦糖、似麦芽酚香气和甜的、烤香、焦糖、水果、甜酱肉味道，可用于调配菠萝、柠檬、草莓、焦糖、热带水果、焙烤食品、巧克力、坚果、肉味等食品香精，建议用量为5～10 mg/kg。

2. 酮类食品香料

(1)2,3-丁二酮　也称二乙酰、双乙酰，为黄色至浅绿色液体。天然品存在于牛奶、草莓、咖啡和当归、肉豆蔻、香叶、丁香等精油中，具有甜的、奶油、黄油香气和甜的、奶油、牛奶的味道，主要用于调配奶油、奶酪、巧克力、可可、草莓、焦糖、白酒等食品香精，建议用量为2.4～44 mg/kg。

(2)β-紫罗兰酮　化学名称为4-(2,6,6-三甲基-1-环己烯基)-3-丁烯-2-酮，为无色至浅黄色液体。天然品存在于番茄、玫瑰中，具有水果香、木香、紫罗兰香、青香、浆果香，可用于调配樱桃、菠萝、草莓、葡萄、甘蓝等食品香精，建议用量为1.6～89 mg/kg。

3. 酯类食品香料

(1)乙酸乙酯　也称醋酸乙酯，为无色液体。天然品存在于黄酒、白酒、白兰地、威士忌、苹果酒、红葡萄酒、啤酒、番茄、菠萝中，具有醚香、甜的如菠萝的果香及葡萄、樱桃香韵，同时还有酒样味道。乙酸乙酯是白酒的基础香型成分之一，与乳酸乙酯一起构成清香型白酒的典型香气。常用于调配白酒、白兰地、威士忌、黄酒等酒用香精和樱桃、杏、桃子、香蕉、草莓、葡萄、甜瓜、梨等食品香精，建议用量为 50～200 mg/kg。

(2)己酸乙酯 为无色至浅黄色液体。天然品存在于白酒、白兰地、菠萝、茶、羊肉、乳酪、草莓、可可、猕猴桃中。具有甜的、果香、菠萝、香蕉香气和酒香，是浓香型白酒香精的主香剂，常用来调配白酒、白兰地、苹果、香蕉、菠萝等食品香精，建议用量为 1～40 mg/kg。

4. 杂环类食品香料

(1)2-乙酰基呋喃 也称甲基-2-呋喃甲酮，为淡黄色液体或晶体。天然品存在于烤土豆、番茄、啤酒、咖啡、绿茶、香油中。具有糠醛、谷类、焦糖、坚果、烤香、牛奶香气和甜的、面包、坚果、烤香、焦糖味道，可用于调配杏仁、面包、猪肉、火腿、烘烤食品等食品香精，建议用量为 200 mg/kg。

(2)5-甲基-2-甲酰基噻吩 浅黄色液体。天然品存在于炸土豆片、炒花生、番茄、面包、鸡肉、威士忌、咖啡中，具有甜的、杏仁、樱桃、木香香气和杏仁、樱桃、坚果味道，可用于调配浆果、杏仁、榛子、黑莓、樱桃、香草、肉味、奶味等香型的食品香精，建议用量为 0.5 mg/kg。

四、食用香精

现代化食品厂采用大规模设备快速生产的加工食品，由于工艺简化、加热时间短等原因，食品的香味一般不如传统方法制作浓郁，必须额外添加能够补充、改善和提高食品香味质量的物质。大多数香料的香气、香味相对较为单调，不能单独直接使用，而是将香料调配成食用香精后，才用于加香食品中。

食品香精是通过酶解、发酵、热反应等方法制备，含有多种香味成分，并且具有一定香型，直接添加到食品中补充、改善和提高食品香味质量的混合物。食用香精是用来起香味作用的浓缩配制品(只产生咸味、甜味或酸味的配制品除外)，可以含有也可不含有食用香精辅料。食用香精辅料是指在食用香精生产、储存和应用过程中所添加的食品添加剂和食品配料，所加的食品添加剂在最终加香产品中无功能，包括载体、溶剂、防腐剂等。

(一)食品香精的功效

(1)赋香作用 某些食品原料本身没有香味，加入香精可以满足人们对食品香味的需要，如硬糖、汽水、饼干等，通常选用具有明显香型的香精，使成品具有一定类型的香味和香气。

(2)矫正作用　许多食品原料具有令人难以接受的气味，或者是某些气味太浓而影响人们的食用，如羊肉、鱼类等，通过添加适当的香精可以矫正、去除或抑制食品的不良气味，使人乐于接受。

(3)增香作用　有些食品的香气不足，如高级酒类、天然果汁等，添加与其香气相适应的香精，对食品固有的香气有一定的辅助作用。食品在加工过程中，如水果和蔬菜罐头、果浆、果脯的加热、脱臭、抽真空等工艺，会损失其大部分香气，需要选用与其香气特征相对应的香精增加或恢复其香味，甚至可以将特征性的香味强化，对食品原有的香气有一定的补充作用。天然产品的香气，往往因受地理、季节、气候、土壤、栽培、采收和加工等影响而不稳定，加入相应的香精后，对天然产品的香气起到一定的稳定作用。总之，食品加入香精可以使食品具有连续饱满、持久延长的香气，满足消费者的需要。

(4)替代作用　直接用天然香料有困难时，如原料供应不足，价格成本过高，或加工工艺困难等，用相应的香精来代替或部分代替。

(二)食品香精的分类

食用香精按香味物质来源可分为调和型、反应型、发酵型、酶型、脂肪氧化型等食品香精。

食用香精按剂型(形态)可分为液体食用香精、粉末状和膏状食品香精。

液体食用香精按溶解性不同可分为三类，存在有四种形式(水溶性香精、油溶性香精、乳化香精和水油两用型香精)。水溶性香精是以水或水溶性物质为溶剂的液体香精，即将各种食用香料调配成的香基溶解在蒸馏水或40%～60%稀乙醇中，必要时再加入酊剂、果汁等香料萃取物制成的产品。水溶性香精在一定的用量范围内完全溶解或分散在水中，有轻快的香气，使用量一般为0.1%～1%。水溶性香精的耐热性差，适用于碳酸饮料、冰淇淋、其他冷饮品、酒等加香温度较低、加香后无需经高温操作工艺的产品。油溶性香精也称耐热性香精，是以油或油溶性物质为溶剂的液体香精，即将各种食用香料用油溶性溶剂稀释并经调香等工序制成。油溶性香精的香气浓郁，留香性能好，难以在水中分散溶解，耐热，通常用于较高温度操作工艺的赋香，如糖果、糕点等。油溶性香精在温度低时易受冻凝结，浑浊或产生沉淀，严重的会全部凝固，温度升高后可恢复原状。储藏温度过高或储藏时间过长时，油质香精易发生氧化变质而产生不良的风味，影响香精和加香产品的香气和香味。乳化香精是一种水包油(O/W)型乳化体，在水中能迅速分散成稳定的乳浊液。由食用香料、食用油、密度调节剂、抗氧化剂、脂溶性防腐剂等组成的油相(内相)和由乳化剂、着色剂、水溶性防腐剂、增稠剂、酸味剂和蒸馏水等组成水相(外相),经乳化、高压均质等工序制成稳定的乳浊液。通过乳化可抑制挥发,由于节约乙醇,所以成本较低。乳化香精主要用于软饮料和冷饮等产品的加香、增味、着色或使之混浊,不适用于需要透明度的饮料和酒类,储存期过久可引起饮料分层、沉淀。乳化香精是稳定的乳状液体系,但久藏、过热和过冷的环境条件,会破坏乳化体系而产生两相分离。水油两用型香精一般是以丙二醇作为溶剂,其特点是香气沉着持久,风味柔和自然。水油两用型香精可溶于水、油中,且具有一定的耐热能力,因此其适用面较广,可用于碳酸饮料、果汁饮料、乳饮料、冰淇淋、软糖、果酱等产品。

粉末状香精是指食用香料加入赋形剂,通过乳化、喷雾干燥等工序制成的一种香精。赋形剂(如食用胶、变性淀粉等)能形成薄膜,包裹住香精,可防止受空气氧化或挥发损失,且储运方便。粉末香精适用于粉状食品加香,如固体饮料粉、果冻粉、方便汤料等,也可用于饼干、糕点、膨化食品等产品。按制作方法不同又可分为拌和型粉末香精和微胶囊型粉末香精。拌和型粉末香精是香味成分与固体粉末载体拌和在一起的香精。一般是将食用香料和乳糖等载体进行混合,使香料吸附在载体上制成。主要用于糖果、冰淇淋、饼干等。微胶囊型粉末香精是香味成分以微小芯材的形式被包裹于固体壁材之内的微细颗粒型香精。由于技术含量的不同,制造出来的微胶囊香精质量也有差别,目前香精微胶囊化的方法有乳化-喷干法、凝聚法、分子包结法等。微胶囊香精稳定性好,分散性好,放香缓慢持久,适于粉末制品、速溶食品使用。

浆(膏)状香精是指以浆(膏)状形态出现的各类香精。

香型是用来描述某种芳香物质或加香制品的整体香气或香味类型和格调。每一种食品都有自己独特的香型,食用香精按香型概括起来主要有以下几类:水果香型、坚果香型、乳香型、肉香型、辛香型、烤香型、蔬菜香型、酒香型、花香型等。每一类中又可细分为很多具体香型,如水果香型食品香精可以按水果品种分为苹果、桃子、杏子、樱桃、草莓、香蕉、菠萝、柠檬、西瓜、哈密瓜等香型。同一种水果香精还可以分若干种,如苹果香精可分为青苹果、香蕉苹果、红富士苹果香型等。

每一种加工食品都有与之相配套的食品香精。因此,食品香精按用途可分为焙烤、肉制品、奶制品、糖果、软饮料和酒用等香精。其中每一类还可以细分,如奶制品香精可分为牛奶、酸奶、奶油、黄油、奶酪等香精。

(三)食品香精的组成成分

1. 按作用分类

食用香精是由香基、稀释剂和载体组成的。

(1)香基　香基是由几十种可溶的天然或合成食用香味物质组成的具有一定

香型的混合物，是食用香精的灵魂，对香精的质量有着决定性的作用。按它们在香精中的不同作用划分为主香剂、协调剂、变调剂和定香剂，每种成分可以是精油、浸膏及合成香料中的一种或几种。

①主香剂（基调剂） 主香剂为特征性香料，构成香精香气的基本原料，是香精的主体香味，决定着香精的香型，使人很自然地联想到目标香料的香味。主香剂在香精中所占比例不一定最高，但是它是必不可少的。

调配香料配方时，首先根据香精的香型确定与其一致的特征性香料。特征性香料的确定是非常重要也是很困难的，需要不断地积累并及时吸收新的成果。常见的一些特征性香料，如乙酸乙酯是清香型白酒香精的特征性香料；已酸乙酯是浓香型白酒香精的特征性香料；庚酸乙酯是白兰地酒香精的特征性香料；2-乙酰基吡啶、2-乙酰基吡嗪是爆玉米花香精的特征性香料；薄荷脑是薄荷香精的特征性香料；*Z*-3-已烯醛、顺-4-庚烯醛、2-异丁基噻唑是番茄香精的特性性香料；覆盆子酮、印蒿油、β-紫罗兰酮、γ-紫罗兰酮是覆盆子香精的特征性香料等。

应指出的是，一种香料可能是不止一种香精的特征性香料。例如，印蒿油是覆盆子香精和草莓香精的特征性香料；γ-十一酯是桃子、杏子香精的特征性香料等。

②协调剂（合香剂） 协调剂又称协调香料，其香型与特征性香料属于同一类型。协调剂的作用是调和各种成分的香气，使香精的香味协调一致、浓郁、圆润，主香剂的香气更加突出。如在调配橙子香精时常用乙醛协调香料，用来增加天然感、果香和果汁味；在调配草莓、葡萄香精时常用丁酸乙酯作协调香料，以增加天然感；在调配苹果香精时常用β-甲基-β-苯基缩水甘油酸乙酯作协调香料，以增加果香。

③变调剂（修饰剂） 变调剂又称变调香料，其香型与特征性香料属于不同类型。变调剂是用一种香料的香气去修饰另一种香料的香气，使之在香精中发出特定效果香气。变调香料可以修饰香精的风味和格调，使香精具有不同的风格，香气更加美妙，是一种使用少量即可奏效的暗香成分。如在薄荷香精中常用香兰素作变调香料；在调配香草香精时常用已酸烯丙酯作变调香料；在调配草莓香精时常用茉莉油作变调香料；在调配菠萝香精时常用乳香油作变调香料等。

④定香剂（保留剂） 定香剂又称定香香料，可以控制香气尽量成比例挥发，具有沸点高、不易挥发、黏度大的特点，同时与香料组分有较大的亲和力，因此能够定量调节香精中各种香料的挥发速度，并使挥发速度保持均匀，使香精经过很长时间后，仍保持香精独特的香气。定香香料可以是一种单体香料，也可是几种单体香料的混合物，也可能是一种或几种天然香料的混合物。

同一种香料在同一种香精中可能有几种作用，如油酸乙酯在奶油香精中是协调香料和溶剂；苯甲醇在坚果香精中是协调香料和溶剂。同一种香料在不同的香精中可能有不同的作用，如庚酸乙酯在白兰地酒香中是特征性香料，在老姆酒香精中是协调香料，在椰子香精中是变调香料；香兰素在香草香精中是特征性香料，在葡萄香精中是变调香料；γ-乙内酯在椰子香精中是特征性香料，在薄荷、桃子香精中是协调香料。

食品香精及其香型的配方都在不断改进、完善，但每一成功的配方中都含有特征性香料、协调香料、变调香料、定香香料等四种香料。合香剂使香味在幅度和深度上得到扩充，修饰剂将香味调整，为了得到一定的保留性和挥发性，还要加入定香剂和溶剂等。定香剂是使香精中各种香料成分挥发物挥发均匀，防止快速蒸发，使香精香气更加持久。

(2)食品香精的其他组分　食品香精通常是多种物质的混合物，大部分食品香料提供香型，其他成分则提供非香料的功能。但食用香精辅料是不可缺少的，包括溶剂、载体、抗氧化剂、螯合剂、防腐剂、乳化剂、稳定剂、增重剂、抗结剂、酸、碱、盐等。

①溶剂　食品香精常用的溶剂有水、乙醇、异丙醇、丙二醇、乙酸、苯甲醇、二乙二醇单乙醚、食用油、乙酸乙酯、甘油、单乙酸甘油酯、双乙酸甘油酯、三乙酸甘油酯、三丙酸甘油酯等。

②载体　常用的载体有变性淀粉、糊精、β-环糊精、麦芽糊精、明胶、阿拉伯胶、乳糖、蔗糖、木糖醇、卵磷脂、蜂蜡、羧甲基纤维素钠盐、果胶、食盐、乙基纤维素、碳酸钙、碳酸镁、硅酸钙等。

③抗氧化剂　生育酚、抗坏血酸、没食子酸丙酯、植酸、卵磷脂等。

④螯合剂　柠檬酸、乙二胺四乙酸及其盐类、六偏磷酸钠、酒石酸等。

⑤防腐剂　苯甲酸钠、对羟基苯甲酸甲酯、山梨酸及其盐类、肉桂醛等。

⑥乳化剂　硬脂酰乳酸钙、松香甘油酯等。

⑦增重剂　溴代植物油、氢化松香甘油酯、二苯甲酸丙二醇酯等。

⑧抗结剂　碳酸钙、碳酸镁、磷酸三钙、硬脂酸钙等。

2. 按挥发度分类

将食品香精中的各种呈香、呈味成分，按照香料香气挥发度，在辨香纸上挥发留香时间的长短，分为头香、体香、基香。

(1)头香(顶香)香料　头香赋予人最初的香味，作为对香精的第一印象很重要。头香香料属于挥发度高、扩散力强的香料，在评香纸上留香时间小于 2 h。一般总是选择嗜好性强，能融洽地与其他香气融合为一体，且清新爽快能使全体香气上升，以及有些独创性的香气成分作为顶香。所有柑橘型香料、玫瑰油、果味香料都属此范围。如在调配蜂蜜香精时常用松花醇、甲酸香茅酯、苯乙酸乙酯、丁酸芳樟酯等作为头香香料；调配酒精饮料香精时常用乙酸甲酯、丁酸异戊酯、壬酸乙酯、小茴香油、康酿克油等作为头香香料等。食品的香气必须经常变换，否则使人产生厌腻感，但要防止过于奇特的变化而使人不适应。

(2)体香香料　体香是在头香之后立即被感觉到的香味特征，是香精香气的最重要的组成部分和主体香味。体香主要是由中等挥发性的香料产生的，在评香条上香气持续 2～6 h。体香香料有茉莉、玫瑰、铃兰、丁香等花香，以及醛类、辛香料等。例如在调配奶油香精时常用 2,3-丁二酮、丁酸、正戊酸丁酯、苯乙酸丁酯、苯乙酸苄酯、γ-十二内酯、δ-十二内酯等作为体香香料；在调配柑橘香精时常用甲酸异戊酯、丁酸肉桂酯、γ-癸内酯、二甲缩柠檬醛、苦橙油等作为体香香料。

(3)底香(尾香或基香)香料　底香是继头香和体香之后，最后留下的香味。底香主要是挥发程度低而富有保留性和某些定香剂产生的，在评香条上香气残留 6 h 以上。例如，在调配水果香精时常用二苯甲酮、乙酸肉桂酯、水杨酸苄酯等作为底香香料；调配调味品香精时常用丁香酚、柏木脑、肉桂酸乙酯、肉桂酸苄酯等作为底香香料。

一般地说，将香精沾在辨香纸上后，先闻到的是"头香"香料的香气，次闻到的是"体香"香料的香气，最后闻到的是"基香"香料的香气。头香香料、体香香料和底香香料的分类方法对于食品香精调香是非常重要的。在调配食品香精配方时，要充分考虑到头香、体香和底香香料的平衡，使香精保持协调一致的香味效果。

(四)食品的调香技术

香料工业生产出来的天然香料和人造香料，由于香气品质不能满足人们的要求，除个别品种外，一般不单独使用，需由数种或几十种香料按照适当比例调配成具有一定香型的混合制品以后，才能添加于产品之中。这种经过若干香料经调配而成的香料混合物称为调和香料，在商业上习惯称为香精。通过香料调配来创拟香精配方的过程、方法和艺术统称为调香。食品香精的调配主要是模仿食品天然的香气和香味，注重于香气和味觉的仿真性。

1. 香料、香精的呈香原因

食品的香是嗅觉、口感的综合，是食品应有的很重要的感官品质。香味是指食物在口腔中通过嗅觉和味觉同时感受到香和味的综合性感觉。香气是食品中挥发性物质的微粒悬浮于空气中，刺激鼻腔内的嗅觉神经而引起的感觉。能用嗅觉辨别出该种物质存在的最低浓度称为香气阈值。香味物质在食品香气中所起的作用是不同的，若以数值定量化，则称为香气值或发香值，香气值是香味物质的浓度与它的阈值之比，即香气值＝香味物质的浓度/香气阈值。一般香气值＜1时，这种香味物质不会引起人们的感觉。

(1)香气的来源及产生　食品香味的来源主要有三个方面：一是食品中原先就存在的，如新鲜水果、蔬菜等的香味；二是食品中的香味前体物质在食品加工过程(如加热、发酵等)中发生一系列化学变化产生的，如米饭、腐乳等的香味；三是在食品加工过程中通过加入食品香精、辛香料、调味品等带来的，如糖果、红烧肉及方便面调料中的部分香味。尽管食品中的香味化合物在食品组成中含量小，但其地位却是举足轻重的。

(2)呈香原因　食用香料由一种或多种具有气味的有机物组成。凡是有气味物质的分子均有一定的生香基团，生香基团又称为发香团(发香基)。发香物质一般属于有机化合物，相对分子质量一般不会太大或太小，一般认为在 20～300 之间，其分子内含有 1 个或数个发香团。根据近代有机化学理论和测试手段，认为发香物质发香的原因、香味的差异和强度的不同，主要在于其发香基团的不同、碳链结构的不同、取代基相对位置的不同及分子中原子空间排布的不同。

发香物质中必须有一定种类的发香基团，并决定了气味的种类。其中包括含氧基团(羟基、醛基、酮基等)，含氮基团(氨基、硝基等)，含芳香基团(芳香醇、芳香醛、酚类等)，含硫、磷、砷等原子的化合物及杂环化合物。单纯的碳氢化合物极少具有怡人的香味。香味产生受到碳链结构、取代基的相对位置、分子中原子的空间排布和杂环化合物中的杂原子等因素的影响。同时香味的产生也与香味剂的物理特性有关，在一定程度上取决于该物质的蒸气压、溶解特性、扩散性、吸附性及表面张力。

2. 香料、香精的品质

香料的品质是调香的基础，是生产香精的先决条件。可采用如下参数描写香料的品质：

(1)香比强值　香比强值是香料或香精的香气强度用数字表示的一种方式。把苯乙醇的香气强度定为 10，其他各种香料和香精都与苯乙醇比较，根据它们各自的香气强度给予一个数字，如香叶醇的香气强度大约是苯乙醇的 15 倍，我们就把香叶醇的“香气强度”定为 150。一般情况下，阈值越低，香比强值就越高；阈值越高，香比强值就越低。该值最为直观地反映一个香料的香气强度，能直接看出一个香料对加香产品的香气贡献，计算简便，已逐渐成为调香工作、香料和香精开发、贸易的重要数据。

香精的香比强值可以用组成该香精的各香料单体的香比强值及其比例计算出来。如某茉莉花香精配方如表 3-1 所示。

表 3-1　茉莉花香精配方

香料	用量/%	香比强值
乙酸苄酯	50	25
芳樟醇	10	100
甲位戊基桂醛	10	250
苯乙醇	10	10
苄醇	10	2
水杨酸苄酯	4	5
吲哚	1	600
羟基香茅醛	5	160
合计	100	

该香精的香比强值为：(50×25＋10×100＋10×250＋10×10＋10×2＋4×5＋1×600＋5×160)÷100＝62.90。

香气强度决定其使用量，强度越大使用量越小。加香食品并不是香气越强越好，过高的香精用量有时会破坏口感，具体用量应通过多次试验来确定。

(2)留香值　留香久不久是香料和香精的一个重要技术指标，调香师每使用一个香料时，头脑里都会闪过这个香料的香气持久性问题，对配制成的香精也大致能估计其香气持久性长短，但这都是很模糊的概念，要是能用数据表达多好！

1954 年朴却(Poucher)发表了 330 种香料的“挥发时间表”，把香气在不到 1 d 就嗅不到的香料系数定为“1”，超过 100 d 还能嗅到香气的系数定为“100”，这样初步解决了香料留香力有个数据的问题。如把这些数据应用于调配香精，让每一个调配好的香精也有个留香“度”数据，这无疑将给香精的“价值”评判、加香实验、贸易等方面带来极大的方便。为了叙述与计算的方便，我们把朴却的“留香系数”(也就是留香天数)称为“留香值”，计算一个香精的“留香值”，也同“香比强值”的计算方法一样。

(3)香品值　组织专门的评香小组，每个成员分别给予香料一个评价分数，最低为 0 分，最高为 100 分，去掉一个最高分和一个最低分，然后取平均分，这个平均分就是该香料的香品值。其实大部分香料直接嗅闻时香气都不好，稀释以后也不一定都变好。例如吲哚，直接嗅闻就像鸡粪一样的恶臭，稀释到 1%以下的浓度时却有茉莉花一样的香气。各种香料的香气是在调配成香精时发挥它的作用的，使用不当不但发挥不了作用，有时反而会破坏整体香气。因此如果评定一种香料的“品位值”，只能放在一个香气范围内考察。

香精的“香品值”可以按配方中各个香料的香品值、用量比例计算，计算香品值的方法同香比强值、留香值一样。计算出来的香品值叫做“计算香品值”，它同“实际香品值”（香精让众人评价打分，取平均值）有差距。调配一个香精，如果它的实际香品值小于计算香品值，可以认为调香是失败的；实际香品值超过计算香品值越多，调香就越成功。

（4）综合评价分数　对一个香料或香精来说，都给它的香品值（P）、香比强值（B）和留香值（L）三个数据。把这三个数据相乘再除以 1 000，就是给这个香料或香精的“综合评价分数（Z）”，即 $Z=1\ 000\times(P\times B\times L)$。

一般情况下，Z 越高，该香料或香精的实用价值也越高。在调香过程中，明确香料和香精的“三值”、“综合评分数”等参数（表 3-2），对于确定香料、香精的用量、成本等是很有参考价值的。

表 3-2　一些香精香料的质量参数

香料名称	香比强值	计算香品值	留香值	综合评价分数
苯甲醛	1 000	40	1	40
薄荷醇	1 000	80	1	80
丁香酚	400	15	16	96
柠檬醛	400	10	60	240
柠檬油	300	100	8	240
香兰素	100	10	100	100
乙基香兰素	400	10	100	400
甲位戊基桂酸酯	250	10	100	250
大茴香油	300	40	7	84
肉豆蔻油	500	70	11	385

3. 调香的一般技术

在调配香精时，首先评价各种香料的香气品质，掌握香料的应用范围，运用香气特点，按照香精的香韵格调，进而确定配方的组成，再通过反复混合实验评定，确定最佳配方。香料的调和需要辨香（评香）、仿香、创香三方面的基本技能。辨香就是能够区分辨别出各种香气或香味，评定其好坏以及鉴定品质等级。仿香是要运用辨香的知识，将多种香料按适宜的配比调配成所需要模仿的香气或香味。创香是运用科学与技术方法，在辨香和仿香的实践基础上，设计创拟出一种具有新颖、和谐香气或香味（或香型）的香精，满足某一特定产品的加香需要，使创拟出的香精达到经济、合理地运用香料，与加香产品的特点相适应的要求。

（1）调香的技术要求

①调香操作　根据香料的挥发度，首先要配好基香香料，再配入特定香型的

主香剂(多数的基香香料就是主香剂),然后加入辅助剂、顶香剂,最后加入定香剂,每一种组分的量要根据配方比例和配制的香精总量事先计算好,称量要准确,操作要细致。各香原料的品种、规格及含量组成应核对无误。

②香料熟化　刚制造的调和香料,其香味是粗糙的,甚至还有刺鼻味,必须要有一个熟化过程。此过程是将调制后的香料密封起来放在暗凉处,经过一定时间,调和香料的香味就变得圆润、甘美、柔和、醇郁。熟化过程是一系列复杂的化学反应,包括酯的生成、酯基转移、酯的醇解、乙醛的生成、缩醛基的转移等。

③调香环境　调制香精必须有一个清静的环境,没有灰尘、杂物,没有发出气味的物件。特别是食品香精,一定要符合食品卫生的标准。调香之前,调香者要进行周密的设想,排除一切不利的客观因素和主观杂念。环境应帮助调香者达到这样的要求,以便集中注意力。

④调香配方的探索　调和香料或者香精都是经验性的,名牌香精难以模仿的原因就在于此。创新一种独特风味的香精配方,需要有一个探索的过程,调香者根据自己的经验、感觉和灵感,首先设想出一种香味,然后借助于花香香料,配以各种各样的香料成分,使香气接近于所设想的香精风韵。做好记录,写下配方,在此基础上经长时间的修正、组合和发展,依靠灵敏嗅觉和有次序的工作方法做多次的配方试验,不断地改进、补充,达到最后的完善。

(2)调和香料的质量要求

①各种单离、单体香料经过调制,变成一种全新的香料,原有香料的香气不得被嗅出。

②必须具有主香,并突出其特色香型,且香稳定性好,而其他香料的香气不能变得突出。

③香气纯正且具均匀性,不得随时间的推移而使香型改变,或某些特征消失。

④适于各种应用上的需要,满足各类食品、日用、药用等不同用途的要求。

(3)调香的一般步骤　任何一种香味都有上百种呈味物质,如鸡肉 220 种、可可 323 种、花生 350 种、咖啡 450 种。可见影响食品风味的呈味物质的复杂程度。调香不是按分析出的全部呈味物质按比例和含量机械地勾兑,因为一种食品的一些特殊风味,往往是一种或几种关键物质在起决定性作用。调香是在分析的基础上,根据风味变化的规律和调香师的经验,在一些仪器的配合下,以几种呈味关键物质与一些辅助剂,对天然风味进行最大限度的模拟。

①确定主体香　任何物质都有决定它特有香气的气味关键成分——主香体。主香体加入量不一定很大,但不可缺少,首先通过分析手段和调香师的经验来确定主香体。

②合香 与主香体类似,克服主香体香气的偏异。在主香体的香韵基础上,给予丰满而又宽广的香调。选择原则:与主香体是同类的香料都可试用。

③选择适宜的助香剂 主香与合香产生的香味,往往缺乏天然香味所具有的自然生气,加入助香剂,调节香味使其更加圆润,或强烈或柔和,或绵软或醇厚。

④定香剂的选择 香料存在不同程度的挥发性,为使各组分挥发度、保留度尽量均匀,保持原味,故选择一种黏度高不易挥发、与香精亲和力强的一类物质作为定香剂。

⑤配比的确定 配比依据调香师的个人感觉而定,一般助香剂、定香剂一点点加入主香体,边加边品,直到满意为止。

⑥成熟 配比确定之后,最后要在一定的温度、环境等条件下久置储存,使其达到天然香气的芬芳。

⑦最后进行应用实验,检验香精的实际使用效果。

4. 香精的配制

香精的配制过程是复杂的,因为任何两种呈味物质混合都可发生四种现象:两种呈味物质主要特征被同时抑制;其中一种被抑制;二者共同形成新的风味;发生部分混合而形成一定风味,仍保留原来的特征。所以,香料的调配经过拟方—调配—修饰—加香等多次反复实践才能确定。

确定香精的配方首先要明确所配香精的香型、香韵、用途和档次。其次考虑香精组成,一般头香香料占 20%～30%,体香香料占 35%～45%,基香香料占 25%～35%,提出香精配方初步方案,然后正式调配。各种主要香料按比例调配在一起,当作香精的主香剂,并加入相应的头香剂,使香味在幅度和浓度上得到扩散,再加矫香剂、补助剂调制整理。为了得到一定的保留性和挥发性,再加上定时剂和乙醇等有机溶剂,并经过一定时间的成熟,就制成食用香精的基本类型,称为香基。然后再进一步将香基经过加工制成各种剂型的成品香精。

(1)水溶性香精 水溶性香精是将各种香精和稀释剂按一定比例以适当顺序互相混溶,经充分搅拌,再经过过滤而成。香精若经一定成熟期储存,其香气往往更为圆熟。水溶性香精一般分柑橘型香精和酯型水溶性香精。

柑橘型香精的配制:取 40%～60%乙醇 100 份和植物精油 10～20 份,装入带有搅拌装置的浸提釜中,在 60～80℃下搅拌 2～3 h 温浸,也可在常温下搅拌一段时间冷浸。浸提物密闭保存 2～3 d 后进行分离,将乙醇溶液部分在 −5℃左右冷却数日,加入适当的助滤剂,趁冷滤去析出的不溶物质,经成熟后即为成品。生产中冷却是为了除萜,以改善其水溶性,否则香精会发生浑浊,分离出的萜类可用于调配油溶性香精或作为日化用品的香料。用作柑橘类精油原料的有柑橘、柠檬、柚子等。

酯型水溶性香精(水果香精)的配制:将香基、醇和蒸馏水一起混合溶解,然后冷却、过滤、着色即得成品。

(2)油溶性香精　油溶性香精通常是取10%～20%香基,以80%～90%植物油、丙二醇等作为溶剂调和得到的成品。油溶性香精以商品出售,一般食品厂家不用自制。

(3)乳化香精　乳化香精一般是用食用香料、食用油、密度调节剂、抗氧化剂、防腐剂等混合制成油相,用乳化剂、防腐剂、酸味剂、着色剂等溶于水制成水相。然后将油相和水相混合,用高压均质器乳化、均质制成乳状液。通过乳化可抑制挥发,但若配制不当可能造成食品变质与细菌污染。

(4)粉末香精　粉末香精可分四种方法配制。①载体与香料混合:将香料与乳糖一类的载体进行简单的混合,使香料附着在载体上,即得该种香精。②喷雾干燥法:将香料预先与乳化剂、赋形剂一起分散于水中,形成胶体分散液,然后进行喷雾干燥,成为粉末香精。该法制得的粉末香精,其香料为赋形剂所包覆,可防止氧化和挥发,香精的稳定性和分散性较好。③薄膜干燥法:将香料分散于糊精、天然树胶或糖类溶液中,然后在减压下用薄膜干燥机干燥成粉末。这种方法去除水分需要较长时间,在此期间香料易挥发变质。④微胶囊技术:微胶囊化方法有多种,由于技术含量的不同,产品的质量也有差别。采取微胶囊化技术时,根据香精的使用范围、浓度及效果不同,选择相应的技术实现其控制释放。

五、香料使用注意事项

食品香料和食品香精的关系是原料和产品的关系。食品香料一般不直接在食品中使用,而是调制成食品香精以后再添加到食品中。

1. 香精、香料选用的原则

(1)根据消费及食品工业的趋势选择或创造香料和香精。由于消费者口味是不断变化的,这要求香料、香精的品种不断更新或增加。随着食品工业的发展,在原有的加香产品如饮料、冷饮、肉类、糖果、焙烤制品等食品基础上,出现各种人造肉、糕点、快餐等食品,扩大了食用香料和香精的应用范围。因此,要根据消费变化趋势选择合适的香精和香料。

(2)明确需要加香与调香食品的香味成分。香料、香精在食品中应用大体有以下三种情况:

①产品本身没有香味,完全依靠添加香料、香精使食品产生香味。这种情况下可选择专业香精生产厂家的香精产品。

②由于食品本身的香味部分丧失，或因某些特殊生产工艺（如新型白酒）而缺少特征性香味。为了增强或形成该类产品香型，使之具有特征性香味，需要添加某些单体香料或使用成品香精。

③使用香料、香精来掩盖或修饰产品本身具有的不良风味（如辣味、苦味等）。

每种食品都有其不同的特性，应选择不同的食用香料、香精来满足消费者对食品香味的要求。

(3)避免食用香精、香料与食品成分之间反应。食品中加入香料后，食品中的主要成分糖、脂、蛋白质等都可能与香料发生吸附、包结等作用，一些加工工序（如受热、压力变化等）有时加速这类反应，从而影响香料的表现，即加入香精、香料后，产品的香气不明显，有时甚至出现非香精、香料本身的香气。只有设法避免该类反应的发生，才能达到预期的赋香效果。

(4)了解各类香精的特点及应用范围

①香辛料在正常使用范围内无毒，但感官上要求干燥、无霉变、无虫蛀、无杂质、无污染、具有应有的香味。

②水溶性香精易于挥发，故适用于冷饮及配制酒；在果汁及水果罐头生产中，香精应在加工后期即冷却后添加；水溶性香精使用中计量要准、分布要均匀，并注意不得与碱性物质混合使用，以防止色变等影响。

③油溶性香精适用于饼干、糕点、面包等焙烤食品和糖果食品的生产。油溶性香精虽耐热性好，但高温下也有挥发，故饼干等焙烤食品在生产中其使用量要稍高些，且不可直接接触化学膨松剂等碱性物质；糖果生产中的防挥发问题，虽不可过早加入香精，但过晚加入会因糖坯黏度增大难以搅匀，故应掌握好添加的时机。

香精、香料是否适合使用需要通过感官评价，比较加香食品的香气、香味、持香状况，以及香精、香料对加香食品质地（如泡泡糖的硬度、吹泡性等）、色泽的影响，对光、热稳定性以及与其他食品原料的配伍性等的应用效果。

2. 香精、香料的使用注意事项

香料和香精的添加仅用于食品的加香，禁止用于其他目的。使用香精、香料时要注意使用温度、时间及其稳定性，必须按照工艺要求及香精、香料特性来使用，使用时应注意以下几点：

(1)选择合适的添加时机　香料、香精都有一定的挥发性，对必须加热的食品应尽可能在加热后冷却时，或在加工处理的后期添加，以减少挥发损失。添加时应搅拌均匀，使香味成分均匀地渗透到食品中去，加入香味剂时，最好一次少量地慢慢加入并减少在空气中暴露。

(2)正确的添加顺序　多种香料、香精混合使用时，应先加香味较淡的，然后再加香味较浓的。一般的香料、香精在碱性食品中不稳定，使用碱性膨松剂的焙烤食品应分别添加，防止碱性物质与香料、香精发生反应。否则，将会影响食品的色、香、味，如香兰素与碳酸氢钠接触后会失去香味，变成红棕色。

(3)掌握合适的添加量　食品生产中，香料、香精的用量要适当，通过反复的实验调节，最终决定于当地消费者的口感。使用时应尽可能使香精在食品中分散均匀，才能使香味一致。

(4)注意香味剂与食品环境的协调　香精、香料加入食品后，受到食品的原料、食品加工过程以及消费者感觉的影响，有时香味会改变，对食品的作用效果也不尽相同。所以香精、香料在使用前必须做预备试验，找到在食品加工中的最佳使用效果。

有些食品在加工过程中，其香味的损失在开放系统中比在封闭系统中大，所以应尽量减少食品暴露在外的面积，或避开此工序再添加香料、香精。含气的饮料、食品和真空包装的食品，体系内部的压力、包装过程都会引起香味的改变，对这类食品都要增减其中香味剂的某些成分。

香精中含有的香料和稀释剂，除了容易挥发以外，有些香料遇空气时往往容易氧化变质，这就需要考虑防止香料损失的各种途径，如添加抗氧化剂或使用微胶囊香精可以避免香料氧化。

应用实例

香精在糖果及巧克力制品中的应用

糖果制品的香味几乎均由所添加的香精所赋予。硬糖加香多使用柠檬、橘子、草莓、菠萝、葡萄等水果型香精，也有使用咖啡、巧克力、薄荷等香精的。香精应在冷却过程的调和时加入，当糖膏倒在冷却台，温度降到 100～105℃时，依次加入酸味剂、色素和香精。香精不要过早加入，以防挥发损失。软糖加入亦多用水果型香精。此外，由于 pH 影响胶状物的凝胶强度，所以控制 pH 是关键。香精和酸味剂的添加要在最后阶段进行，一般在糖浆温度降到 80℃以下时添加。产品的胶质影响加香效果，使用果胶的产品香味最佳，琼脂次之，动物胶最差。口香糖所用的香精要求在口中有持续性，一般使用的香精浓度最高，约为 1%。如能用微胶囊香精，产品加香后留香效果较好。

巧克力及其制品均以可可豆为原料制成，产品本身已有巧克力香味，为了增加巧克力的花色品种，也常常使用奶油香精、香兰素等。代可可脂的用量有所增加，同时还使用了巧克力香精，以增强巧克力香味。

第二节　酸度调节剂

酸味是各类食品风味的基础，是由具有酸味的成分赋予的。用于改变或维持食品酸碱度的物质称为食品酸度调节剂，以赋予食品酸味为主要目的食品添加剂称为酸味剂。酸味剂能赋予食品酸味，给人爽快的感觉，可增进食欲，促进唾液的分泌，有助于钙、磷等物质的溶解，促进人体对营养物质的消化、吸收，同时还具有一定的防腐、抑菌和络合金属离子的作用等。

一、酸度调节剂作用原理

1. 酸味与酸味特征

(1)酸味　酸味是溶液中解离的氢离子刺激味觉神经的感觉。酸度的表示方法有两种：一种是滴定酸度，所表示的是全部氢离子，用酸的摩尔滴定酸度来衡量各种酸的强弱，这对于制定新产品的配方是必需的。作为口感酸度，则与溶液的 pH 有关，微生物的敏感性也与 pH 直接相关。食品酸度的另一表示方法是其在一定浓度下的 pH。酸味的刺激阈值的最大值是指感官上能尝出酸味的最低浓度，例如柠檬酸刺激阈值的最大值为 0.008%，最小值为 0.002 5%。若用 pH 来衡量酸味的阈值，无机酸 pH 为 3.4～3.5，有机酸则 pH 为 3.7～3.9。大多数食品的 pH 在 5.0～6.5 之间，呈弱酸性，但无酸味感觉；pH 在 3.0 以下时，酸味感强，难以适口。而对缓冲溶液来说，即使是离子浓度更低也可感觉到酸味。

(2)酸味特征　酸味是味蕾受到 H^+ 刺激而产生的感觉，但是酸味的强弱不能简单用 pH 来表示。在相同 pH 下，弱酸比强酸的酸味强，有机酸的酸味强度大于无机酸。由此可知，酸味强度与 H^+ 浓度没有函数关系。酸味感的时间长短也不与 pH 成正比，解离速度慢的酸味维持时间久，解离速度快的酸味剂的味觉会很快消失。

弱酸所具有的未解离氢离子(与 pH 无关)与酸味有关系。在同一浓度下，比较不同酸的酸味强度，其顺序为：盐酸＞硝酸＞硫酸＞蚁酸＞醋酸＞柠檬酸＞苹果酸＞乳酸＞酪酸。若以柠檬酸的酸味强度为 100 时，则酒石酸为 120～130，磷酸为 200～230，延胡索酸为 263，延胡索酸钠为 150，*L*-抗坏血酸为 50。

不同酸味剂分子中羟基、羧基、氨基的有无、数目的多少以及在分子结构中所处的位置不同，而产生不同的酸感特征。在相同 pH 下，不同酸味剂酸味的强度不同，其顺序为：乙酸＞甲酸＞乳酸＞草酸＞盐酸。

酸味调节剂的阴离子影响酸感特征。由于不同有机酸的阴离子在舌黏膜上吸附能力不同，酸味强度也不同。有机酸的阴离子容易吸附在舌黏膜上，中和了舌黏膜中的正电荷，使得氢离子更容易与舌味蕾相接触，而无机酸的阴离子易与口腔黏膜蛋白质相结合，对酸味的感觉有钝化作用。

温度不同，味觉的感受也不同。酸味与甜味、咸味及苦味相比，受温度的影响最小。各种味觉在常温时的阈值与 0℃时的阈值相比，则各种味觉都变钝。例如盐酸奎宁的苦味约减少 97％，食盐的咸味减少 80％，蔗糖的甜味减少 75％，而柠檬酸的酸味则仅减少 17％。

2. 酸度调节剂的功效

（1）酸度调节剂的作用　酸度调节剂亦称 pH 调节剂，是用以维持或改变食品酸碱度的物质，主要是用以控制食品体系酸碱性所需的酸化剂、碱剂以及具有缓冲作用的盐类。

①用于调节食品体系的酸碱性　保证食品成品的 pH 稳定，减少其变化范围。如在凝胶、干酪、果冻、软糖、果酱等产品中，为了取得产品的最佳性状和质构特征，必须正确调节 pH，果胶、干酪的凝固尤其如此。酸味剂降低了体系的 pH，可以抑制许多有害微生物的繁殖，抑制不良的发酵过程；并有助于提高酸型防腐剂的防腐效果；降低食品高温杀菌温度并缩短杀菌时间，从而减少高温对食品结构与风味的不良影响。也可用作新鲜肉、禽、水产品的表面去污染剂。酸化也有利于苯甲酸等防腐剂的非解离度，从而提高抑菌效果。

②形成特征风味的基础　不同的特征风味具有特殊的酸味。如酒石酸可以辅助葡萄的特征风味，磷酸可以辅助可乐饮料的特征风味，苹果酸可辅助许多水果和果酱的特征风味。酸味剂还可用作香味辅助剂；能平衡风味，修饰蔗糖或甜味剂的甜味。

③可作螯合剂　某些金属离子如 Ni^{2+}、Cr^{2+}、Cu^{2+}、Se^{2+} 等能加速氧化作用，引起含类脂食品氧化变质，果蔬褐变，色素变色等，对食品产生不良的影响。许多酸味剂如抗坏血酸、柠檬酸、酒石酸等，具有螯合这些金属离子的能力，使金属离子失去催化能力，从而防止油脂的酸败、变味和变色等。与抗氧化剂、防腐剂、还原性漂白剂复配使用，能起到增效的作用。在食品工业中，柠檬酸是使用最广泛的螯合剂。

④可作膨松剂　在酸提供氢离子的条件下，使碳酸盐分解产生 CO_2 气体。碳酸盐分解产生 CO_2 是化学膨松剂产气的基础之一，酸味剂的性质决定了膨松剂的

反应速率。此外，酸味剂还有一定的稳定泡沫的作用。

⑤有些酸味调节剂具有还原性　在水果、蔬菜制品的加工中可以作护色剂，在肉类加工中可作为护色助剂。

⑥酸水解作用　蔗糖在酸性条件下，导致甜度变化。

⑦控制色泽　天然色素在不同酸度条件下色泽不同，低酸度不易发生褐变。

(2)缓冲体系与缓冲剂　绝大多数食品都是生物来源的复杂物质，它们都是天然缓冲体系。在生物来源的物质中参与pH控制或构成缓冲体系的物质有蛋白质、有机酸和弱的无机酸及其盐。例如，柠檬酸(柠檬、番茄、大黄)、苹果酸(苹果、番茄、莴苣)、草酸(大黄、莴苣)以及酒石酸(葡萄、菠萝)是构成植物缓冲体系的物质，一般与磷酸盐一起作用来控制pH。牛乳也是一个复杂的缓冲体系，它含有二氧化碳、蛋白质、磷酸盐、柠檬酸盐和其他成分。

在食品加工过程中，为了使产品味道更为可口而又不损失风味，需要在食品和饮料中使用相当数量的酸，建立一个缓冲体系使pH稳定在预期的水平。缓冲体系的主要成分是弱有机酸及其盐。缓冲溶剂含有浓度较大的缓冲剂，可以减弱少量外加酸或碱对pH的影响。当然，一个体系的缓冲能力是有一定限度的，当外加酸或碱的量接近缓冲剂的量时，体系就会逐渐失去缓冲作用。所以，每个缓冲体系都有一定的缓冲容量。缓冲容量的大小取决于缓冲剂的总浓度和缓冲组分浓度的比值。缓冲剂的总浓度愈大，缓冲容量愈大。

在食品工业中，经常用酒石酸、醋酸、柠檬酸和磷酸的钠盐控制pH和调节酸味。在调节酸味上，柠檬酸盐优于磷酸盐，其酸味显得更为平和。需要低钠或无钠产品时，可用钾盐代替钠盐。但是不可使用钙盐，因钙盐难溶并与系统中其他组分不相溶。常见酸-盐体系的缓冲范围是：柠檬酸和柠檬酸钠为pH 2.1～4.7；醋酸和醋酸钠为pH3.6～5.6；磷酸二氢钠和磷酸氢二钠为pH6.0～8.0；碳酸氢钠和碳酸钠为pH9.0～11.0。

二、有机酸度调节剂

食品中天然存在的主要是有机酸，如柠檬酸、酒石酸、苹果酸、乳酸等。目前，作为酸味剂作用的主要为有机酸，其中柠檬酸是目前世界上应用最广泛、用量最大的酸味剂。

1. 柠檬酸

柠檬酸也称枸橼酸，化学命名为2-羟基-1,2,3-丙酸羧酸，分子式为$C_6H_8O_7 \cdot H_2O$，相对分子质量为210.14。

(1)性质　柠檬酸有一水合物和无水物两种，为无色半透明结晶，或白色晶体颗粒或粉末，无臭，有强酸味(1%溶液的 pH 为 2.3)。极易溶于水及乙醇、乙醚，有吸湿性。

柠檬酸具有良好的防腐性能，能抑制细菌增殖。可以增强抗氧化剂的抗氧化作用，延缓油脂酸败。柠檬酸含有 3 个羧基，有很强的螯合金属离子的能力，可用作金属螯合剂。还可用作色素稳定剂，防止果蔬褐变。

(2)酸度与酸感特征　柠檬酸是食品酸度的标准物。柠檬酸是柠檬、柚子、柑橘等存在的天然酸味的主要成分，具有强酸味，酸味圆润滋美、爽快可口，最强酸感来得快，后味延续时间较短，其刺激阈值的最大值为 0.08%，最小值为 0.02%。由于是水果的成分之一，能赋予水果的风味。

(3)应用　柠檬酸是所有有机酸中最可口的，易与多种香料配合而产生清爽的酸味，故在各类食品中广泛使用。柠檬酸抑制细菌繁殖的效果较好，螯合金属离子的能力较强，能与本身重量 20%的金属离子螯合，可作为抗氧化增效剂，延缓油脂酸败，也可作色素稳定剂，防止果蔬褐变。与甜味剂、色素、香精协调使用量为 0.1%～1.0%。在肉制品中还可脱腥脱臭。使用时与柠檬酸钠共用味感更好，酸味更为柔和，有柠檬酸钠、柠檬酸一钠、柠檬酸钾三种形式的盐。无水柠檬酸多用于粉末制品，其酸度强，用量较一水合柠檬酸少 10%。

2. 乳酸

乳酸的化学名称为 2-羟丙酸，分子式为 $C_3H_6O_3$，相对分子质量为 90.08。商品乳酸的浓度为 85%～92%，是乳酸和乳酰乳酸($C_6H_{10}O_5$)的混合物，几乎无臭或微带脂肪酸臭。

(1)性质　乳酸异构体有 *DL*-型、*D*-型和 *L*-型三种。食品级商品乳酸为浓度 80%的无色透明或浅黄色糖水液体以及晶体乳酸，几乎无臭，味微酸，有吸湿性。煮沸浓缩时，乳酸缩合成乳酰乳酸和 2-(乳酰乳酸基)丙酸，加热稀释转为乳酸。与水、乙醇、乙醚、丙二醇、甘油、丙酮任意混合，不溶于氯仿、石油醚。能抑制有害微生物的繁殖，对乳蛋白有凝固作用。

乳酸在果蔬中很少见，为发酵乳品和蔬菜的特征酸，存在于发酵食品、腌渍物、果酒、酱油及乳制品中。

(2)酸度与酸感特征　乳酸酸味柔和，有后酸味，能赋予食品清爽的酸味。50%的乳酸 180 mL 可与 100 g 的柠檬酸的酸味相当，酸味阈值为 0.004%。因具有特异收敛性酸味，故使用范围不如柠檬酸广泛。

(3)应用　多用于乳酸饮料和果味露，且与柠檬酸并用。用于清酒酿造的快速酿造剂，可作为曲酒、果酒、泡菜、香精等的酸性调味剂，酱油、酱的香味缓冲剂。乳酸具有较强的杀菌作用，能防止杂菌生长，抑制异常发酵。但 3 个月以下婴儿不宜用 *DL*-型及 *D*-型乳酸，以用 *L*-型乳酸为好。

3. 酒石酸

酒石酸化学名称为 2,3-二羟基丁二酸、2,3-羟基琥珀酸，分子式为 $C_4H_6O_6$，相对分子质量为 150.09。

(1)性质　无色至半透明的无水结晶，或白色微细至颗粒状结晶性粉末，无臭，略有特殊果香，味觉阈值 0.002 5%。有 *DL*-型、*D*-型、*L*-型和中酒石酸四种旋光异构体，其中用作酸味剂的主要是 *D*-酒石酸和 *L*-酒石酸。易溶于水、甲醇、乙醇，难溶于乙醚、氯仿，稍有吸湿性。0.3%水溶液的 pH 为 2.4。

(2)酸度与酸感特征　酒石酸是葡萄的特征酸。酸味比柠檬酸强，为柠檬酸的 1.2～1.3 倍，稍有涩感，但酸味爽口。

(3)应用　酒石酸很少单独使用，多与柠檬酸、苹果酸等复配，用量 0.1%～0.2%，最适合于添加到葡萄汁及其制品中，也可作为速效合成膨松剂的酸味剂使用及软饮料的增香剂。*DL*-型为无色透明晶体或白色结晶粉末，可作为乳化剂，低温时溶解度低且易生成不溶性钙盐，但在发泡粉末果汁中使用 10%～20%，比 *D*-型稳定。

4. 苹果酸

苹果酸化学名称为羟甲基丁二酸、羟基琥珀酸或 1-羟基乙烷二羧酸，分子式为 $C_4H_6O_5$，相对分子质量为 134.09。

(1)性质　白色或荧白色粉末、粒状或结晶，不含结晶水，易溶于水，无臭或稍有特异味，有特殊的刺激性酸味，有吸湿性，味觉阈值 0.003%，1%水溶液的 pH 为 2.40，对油包水型乳化剂有稳定作用。苹果酸有 *L*-苹果酸、*D*-苹果酸和 *DL*-苹果酸三种异构体。天然存在的苹果酸都是 *L*-型的，多与柠檬酸共存，几乎存在于一切果实中，以仁果类中最多。

(2)酸度与酸感特征　苹果酸酸味较柠檬酸强 20%左右，别致爽口，略带刺激性，稍有苦涩感，呈味缓慢，维持酸味时间显著地长于柠檬酸。

(3)应用　苹果酸具有明显的呈味作用，其酸味柔和、爽快，与柠檬相比刺激性缓慢、保留时间长，具有特殊香味，并且不损伤口腔和牙齿等特点。苹果酸一般多与柠檬酸合用，有强化酸味的效果，可以模拟天然果实的酸味特征，使口感更自然、协调、丰满，添加于饮料可改善其口感和风味。苹果酸常与人工合成的二肽甜味剂阿斯巴甜配合使用，作为软饮料的风味固定剂，也可用作天然果汁色泽保护剂，人造奶油、蛋黄酱等的乳化稳定剂，以及提高无盐酱油、食醋和腌菜的风味。

5. 冰醋酸

冰醋酸是高浓度的乙酸，俗称醋酸，分子式为 $C_2H_4O_2$，相对分子质量为 60.05。

(1)性质　纯度在98%以上的乙酸称作冰醋酸，在13.3℃结成冰状固体，沸点118.1℃。醋酸是无色透明液体，有强烈的刺激性气味，无限溶于水、乙醇、乙醚等。醋酸是东方传统发酵调味料——食醋的特征酸。

(2)酸度与酸感特征　冰醋酸酸味较柠檬酸强，有强烈的刺激性，能除去腥臭味。

(3)应用　冰醋酸的乙酸浓度高，不能直接使用，应稀释成醋酸后使用。用于含有醋酸的食品调配，特别是酸味的强化。还可用作软饮料、糖果、焙烤食品和调味品的香料。

6. 其他有机酸度调节剂

(1)富马酸　又名延胡索酸、反丁烯二酸，分子式为 $C_4H_4O_4$，相对分子质量为116.07。

富马酸为白色颗粒或结晶性粉末，无臭，有特殊酸味，微溶于水，溶于乙醇、乙醚和丙酮，极难溶于油中。在200℃以上时升华，与水共煮可得苹果酸。富马酸酸味强，约为柠檬酸的1.5倍，故低浓度的富马酸溶液可代替柠檬酸，但由于微溶于水，一般不单独使用，与柠檬酸、酒石酸复配使用能呈现果实酸味。

富马酸通常与柠檬酸等其他有机酸一起配合使用，与柠檬酸合用时，用量为柠檬酸的20%～30%。用于清凉饮料、果汁和水果罐头中，最大用量汽水为0.3 g/kg，果汁为0.6 g/kg，果酱和果冻为3 g/kg。作增味剂用于口香糖最大用量为4 g/kg。富马酸具有抗氧化、防腐和调和酸味等多重作用，且成本低，无毒副作用。

(2)己二酸　又名肥酸，分子式为 $C_6H_{10}O_4$，相对分子质量为146.16。

己二酸为白色结晶或结晶性粉末，无臭，略有葡萄的气味，酸味柔和，能使食品风味持久。熔点152℃，沸点337℃，自燃温度420℃，能升华，不吸湿，相当稳定。可溶于丙酮，易溶于乙醇，微溶于水。0.1%水溶液的pH为3.2，并且在比较大的浓度范围内pH变化较小，有较好的pH调节缓冲性能，能有效地将酸度保持在pH2.5～3.0范围内。对油包水型乳化剂有稳定作用。

己二酸可作为酸度调节剂、酸化剂、复合膨松剂、中和剂、香料等，应用于固体饮料、果冻粉。酸味柔和而持久，尤其适用于不宜立即释放酸味的产品。用于含明胶的粉末食品、蛋清及乳制品，可改善其打擦起泡性能；用于人造果酱、果冻，可促进其胶凝作用；也可适量用于饮料、配制酒和加工干酪等。用于固体饮料，最大使用量为 0.01 g/kg；果冻粉 0.5 g/kg(按稀释 6 倍计)；口香糖 4 g/kg。

(3)柠檬酸钠　又名枸橼酸钠、柠檬酸三钠，分子式为 $C_6H_5Na_3O_7 \cdot H_2O$，相对分子质量为 294.1。

柠檬酸钠为白色结晶颗粒或粉末，无气味，味咸而凉爽。加热至 150℃时失去结晶水，继续加热会分解。溶于水，难溶于乙醇，水溶液 pH 约为 8，在空气中稳定，有吸湿性和风化性。

柠檬酸钠可作为食品加工的酸度调节剂、缓冲剂和螯合剂。用于清凉饮料可缓和酸味，改进口味。还能与金属螯合，防止风味物质(如萜烯化合物)的迅速氧化或催化变色反应。在酿造中加入柠檬酸钠可促进糖化作用，用量约 0.3%；冰糕、冰淇淋制造使用的乳化剂和稳定剂，用量为 0.2%～0.3%。用于乳制品中，防止其酸败。

三、无机酸度调节剂

1. 磷酸及其盐类

(1)磷酸　食用磷酸是唯一可以用于食品调味的无机酸。分子式为 H_3PO_4，相对分子质量为 98.00。

①性质　商品食用磷酸为浓度 85%～98%的无色透明稠状液体，无臭，味酸。磷酸的潮解性强，能与水、乙醇混溶，接触有机物则着色。85%磷酸的相对密度为 1.59，易吸水，极易溶于水和乙醇，若加热到 150℃时则成为无水物，215℃时变为焦磷酸，300℃左右转变为偏磷酸。

②应用　在食品中磷酸属强无机酸，酸味强度为柠檬酸的 2.3～2.5 倍。酸感不如柠檬酸等有机酸好，有强烈的收敛味和涩味，在一般的食品中应用很少，主要作为特征酸用于可乐型饮料的生产，用量为 0.2%～0.6%，也可用作清凉饮料的酸度调节剂。还可作为拮抗剂、抗氧化剂、乳化剂、稳定剂、增香剂、增稠剂、整合剂、水分保持剂和面粉处理剂等。在酿造业可作 pH 调节剂，在动物脂肪中可与抗氧化剂并用，在制糖过程中作蔗糖澄清剂及酵母营养剂等。在软饮料、糖果和焙烤食品中用作增香剂。

(2)磷酸二氢钙　分子式为 $Ca(H_2PO_4)_2 \cdot H_2O$，相对分子质量为 252.7。有一水合物和无水物。

①性质　白色结晶粉末或片状结晶。在 100℃失去结晶水，溶于盐酸及硝酸，

微溶于水。一般含游离磷酸，有吸湿性，水溶液呈酸性，pH 为 3。

②应用　用作膨松剂、面团调节剂、缓冲剂、组织改良剂、固化剂、营养增补剂、螯合剂等。如焙烤制品、糕点膨松剂，面包、饼干的助酵剂、缓冲剂。用于酿造，可增加糖化力，提高发酵能力。

(3)磷酸二氢钠　分子式为 $NaH_2PO_4 \cdot H_2O$，相对分子质量为 156.01。分为无水物、一水合物和二水合物三种，市售一般为二水合物。

①性质　无色柱状结晶，无臭，稍有潮解性。易溶于水，不溶于乙醇，水溶液呈酸性。加热至 100℃失去结晶水而成无水物，继续加热则变为偏磷酸钠。

②应用　用作缓冲剂、品质改良剂、乳化剂、营养增补剂、抗氧化增效剂、稳定剂、凝胶剂。可作为干酪等乳制品、肉类、鱼肉制品(火腿、香肠)的稳定剂、黏结剂，使用量为 0.4%；也可用作焙烤粉的缓冲剂，腌制用混合盐，粉末酸味剂。通常与磷酸氢二钠复配使用。

2. 盐酸

盐酸是氯化氢的水溶液，分子式为 HCl，相对分子质量为 36.46。

①性质　无色或略带黄色的透明液体，有强烈的刺激性气味和腐蚀性，易溶于水、乙醇、乙醚和甘油等。食品级盐酸为含氯化氢 31%以上的水溶液，浓度 19.6%以上的盐酸在潮湿空气中发烟，损失氯化氢。

②应用　主要用于淀粉、蛋白质水解以及酸度调节剂、淀粉改性剂，在食品加工中作为加工助剂，一般禁止直接加入。用 20%的浓盐酸水解大豆蛋白以及水解淀粉制作淀粉糖浆。盐酸是一种强酸，有腐蚀性，食品加工中残存的盐酸必须除去，作为加工助剂在使用后用碳酸钠溶液中和处理。盐酸为体内正常成分，如其浓度接近于人体消化液的盐酸浓度，可认为是无害的。

3. 碳酸钠

碳酸钠俗称苏达、面碱，分子式为 Na_2CO_3，相对分子质量为 105.99。分为无水物和水合物。

①性质　白色晶体颗粒或粉末，无臭，有强碱味。无水物有吸湿性，水合物含 1～10 个结晶水，二水化合物易风化。极易溶于水，不溶于乙醇，水溶液呈碱性。

②应用　碳酸钠及碳酸氢钠只限用于糕点、糖、豆制品或面食制品。广泛用于发酵面制品或者乳制品中，中和其酸性，可增加面制品的韧性和强度。在焙烤制品中，可使产品膨松，面食制品的用量为 0.5%～1%。在氨基酱油、化学酱油以及乳制品制造中作为中和剂。

四、酸度调节剂合理使用

1. 影响酸味的因素

(1)酸度调节剂的阴离子　这主要是由阴离子上有无羟基、氨基、羧基,它们的数目和所处的位置决定的。如柠檬酸、抗坏血酸和葡萄糖等的酸味带有爽快感;苹果酸的酸味带苦味;乳酸和酒石酸的酸味伴有涩味;醋酸的酸味带有刺激性臭味;谷氨酸的酸味有鲜味等。

(2)酸度调节剂与其他调味剂的相互作用　酸度调节剂与甜味剂之间有消杀现象,两者易互相抵消,故食品加工中需要控制一定的糖酸比。酸味与苦味、咸味一般无消杀现象。酸度调节剂与涩味物质混合,会使酸味增强。

(3)糖酸比　柠檬酸的酸味可以掩蔽或减少某些不希望的异味,对香味有增强和合香的效果。未加酸度调节剂的糖果、果酱、果汁、饮料等味道平淡,甜味也很单调。加入适量的酸度调节剂来调整糖酸比,就能使食品的风味显著改善,而且会使被掩盖的风味满意再现,使产品更加适口。柠檬酸也可以同其他酸度调节剂共同使用,来模拟天然水果、蔬菜的酸味。

(4)短链游离脂肪酸(C_2～C_{12})　例如丁酸本身有难闻的气味,浓度较高时产生强烈的水解酸败味;可是,在浓度低时,会有奶酪和黄油这类食品的典型香味。

(5)许多食品原料常因品种、产地、成熟程度、收获期的不同,酸含量也不同。这将使制成品的酸度发生差异,所以常使用柠檬酸来调整产品的酸味,使其达到适当的标准来稳定产品的质量。

2. 酸度调节剂使用注意事项

选用酸味调节剂应符合人们的常规习惯,根据食品的风味特征,确定酸味剂的种类、比例及总酸度。在使用酸味调节剂时注意以下事项:

(1)酸味剂大都电离出 H^+,可以影响食品的加工条件,可与纤维素、淀粉等食品原料作用,也同其他食品添加剂相互影响。在食品加工工艺中要设计好加酸味剂工艺(条件和时间),否则会产生不良后果。

(2)当使用固体酸度调节剂时,要考虑它的吸湿性和溶解性,以便采用适当的包装和配方。

(3)阴离子除影响酸味剂的风味外,还能影响食品风味,如前所述的盐酸、磷酸具有苦涩味,会使食品风味变劣。酸味剂阴离子常常使食品产生另一种味,称为副味。一般有机酸具有爽快的酸味,而无机酸一般酸味不很适口。

(4)酸味剂有一定的刺激性,能引起消化系统的疾病。

应用实例

苹果酸在白桃汁饮料中的应用

【产品配方】白桃原浆,400 kg;蔗糖,95 kg;康海牌增稠稳定剂 SB-4B,2 kg;康海牌护色剂 SA-7A,500 g;苹果酸,1.2 kg;加水至 1 000 kg。

【工艺流程】白桃→挑选→清洗→预煮→破碎去核→调整→打浆→脱气→调配→均质→预热→灌装封益→杀菌→冷却→包装→成品

【操作要点】

(1)选料清洗　选择大久保桃为原料,成熟度 80%～85%。剔除腐烂、霉变、未成熟的果实,用流动水清洗干净。

(2)预煮　在预煮器中用蒸汽加热至 80～85℃。

(3)破碎、调整　用破碎去核机破碎、去核,桃果肉破碎粒度为 4～5 mm。破碎后立即加入护色剂和苹果酸。

(4)打浆　用三道打浆机打浆,除去其中的果皮、桃核尖、粗纤维等。

(5)脱气、调配　脱气的真空度为 0.06～0.08 MPa,脱气后泵入调配罐,按配方将辅料溶解、过滤后加入配料罐中。

(6)均质、预热　均质压力为 25 MPa,均质后加热至 85℃。

(7)灌装、杀菌　趁热将桃汁灌装到易拉罐容器中,封盖,在 95℃条件下杀菌 15 min,冷却至 45℃以下。

第三节　甜味剂

甜味是甜味剂分子刺激味蕾而产生的一种复杂的物理、化学和生理过程。甜味是易被人们接受且最感兴趣的一种基本味,不但能满足人们的嗜好,还能改进食品的可口性和食品的某些食用性质。甜味剂是一类十分重要的食品添加剂。

甜味剂是指赋予食品甜味为主要目的的食品添加剂,甜味剂的正确含义应包括下面三个内容。

(1)糖　指碳水化合物中的单糖和双糖。糖类是最具代表性的物质,糖可以以单糖为基本单位进行聚合,但只有低聚糖有甜味,甜味随聚合度的增高而降低,以至消失。在糖类中一般能形成结晶的都具有甜味。除了蔗糖外,我们经常用的糖还有乳糖。虽然乳糖对亚洲人有些不适应,但是可适当地应用于食品中。乳糖易溶、风味清爽、甜度较低,可用于糖果、巧克力中。最近,乳糖已在亚洲各国的食品中使用,甚至被作为汤料的载体、天然着色剂的填充料等,很有发展前景。

(2)糖替代品 指碳化水化合物中经氢化的单糖和双糖。

(3)高强度甜味剂 指无热量的非营养甜味剂,包括合成的和天然的高强度甜味剂。

需要注意的是葡萄糖、果糖、蔗糖、麦芽糖和乳糖等糖类物质,虽然也是天然甜味剂,但是因长期被人们食用,且是重要的营养素,在我国通常视之为食品而不列为食品添加剂。

一、甜味剂的作用原理

1. 甜味与甜味特性

人们最喜好的基本味感就是甜味。甜味是调整和协调平衡风味、掩蔽异味、增加适口性的重要因素。甜味食品的数量很多,其甜度和水分各不相同,以甜味为主味的食品含糖量不同,食品甜味也不同,见表 3-3。

表 3-3 一些食品的蔗糖含量 %

食品名称	蔗糖含量	水分	食品名称	蔗糖含量	水分
饮料(红茶、咖啡)	8~15	92~85	栗羊羹	40~60	45~25
冰淇淋	12~20	70~62	中式肉制品	0.7~5	15
果酱	60~70	35~25	奶糖	75	8
点心馅	30~50	55~35			

呈甜味的物质很多,由于组成和结构的不同,产生的甜感也有很大的不同,主要表现在甜味强度和甜感特色两个方面。天然糖类一般是随碳链增长甜味减弱,单糖、双糖类都有甜味,但乳糖的甜味较弱,多糖大多无甜味。

甜味的高低称为甜度,它是甜味剂的重要质量指标。甜味剂的甜度,现在还不能用物理或化学的方法定量地测定,只能凭人们的味觉感官判断。因此,感官鉴定不但受主观上的影响,而且也受溶液的浓度、湿度、食品中其他成分存在等客观条件的影响,故目前还没有表示甜度绝对值的标准。为比较甜味剂的甜度,一般是选择一种甜味剂如蔗糖作为标准,其他甜味剂的甜度是与它比较而得出的。如取蔗糖的甜度为 100,其他甜味剂的相对甜度如表 3-4 所示。

表 3-4 各种甜味剂的相对甜度

甜味剂	相对甜度	甜味剂	相对甜度
蔗糖	100	木糖醇	100～140
乳糖	16～27	糖精	20 000～70 000
半乳糖	30～60	糖精钠	200～700
麦芽糖	32～60	环己基氨基磺酸钠	3 000～4 000
D-甘露糖	32～60	甘草(甘草甜素)	200～500
木糖	40～70	天冬氨酰丙氨酸甲酯(甜味素)	10 000～20 000
D-山梨糖醇	60～70	1,4,6-三氯代蔗糖	500 000
葡萄糖	74	二氢查尔酮(柚苷)	10 000
麦芽糖醇	75～95	(新橙皮)	150 000～200 000
转化糖	80～130		

测定相对甜度有两种方法:一种是将甜味剂配成可被感觉出甜味的最低浓度(阈值)即极限浓度,称为极限浓度法;另一种是将甜味剂配成与蔗糖浓度相同的溶液,然后以蔗糖溶液为标准比较该甜味剂的甜度,此法称为相对甜度法。

2. 食品甜味剂的特点

根据我国《食品添加剂使用卫生标准》(GB 2760—2007),甜味剂分为天然甜味剂和人工合成甜味剂。天然甜味剂包括糖的衍生物和非糖天然甜味剂;人工合成甜味剂是采用化学合成、改性等技术得到的各种有不同特性的人工甜味剂。

通常所说的甜味剂是指人工合成的非营养甜味剂、糖醇类甜味剂与非糖天然甜味剂三类。

甜味剂的甜度远高于蔗糖,但是不同的甜味剂甜感特点不同。蔗糖的甜味纯,且甜度的高低适当,刺激舌尖味蕾 1 s 内产生甜味感觉,很快达到最高甜度,约 30 s 后甜味消失,这种甜味的感觉是愉快的,因而成为确定不同甜味剂甜度和甜感特征的标准物。有的甜味剂不仅甜味不纯,带有酸味、苦味等其他味感,而且从含在口中瞬间的留味到残存的后味都各不相同,甜感是不愉快的。糖精的甜味与蔗糖相比,糖精浓度在 0.005%以上即显示出苦味和有持续性的后味,浓度愈高,苦味愈重;甘草的甜感是慢速的、带苦味的强甜味,有不快的后味;木糖醇和甘露醇的甜感与葡萄糖极相似,木糖醇除因溶解吸热而呈现突出的凉爽感觉外,还带香味。

二、化学合成甜味剂

化学合成甜味剂也称合成甜味剂,是人工合成的具有甜味的有机化合物。主要特点为：化学性质稳定，耐热、耐酸和碱，在一般的使用条件下不易出现分解失效现象，故使用范围比较广泛；不参与机体代谢，大多数合成甜味剂不提供能量，适合糖尿病人、肥胖症人和老年人等特殊营养消费群使用；甜度较高，一般都是蔗糖甜度的数十倍以上，等甜度条件下的价格均低于蔗糖；不能为口腔微生物利用，不会引起牙齿龋变；有些合成甜味剂不够纯正，带有后苦味或金属异味，甜味特性与蔗糖还有一定的差距，需要较好的甜味时不单独使用合成甜味剂；由于人类使用合成甜味剂的历史远远低于天然甜味剂，因此人们对合成甜味剂的安全性始终保持警惕。

1. 糖精钠

糖精钠是二水邻磺酰苯甲酰亚胺钠的商品名，又称可溶性糖精或水溶性糖精，分子式为 $C_7H_4O_3NSNa \cdot 2H_2O$，相对分子质量为 241.21。

(1)性质　无色至白色结晶或晶体粉末，无臭或微有芳香气。性能稳定，易溶于水，微溶于乙醇。在水中的溶解度随温度的上升而迅速增加。在常温时，糖精钠的水溶液长时间放置后甜味降低，故配好的溶液不应长时间放置。

(2)甜度与甜感特征　甜度是蔗糖的 200～700 倍。稀释 1 000 倍的水溶液仍有甜味。甜味阈值约为 0.000 48%。

糖精钠分解出来的阴离子有强甜味，而在分子状态下没有甜味，反感到有苦味。糖精钠水溶液浓度高也会感到苦味。因此，使用时浓度应低于 0.02%。在磁性介质中加热，甜味消失，并可形成邻氨基磺酸苯甲酸而呈苦味。糖精钠经煮沸会缓慢分解，如以适当比例与其他甜味料并用，更可接近砂糖甜味。糖精钠不会引起食品染色和发酵。

(3)毒性　小鼠经口 LD_{50} 为 17.5 g/kg 体重。ADI 为 0～2.5 mg/kg 体重。摄食后在体内不分解，随尿排出，不供给热能，无营养价值。糖精钠安全性一直存在争议。20 世纪 70 年代，美国食品与药品管理局对糖精钠动物实验，发现有致膀胱癌的可能，因而一度受到限制。1993 年 JECFA 重新对糖精钠的毒性进行评价，不支持食用糖精钠与膀胱癌之间可能存在联系。2001 年 5 月美国国家环境健康研究所的报告显示“糖精纳导致老鼠致癌的情况不适用于人类”。但是美国等国家规定，食物中若添加了糖精钠，必须在标签上标明“糖精钠能引起动物肿瘤”的警示。我国也采取了严格限制糖精钠使用的政策，并规定婴儿食品中不得使用糖精钠。

(4)应用　糖精钠与酸复配使用有爽快的甜味，适合用作清凉饮料的甜味剂；与其他甜味剂以适当的比例复配，可调出接近蔗糖的甜味。糖精钠可用于多种食品的生产中，在每种食品中的用量都有严格规定。糖精钠用于冷冻饮品（食用冰除外)、酱渍的蔬菜、盐渍的蔬菜、面包、糕点、饼干、复合调味料、饮料类(包装饮用水类除外)和配制酒中,最大使用量为 0.15 g/kg;带壳烘焙/炒制坚果与籽类 1.2 g/kg;蜜饯凉果、熟制豆类(五香豆、炒豆)和脱壳烘焙/炒制坚果与籽类 1.0 g/kg;水果干类(仅限芒果干、无花果干)、凉果类、话化类(甘草制品)和果丹(饼)类5.0 g/kg。在我国生产 A 级绿色食品不得使用糖精钠。

2. 甜蜜素

环己基氨基磺酸钠或钙盐的商品名为甜蜜素。分子式为 $C_6H_{12}NNaO_3S$,相对分子质量为 201.24。

(1)性质　无色结晶,无臭,易溶于水,难溶于乙醇。对热、光、空气以及较宽范围的 pH 均很稳定,不易受微生物感染,无吸湿性,无能量。当水中亚硝酸盐、亚硫酸盐量高时,可产生石油或橡胶样气味。

(2)甜度与甜感特征　甜度是蔗糖的 30～80 倍,其优点是甜味纯正,风味自然,不带异味。甜味刺激来得较慢,但持续时间较长。

(3)毒性　小鼠经口 LD_{50} 为 15.25 g/kg 体重,GRAS(FDA-21CFR:172.800)。ADI 为 0～11 mg/kg 体重(FAO/WHO,1994)。用含 1.0%环己基氨基磺酸钠的饲料喂养大鼠 2 年,无异常现象。人口服环己基氨基磺酸钠,无蓄积现象,40%由尿排出,60%由粪便排出。现已证实环己基氨基磺酸钠无致癌作用。目前已有 40 多个国家承认它是安全的。

(4)应用　可以代替蔗糖或与蔗糖混合使用,能高度保持原有食品的风味,并能延长食品的保存时间。与糖精钠混合使用(即 1∶10 混合液)可增强甜度并减少糖精的后苦味,同时降低成本。可用于多种食品的生产中,在每种食品中的用量都有严格规定。甜蜜素用于冷冻饮品(食用冰除外)、酱渍的蔬菜、盐渍的蔬菜、腐乳类、面包、糕点、饼干、复合调味料、饮料类(包装饮用水类除外)、配制酒和果冻中,最大使用量为 0.65 g/kg;蜜饯凉果 1.0 g/kg;脱壳烘焙/炒制坚果与籽类 1.2 g/kg;烘焙/炒制坚果与籽类(仅限瓜子)2.0 g/kg;带壳烘焙/炒制坚果与籽类 6.0 g/kg;话化类(甘草制品)、凉果类为和果丹(饼)类为 8.0 g/kg。在我国生产 A 级绿色食品不得使用甜蜜素。

3. 安赛蜜

乙酰磺胺酸钾又称 AK 糖、安赛蜜。分子式为 $C_4H_4KNO_4S$,相对分子质量为 201.24。

(1)性质　白色结晶状粉末,对光、热稳定(能耐 225℃高温),pH 适用范围较广(3～7),是目前世界上稳定性最好的甜味剂之一。安赛蜜的生产工艺不复杂,价格便宜,性能优于阿斯巴甜,被认为是最有前途的甜味剂之一。

(2)甜度与甜感特征　甜度为蔗糖的200倍,甜味纯正而强烈,甜味持续时间长。其水溶液甜度不随温度的上升而下降。高浓度时有时会感到略带些苦味。安赛蜜可与其他甜味剂混合使用,与阿斯巴甜1∶1合用有明显增效作用,与甜蜜素共用时会发生明显的协同增效作用,但它与糖精的协同增效作用较小。有报道称安赛蜜与糖醇或与糖共同使用时味觉情况很好,特别是与山梨糖醇混合时其甜味特征甚佳。

(3)毒性　乙酰磺胺酸钾的安全性高,GRAS(FDA-21CFR:172.800)。ADI为0～15 mg/kg体重(FAO/WHO,1994)。

(4)应用　安赛蜜特别适合用于无能量糖果、供糖尿病人的食品和低能量食品、要求有填充剂的食品。我国《食品添加剂使用卫生标准》(GB 2760—2007)规定了其使用范围和最大使用量,安赛蜜用于冷冻饮品(食用冰除外)、水果罐头、果酱、蜜饯类、酱渍的蔬菜、盐渍的蔬菜、加工食用菌和藻类、八宝粥罐头、面包、糕点、饮料类(包装饮用水类除外)、果冻,最大使用量为0.3 g/kg;调味和果味发酵乳0.35 g/kg;调味品0.5 g/kg;餐桌调味料0.04 g/份;酱油1.0 g/kg;糖果2.0 g/kg;烘焙/炒制坚果与籽类3.0 g/kg;无糖胶基糖果为4.0 g/kg。

4. 三氯蔗糖

三氯蔗糖又称蔗糖素或4,1′,6′-三氯-4,1′,6′-三脱氧半乳型蔗糖。三氯蔗糖是以蔗糖为原料经氯化作用而制得的。分子式为$C_{12}H_{19}O_7Cl_3$,相对分子质量为541.66。

(1)性质　通常为白色粉末状产品,物化性质比较接近蔗糖。耐高温、耐酸碱,温度和pH对它几乎无影响,适于食品加工中的高温灭菌、喷雾干燥、焙烤、挤压等工艺。无热量、不致龋。pH适应性广,适用于酸性至中性食品,对涩、苦等不愉快味道有掩盖效果。易溶于水,溶解时不容易产生起泡现象,适用于碳酸饮料的高速灌装生产线。

(2)甜度与甜感特征　在不同条件下甜度为蔗糖的400～800倍,甜味纯正,甜感呈现速度、最大甜味的感受强度、甜味持续时间、后味等甜味特性十分类似蔗糖,没有任何不愉快的苦后味,是目前世界上公认的强力甜味剂。

(3)毒性　小鼠经口LD_{50}为16 g/kg体重。ADI为0～15 mg/kg体重(FAO/WHO,1994)。

(4)应用　在很多食品中代替蔗糖,我国《食品添加剂使用卫生标准》(GB 2760—2007)中规定了其适用范围和最大使用量。用于冷冻饮品(食用冰除外)、水果罐头、焙烤食品、酱渍的蔬菜、盐渍的蔬菜、醋、酱油、酱及酱制品、复合调味料、饮料类(包装饮用水类除外)、配制酒,最大使用量为0.25 g/kg;香辛料酱(如芥末酱、箐芥酱)为 0.4 g/kg;调味和果料发酵乳为 0.3 g/kg;调制乳粉和调制奶油粉(包括调味乳粉和调味奶油粉)为1.0 g/kg;蛋黄酱为 1.25 g/kg。

三、天然甜味剂

1. 糖醇类天然甜味剂

糖醇是世界上广泛采用的甜味剂之一。它可由相应的糖加氢还原制成。这类甜味剂口味好,化学性质稳定,对微生物的稳定性好,不易引起龋齿。常以多种糖醇混用,代替部分或全部蔗糖。糖醇产品有三种形态:糖浆、结晶、溶液。

(1)麦芽糖醇　分子式为 $C_{12}H_{24}O_{11}$,相对分子质量为 344.31。

①性质　纯净的麦芽糖醇为无色透明的晶体,对热、酸都很稳定。麦芽糖醇水溶液的黏度比蔗糖或蔗糖-葡萄糖水溶液低,因此它对加工过程中食品物料的流变学特性有影响。例如,在硬糖制造过程中,需要采用适当改变成型温度的方法调整糖浆黏度。麦芽糖醇的保湿性能比山梨糖醇好;在体内不被消化吸收,不产生热量,不使血糖升高,不增加胆固醇,不被微生物利用,为糖尿病、肥胖症等患者食品的理想甜味剂。由于麦芽糖醇分子中无还原性基团,因此不会发生美拉德反应。

②甜度与甜感特征　甜味特性接近于蔗糖。

③安全性　FAO/WHO(1994)决定对麦芽糖醇的 ADI 值不作规定。我国《食品添加剂使用卫生标准》(GB 2760—2007)规定了其适用的范围,使用量可根据生产需要适量使用。

④应用　作为功能性甜味剂,麦芽糖醇可在糖果、口香糖、巧克力、果酱、果冻和冰淇淋等食品中应用。用结晶麦芽糖醇生产巧克力时,只需对传统生产工艺略作改变。在粗磨、精磨、精炼及调温缸中的温度都不应超过 46℃,因为温度上升会迅速提高黏度而恶化产品质构,同时恶化程度还会随水分的增加而加重。用麦芽糖醇生产可可巧克力的调制温度不应超过 31℃,制造奶油巧克力时不应超过 28℃。

用于生产硬糖时,结晶麦芽糖醇制出的糖果有玻璃质外观,而且甜度和口感等品质均较好。液体麦芽糖醇含较多的麦芽三糖醇及其他高级糖醇,所以制出的糖果吸湿性小,且抗结晶的能力大,但仍需用防水性好的包装材料以保证达到要求的产品货架寿命。

用结晶或液体麦芽糖醇制出的太妃糖和棉花糖的品质都很好,不需另外添加强力甜味剂。在生产过程中,必须将熬糖温度提高至 135～140℃,而使用蔗糖则为 120～124℃,但是成型温度必须低些,一般为 30～35℃。麦芽糖醇还可用于阿拉伯胶糖、明胶糖、口香糖和泡泡糖中。

麦芽糖醇对微生物的抵抗力强，用它制造的果酱、果冻产品的货架期寿命长，品质好。在冷冻饮品（食用冰除外）、稀奶油类制品、盐渍的蔬菜、糕点中生产按需要适量使用。

(2)山梨糖醇　分子式为 $C_6H_{14}O_6$，相对分子质量为 182.17。

①性质　无色针状晶体，无臭，易溶于水，微溶于甲醇、乙醇和乙酸等，在水溶液中不易结晶析出，能螯合各种金属离子。由于其结构中没有还原性基团，因此在通常条件下有稳定的化学性质，不会与酸、碱反应，不易在空气中氧化，也不易与可溶性氨基化合物发生美拉德反应。山梨糖醇对热稳定性较好，比相应的糖高很多，对微生物的抵抗力也较强，浓度在 60%以上就不易受微生物侵蚀。山梨糖醇有吸湿性和持水性，可防止糖、盐等析出结晶，这是因为分子环状结构外围的羟基呈亲水性，而环状结构内部呈疏水性。

②甜度与甜感特征　甜度是蔗糖的 60%～70%，具有爽快的甜味。

③安全性　小鼠经口 LD_{50} 为 23.2～25.7 g/kg 体重。FAO/WHO(2001)对山梨糖醇的 ADI 不作规定，GRAS(FDA-21CFR:174.1835)。食用后在血液内不转化为葡萄糖，也不受胰岛素影响。

④应用　除了作甜味剂外，山梨糖醇还可作为润湿剂、多价金属螯合剂、稳定剂与黏度调节剂等。

山梨糖醇具有良好的吸湿性和保湿性，且与其他糖醇类共用时呈现吸湿性增加的相乘现象。利用其具有良好的吸湿性和保湿性，可以保持食品具有一定水分以调整食品的干湿度，防止食品干燥、老化，延长产品货架期。用于面包、蛋糕保水的用量为 1%～3%，巧克力为 3%～5%，肉制品为 1%～3%。在口香糖、糖果生产中加入少许可保持食品柔软，改进组织和减少硬化起砂，用量为 5%～10%。卷烟中添加山梨糖醇作加香保湿剂。山梨糖醇不适宜作为酥、脆食品和粉末食品的甜味剂。此外，由于山梨糖醇吸湿性较强，因此能有效地防止糖、盐等结晶析出，可维持甜、酸、苦味强度平衡和增加食品风味，而且作为不挥发多元醇，在保持食品香气方面也发挥作用。山梨糖醇还能螯合金属离子，用于罐头饮料和葡萄酒中，可防止因金属离子而引起食品混浊。

(3)木糖醇　分子式为 $C_5H_{12}O_5$，相对分子质量为 152.15。

①性质　白色粉状晶体，热量和葡萄糖相同，在水中溶解度很大，达到 1.6 g/mL，还易溶于乙醇和甲醇。水溶液偏酸性，10%水溶液的 pH 为 5～7。木糖醇的热稳定性好，不与可溶性氨基化合物发生美拉德反应。木糖醇溶于水中会吸收很多能量，是所有糖醇类甜味剂中吸热最大的一种，食用时会感到一种凉爽

愉快的口感。在人体内代谢不需胰岛素，而且还能促进胰脏分泌胰岛素，是糖尿病人理想的甜味剂。

②甜度与甜感特征　甜度是蔗糖的60%～70%，甜味纯正，甜味特性良好。

③安全性　FAO/WHO(1994)对木糖醇的ADI不作规定，GRAS(FDA-21CFR:172.395)。

④应用　我国《食品添加剂使用卫生标准》(GB 2760—2007)将其列入可在各类食品中按生产需要适量使用的食品添加剂。木糖醇作为一种功能性甜味剂，主要作为防龋齿糖果(如口香糖、糖果、巧克力和软糖等)和糖尿病人等的专用食品的甜味剂，也用于医药品和洁齿品。

当不需要利用美拉德反应产生特有风味时，木糖醇也可用于焙烤食品。另外，木糖醇会抑制酵母的生长及其发酵活性，因此不适用于利用酵母发酵制作的食品。

(4)赤藓糖醇　化学名称为1,2,3,4-丁四醇，分子式为$C_4H_{10}O_4$，相对分子质量为122.12。

①性质　结晶性好、吸湿性低，对热、酸、碱十分稳定。不会使牙齿发生龋变。不会影响正常的糖代谢，适合糖尿病人食用。发热量为蔗糖的10%，适于肥胖病患者食用。而且赤藓糖醇进入人体后会很快被小肠吸收，而后又很快随尿排出体外，可避免引起胃肠不适，故其耐受量高、副作用小。赤藓糖醇在糖果配方中用以替代蔗糖等，除可明显降低热量外，还可改善低热量糖果的消化耐受性，同时改善产品风味、组织以及储存稳定性。特别是赤藓糖醇能和液体麦芽糖醇混合生产出品质良好的各种硬糖、软糖和口香糖。赤藓糖醇在水中的溶解热约为葡萄糖的3倍、山梨醇的1.8倍，清凉感强。

②甜度与甜感特征　属于填充型甜味剂，甜度是蔗糖的60%～70%，使用时有一种凉爽的口感特性。其甜味纯正，甜味特性良好，与蔗糖的甜味特性十分接近，无不良后苦味。与糖精、阿斯巴甜、安赛蜜共用时的甜味特性也很好，可掩盖强力甜味剂通常带有的不良味感或风味；与甜菊苷以1 000∶(1～7)混合使用，可掩盖甜菊苷的后苦味。

③安全性　FAO/WHO(2001)对赤藓糖醇的ADI不作规定。我国《食品添加剂使用卫生标准》(GB 2760—2007)中规定了其适用范围和最大使用量。

④应用　赤藓糖醇是所有糖醇中最好、最适合生产无糖糖果的甜味剂。在饮料类(包装饮用水除外)、糖果、糕点、可可制品、巧克力和巧克力制品(包括类巧克力和代巧克力)生产中按生产需要适量使用。

我国《食品添加剂使用卫生标准》(GB 2760—2007)允许使用的糖醇还有甘露

糖醇、乳糖醇和异麦芽糖醇。甘露糖醇可用于胶基糖果的甜味剂，最大使用量为200 g/kg。乳糖醇为乳糖的加氢产物，甜度只有蔗糖的40%，不引起牙齿龋变，也不影响血糖和胰岛素水平，代谢特性类似于膳食纤维，其物理特性比山梨醇更接近于蔗糖，在各种食品中按生产需要适量使用。

2. 糖苷类天然甜味剂

糖苷类天然甜味剂是从一些植物的果实、叶、根等提取的物质，也是当前食品科学研究中正在极力开发的甜味剂。具有较高甜味的糖苷在自然界中数量不多，可作为甜味剂资源加以开发的种类就更少了。这里介绍的糖苷化合物都具有较大的使用价值或应用前景。

(1)甜菊糖　甜菊糖又称甜菊苷、甜菊糖苷、甜叶菊糖。它是从菊科植物*Stevia rebaudiana*(该植物在我国称作甜叶菊)的叶子中提取出来的一种甜苷。甜叶菊原产于南美巴拉圭和巴西，现在新加坡、马来西亚等国家也有种植，我国也有较大的甜菊种植面积。其甜味成分由甜菊苷及甜菊A苷、B苷、C苷、D苷和E苷组成。甜菊苷可用水从干叶子中提取、澄清和结晶，实际生产中获得了三种类型，分别是粗提物和纯度为50%及90%的产品。

①性质　白色至浅黄色晶体粉末，易溶于水，在空气中会迅速吸湿，室温下的溶解度超过40%，耐高温。甜菊苷在酸和盐的溶液中稳定，室温下性质较为稳定。为非发酵物质，不使食物着色。

②甜度与甜感特征　甜度为蔗糖的180～200倍，属于天然无热量高倍甜味剂。甜菊糖是一种有中国特色的天然甜味剂。但其最大的问题在于甜味不正，带有轻微的薄荷醇苦味及一定程度的涩味，甜味刺激缓慢，味觉延绵，纯度较难提高，一般的甜菊糖只有80%的纯度，由于成分的不确定性，导致难以良好规范生产。因此，尽管号称为“天然甜味剂”，但一直未能得到欧美等国家的认可。目前，世界上仅8个国家批准使用。

③安全性　小鼠经口$LD_{50}\geqslant 15$ g/kg体重。对大鼠分别以2.7 g/kg体重、1.3 g/kg体重每日灌服1次，连续90 d，结果表明：试验组和对照组个别鼠心、肺毛细血管有不同程度扩张、充血，肺脏发生点状出血，而各组鼠胃肠无病理变化，生殖系统无影响。其他均无异常。认为甜菊糖苷无毒性，食用安全可靠。

④应用　我国《食品添加剂使用卫生标准》(GB 2760—2007)规定：甜菊糖苷可用于蜜饯凉果、烘焙/炒制坚果与籽类、糖果、糕点、调味品、饮料类(包装饮用水类除外)和油炸小食品中，其使用量按生产需要适量使用。

(2)甘草类甜味剂　别名甜甘草、粉甘草，为豆科植物甘草、光果甘草或胀果甘草的干燥根和茎。其水溶液为浅黄色，浓缩液常为黑褐色，有特殊的香气和甜味。甘草类甜味剂是从甘草中用水浸取精制的甜味剂，是我国民间传统使用的一种天然甜味剂。包括甘草、甘草酸胺、甘草酸一钾及三钾。甘草的分子式为 $C_{42}H_{62}O_{16}$，相对分子质量为 822.92。

①性质　甘草为白色结晶粉末。少量甘草与蔗糖共用，可少用 20％的蔗糖，而甜度保持不变。甘草本身并不带香味物质，但有增香作用。与蔗糖、糖精配合效果较好，若添加适量的柠檬酸，则甜味更佳。又因它不是微生物的营养成分，所以不像糖类那样容易引起发酵。在腌制品中用甘草代替糖，可避免加糖出现的发酵、变色、硬化等现象。

②甜度与甜感特征　甘草的甜度约为蔗糖的 200 倍，其甜刺激与蔗糖相比来得较慢，入口后稍经片刻才有甜味感，去得也较慢，甜味持续时间较长。有特殊风味，不习惯者常有持续性不快的感觉。

③安全性　甘草性平、味甘、有清热解毒、祛痰止咳、补脾益气等作用。据药理试验，甘草甜素有与皮质激素相似功效，具有消炎、抗溃疡、抗肿瘤、保肝、降血压、镇静、解热、抗菌等疗效。服用量过多，服用时间过长，可能引起血压升高、血钾降低，特别是对老年人、心血管病和肾脏病患者，易引起高血压症和充血性心脏病。甘草是我国传统的调味料与中药，自古以来作为解毒剂及调味品，使用历史悠久，未发现对人体有危害，正常使用量是安全的。小鼠经口 LD_{50} 为 0.805 g/kg 体重，GRAS(FDA-21CFR:182.1408)。

④应用　甘草类甜味剂有特殊风味，一般不单独使用，而且应该在需要其特殊风味的食品中使用。适用于罐头、调味料、糖果、饼干、蜜饯，可按正常生产需要确定使用量。GB 2760 规定了其适用的范围，最大使用量可根据生产需要适量使用。

(3)罗汉果皂苷　分子式为 $C_{60}H_{102}O_{29}\cdot 2H_2O$，与 5～6 个葡萄糖连接的三萜类苷结合体，是一种三萜烯葡萄糖苷，其配糖苷原是三萜烯醇，属葫芦素烷型化合物。

①性质　浅黄色粉末，易溶于水和乙醇。熔点为 197～201℃。对光、热稳定。

②甜度与甜感特征　极甜，甜度约为蔗糖的 300 倍，有罗汉果特征风味。浓度越低，其相对甜度越大。罗汉果皂苷Ⅴ的甜度远远高于 11-O-罗汉果皂苷Ⅴ，且甜度也较 11-O-罗汉果皂苷Ⅴ清爽纯正。罗汉果皂苷与甜蜜素和蛋白糖有一定程度的负协同效应，但可改善口感；与阿斯巴甜之间的协同作用不明显，与 AK 糖之间有明显的增效作用，且大大地改善口感和风味。

③安全性　雌雄小白鼠口服 LD_{50} 大于 10 g/kg 体重。GB 2760 将其列入可在各类食品中按生产需要适量使用的食品添加剂。

④应用　有特征风味，适用于特殊风味食品的调配。能促进食品着色。天然产物中的苷茶甜素、甜叶悬钩子苷及白云参苷等有较强甜感，但是尚无商品上市，也无相关标准批准其作为食品添加剂。

3. 蛋白质甜味剂

索马甜是从竹芋科植物 *Thaumatococcus daniellii* Benth 的坚果肉中提取出的超甜物质，属天然蛋白质。这种植物生长在西非热带多雨森林地带，是雌雄同株的多年生植物，索马甜是由 18 种氨基酸组成的蛋白质，存在三种相似的蛋白质分子。

①性质　从果实中抽提出，超滤后进行冷冻干燥或喷雾干燥制成粉末。性质稳定，其甜度不会因放置而降低，不会产生褐变，也没有吸湿性。在 pH 2.7～6.0 之间，100℃下加热，不会分解。索马甜可经受短时间超高温杀菌。在通常的清凉饮料酸度下，不会产生沉淀。在中性、酸性范围，没有起泡性。

②甜度与甜感特征　甜度为蔗糖的 2 000～2 500 倍，有爽快清新的甜味，完全没有苦、涩和其他怪味。其甜味延迟，后味较长，来得慢，消失得也慢。

③安全性　西非人在数百年前就食用含索马甜的果实。它具有和牛乳蛋白一样的可消化性和代谢的性质，是一种安全的天然物质。索马甜是非常有前途的天然甜味剂之一。

④应用　研究认为，索马甜与其他甜味剂混合使用效果较好。与糖精、AK 糖和甜菊苷等发生协同增效作用，并掩盖糖精之类甜味剂所带有的苦味。但与甜蜜素及阿斯巴甜的增效效果并不明显。索马甜还具有风味增强特性，使香精香料、风味调味料的香味更柔和诱人，香味持续时间更长，香味更强烈。例如它应用于乳制品或果汁中，就能提高牛奶风味或果汁风味。索马甜在一些国家可应用于饮料、冰淇淋及冰冻乳制品、口香糖等。

4. 天然物的衍生甜味剂

这类甜味剂是从天然物中经过提炼合成而制成的高甜度的安全甜味剂。

(1)肽衍生物　甜度是蔗糖的几十倍至数百倍，但是二肽衍生物分子结构必须符合下列条件才具有甜味：分子中一定有天冬氨酸，而且氨基与羧基部分必须是游离的；构成二肽的氨基应是 *L*-型的；与天冬氨酸相连的氨基酸是中性的；肽基端要酯化。

二肽衍生物甜味的强弱与酯基的相对分子质量有关，相对分子质量越大，则甜味越弱，酯基相对分子质量小的甜味强。这类甜味剂食用后在体内分解为相应的氨基酸，是一种营养性的非糖甜味剂，且无致龋性。这类甜味剂热稳定性都差，不宜直接用于烘烤或高温烹制的食品，使用时有一定的 pH 范围，否则它们的甜味就会下降或消失。

①天门冬酰苯丙氨酸甲酯　天门冬酰苯丙氨酸甲酯又称为甜味素，商品名为阿斯巴甜。分子式为 $C_{14}H_{18}N_2O_5$，相对分子质量为 294.31。

甜味素为白色结晶状粉末，无臭，微溶于水，难溶于乙醇，不溶于油脂。甜味素仅在 pH 为 3～5 的环境中较稳定，其酯键在高温下也不稳定，在强酸碱及中性水溶液中或高温加热后易水解，不仅甜味下降或消失，而且生成苦味的苯丙氨酸(对有苯丙酮酸尿症的患者有一定毒性)或二嗪哌酮，特别是在 104℃下 2 min 即可全部破坏；其消旋后的异构体均具苦味。低温和 pH 为 3～5 时较稳定，保存 6 个月仍含 2/3 天门冬酰苯丙氨酸甲酯，干燥状态可长期保存。这些缺陷限制了阿斯巴甜只宜用于冷饮。

甜味素甜度为蔗糖的 200 倍，具有清爽的甜味，没有合成甜味剂通常具有的苦涩味或金属后味，味质近于蔗糖。

小鼠经口 LD_{50} 大于 10 g/kg 体重，GRAS(FDA-21CFR：172.804)。ADI 为 0～40 mg/kg 体重(FAO/WHO，1994)。

甜味素可作为甜味剂和风味增效剂应用于各种食品、饮料或医药品。由于它是一种二肽化合物，进入人体后可被消化吸收，并提供 16.72 kJ/g 的能量，由它提供的能量值实际上很低或几乎为零，可作为糖尿病、肥胖症患者疗效食品的甜味剂，也可作为防龋齿食品的甜味剂。因此美国 FDA 将其列入营养型甜味剂中。与填充型甜味剂不同的是，甜味素只给食品带来甜味，并不能同时赋予其他物化性质。如果食品需要甜味以外的物化性质，如应用在冰淇淋或巧克力中，则需配合使用填充剂(如葡聚糖)或填充型甜味剂(如糖醇)。

甜味素在食品或饮料中的主要作用表现在：提供甜味，口感类似蔗糖，能量可降低 95%左右；增强食品风味，延长味觉停留时间，对水果香型风味效果更佳；避免营养素的稀释，保持食品的营养价值；可与蔗糖及合成甜味剂一起配合使用。

②N-[N-(3,3-二甲基丁基)]-*L*-*α*-天门冬氨-*L*-苯丙氨酸-1-甲酯　其商品名为纽甜。分子式为 $C_{20}H_{30}O_5N_2$，相对分子质量为 378.52。

白色粉状结晶，含 4.5%的结晶水。25℃时在水中的溶解度为 12.6 g/L，在乙醇中的溶解度为 950 g/L。既可形成酸式盐，也可形成碱式盐，并可与金属形成复合物，从而改善其稳定性和其他特性。风味特性与蔗糖相近，显出清凉的感觉，在食品中添加可以使甜味、咸味、酸味等良好风味得到保持甚至提高，而对苦味、涩味等不良味道及某些刺激性气味则有减轻和掩盖的作用。

纽甜甜度为蔗糖的 7 000～13 000 倍，具有纯正的、类似于蔗糖的甜味。它几乎不含包括苦味、金属味、酸味和咸味等杂味。纽甜的甜味随其浓度的增高而增强,但不适味感却不会增加。

纽甜是在阿斯巴甜的天冬氨酸的 NH_2 上连接 3,3-二甲基丁基化合物,甜度为阿斯巴甜的 30～60 倍,热稳定性明显提高,还具有风味增强效果。摄入人体后不会被分解为单个氨基酸,而是以二肽复合物形式从粪便中排出,苯丙酮酸尿症患者也可服用。纽甜是阿斯巴甜的升级换代产品。GB 2760—2007 将其列入可在各类食品中按生产需要适量使用的食品添加剂表中。

③*L*-*α*-天冬氨酰-N-(2,2,4,4-四甲基-3-硫化三亚甲基)-*D*-丙氨酰胺　其商品名为阿力甜,也称天冬氨酰丙氨酰胺。分子式为 $C_{14}H_{25}O_4N_3S \cdot 2.5H_2O$,相对分子质量为 376.5。

白色结晶性粉末,无臭或微有特征臭味。不吸湿,易溶于乙醇(61%)、甘油(53.7%)、甲醇(41.9%)和水(13.1%),微溶于氯仿。性质稳定,尤其是对热、酸的稳定性大。

甜度是蔗糖的 2 000 倍。阿力甜甜味品质很好,甜味特性类似于蔗糖,没有强力甜味剂通常所带有的后苦味或金属后味。阿力甜的甜味刺激来得快,与甜味素相似的是其甜味略有绵延。但在某些风味饮料中使用会带来明显的硫味。

阿力甜与安赛蜜或甜蜜素混合时发生协同增效作用,与其他甜味剂(包括糖精)复配使用甜味特性也甚好,可广泛应用于各种食品。但是,不宜用于面包和酒精饮料中。

(2)二氢查耳酮衍生物　各种柑橘中所含的柚苷、橙皮苷等黄酮类糖苷,在碱性条件下还原得二氢查耳酮衍生物(DHC)。

①性质　白色针状结晶性粉末。

②甜度与甜感特征　二氢查耳酮具有很强的甜味,甜度为蔗糖的 1 300 倍,但甜味迟发,并有甘草样后味,不吸潮。

③安全性　美国农业部西部地区研究室对新橙皮二氢查耳酮进行了长达 15 年的独立研究,证实它无诱变性、无致癌性、无明显毒理效果,它对后代无不良影响,能很快被排泄至体外,其代谢情况与其母体黄酮类化合物(食物的正常成分)很相似。但美国食品药物管理局认为目前的试验尚不能完全确立它的食品添加剂地位。

④应用　二氢查耳酮甜味持续时间长,因此特别适用于对这方面有要求的口香糖、牙膏、漱口剂及一些果汁。尤其应用于一些具有苦味的果汁中,如用在葡萄汁上来掩饰柚苷的苦味;也可用在加利福尼亚的 navel 橘子汁中,但有时发现添加后橘子汁有沉淀现象。

(3)糖醇改性甜味剂　以蔗糖或天然糖醇为原料,经化学变性制成的甜味剂。

异麦芽糖醇是异麦芽酮糖的氢化产物，是以蔗糖为原料经酶异构转化制得。

①性质　属非营养型合成甜味剂，为白色晶体，吸湿性小，水中溶解度低于蔗糖，水溶液黏度比同等浓度的蔗糖略低，耐酸性比蔗糖强，热稳定性比蔗糖差。

②甜度与甜感特征　甜味纯正，极似蔗糖，但甜度较低，约为蔗糖的 42%。不引起牙齿龋变，水解速率较蔗糖慢，性质稳定，能重结晶且吸湿性低，因此可用在硬糖生产上。但溶解度只有蔗糖的一半，用在果酱和果冻产品时会出现结晶析出现象。

③安全性　有可能作为糖尿病人或其他疾病患者的非肠道能量来源而应用于临床，偶见过敏反应。许多欧洲国家已批准使用，但尚未得到美国 FDA 的首肯。

④应用　异麦芽糖醇曾批准用于雪糕、冰棍、糖果、饮料、糕点、面包、饼干、果酱和配制酒，可按生产需要适量使用。

四、甜味剂的合理使用

1. 影响甜味强度的因素

甜味剂的甜度强度受多种因素影响，其中主要的有浓度、温度和介质。

一般而言，糖的甜度随浓度的增加而提高，但各种糖的甜度提高程度不同，大多数糖其甜度随浓度增高的程度都比蔗糖大，尤其以葡萄糖最为明显，如葡萄糖浓度在 8%时甜度为 0.53，35%时为 0.88。一般讲葡萄糖的甜度比蔗糖低是指在较低浓度情况下。另外，当蔗糖的浓度在小于 40%的范围内时，其甜度比葡萄糖大；但当两者的浓度大于 40%时，甜度却几乎没有差别。

在较低的温度范围内，大多数糖的甜度受温度影响并不明显，尤其对蔗糖和葡萄糖的影响很小；但果糖的甜度受温度的影响却十分显著。在浓度相同的情况下，当温度低于 40℃时，果糖的甜度较蔗糖大，在 0℃时果糖比蔗糖甜 1.4 倍；而在大于 50℃时，其甜度反而比蔗糖小，在 60℃时只是蔗糖甜度的 80%。这是因为果糖环形异构的平衡体系受温度影响较大，温度高时，甜度大的 *β-D*-吡喃果糖的含量下降，而不甜的 *β-D*-呋喃果糖含量增加。

介质对甜度也有影响，在水溶液中于 40℃以下，果糖的甜度高于蔗糖，在柠檬汁中两者甜度大致相等。某些调味剂对甜味剂的甜度也有影响，如食盐在不同浓度下可使蔗糖的甜度增高，又可使其甜度降低。3%～10%蔗糖溶液，在 1%食盐溶液中甜度降低；5%～7%蔗糖溶液，在 0.5%食盐溶液中甜度增高。在糖液中添加增稠剂（如淀粉或树胶），能使甜度稍有提高。例如，在 1%、2%、5%和 10%的蔗糖溶液中添加 2%的淀粉，使溶液的甜度少许增高。

各种糖的溶解度不相同，因而甜感有差别。果糖溶解度最高，其次是蔗糖、葡萄糖。

理想的甜味剂要求安全无毒，甜味纯正与蔗糖相似，高甜度，低热值，稳定性高，不致龋，价格合理。完全能达到这几点要求的甜味剂，目前还不存在。由于每一种甜味剂其甜味的口感和质感与蔗糖都有区别，且用量大时往往会产生不良风味和后味，用复合甜味剂就可克服这些不足之处。

不同种类甜味剂有协同效应，即甜味剂经复合后有协同增效作用，不仅可消除苦味、涩味，使味道更接近蔗糖，同时也相应提高了甜度。例如将蔗糖与葡萄糖混合，假设两糖的甜度互不影响，混合液的甜度应为两者甜度之和，若蔗糖溶液浓度为10%，其甜度为10，而葡萄糖溶液的浓度为5.3%，其甜度为3.5。计算所得甜度应为13.5，实际两者混合液的甜度为15.0。10%的果糖和蔗糖的混合液(60/40)比10%的蔗糖水溶液甜度提高30%。甜菊糖苷与蔗糖、环己基氨基磺酸钠与蔗糖都有很好的协同作用，两者合用可显著提高甜度。但糖精与蔗糖共用时，相乘效果与浓度有关，随糖精浓度提高相乘效果逐渐减弱，到0.1%为止，超过0.1%就不呈甜味。在糖液中加入少量多糖增稠剂，如在1%～10%的蔗糖液中加2%的淀粉或少量树胶，不仅使黏度提高，也能使其甜度增加。另一方面，由于甜味剂之间呈味的相乘作用，使用量可进一步减少，因而成本更低。例如，软饮料中同时使用几种甜味剂时，成本可大大降低。据报道，糖精、蔗糖和甜菊糖苷混合使用，可以使软饮料中的蔗糖用量减少，至少可减少标准配方用量的12%以上。

复合甜味剂不仅能提高甜度，还能赋予食品好的质地、口感。单一甜味剂使用时都有一定程度的缺陷，如糖精有一定的后苦味，甜菊糖苷有一定的草腥味，有报道称乳糖醇与高浓度的甜味剂配合使用，其味感、甜味强度和其他风味方面非常接近于蔗糖。以异麦芽糖、甜味素和异麦芽糖-甜菊糖苷制作的碳酸饮料，品尝不出后苦味。正是因为各种甜味剂之间存在协同增效作用，复合甜味剂才具有使用方便、甜度高、甜味纯正、生产成本降低的特点，从而成为甜味剂开发、应用的一个重要发展方向。

2. 甜味剂的合理使用

甜味剂的选用一般遵循以下原则：

(1)根据食品的品质和功能，以及生产工艺需要确定甜味剂。如确定甜食的甜度要考虑食品的含水量；选择合适的甜酸比；掌握各种甜味剂的物理化学性质和功能；注重各种风味的协调和相互影响；根据食品的风味和色泽特点选择甜味剂。

(2)使用高倍甜味剂替代蔗糖后，应能降低生产成本。

(3)符合消费者对风味的要求，高倍甜味剂替代蔗糖产生的口味的差异能被消费者接受或不能被察觉，而且符合当地的使用习惯。

应用实例

甜菊糖在饮料生产中的应用

目前，国内使用甜菊糖最多的是大型饮料厂。现就饮料中使用甜菊糖应注意的几个问题介绍如下：

(1)饮料生产一般为冷水，没有加热过程，因此一定要选择口感好、易溶解的甜菊糖。各厂家生产工艺不同，甜菊糖甜度不同，用了哪家甜菊糖后认为合适，就不要随意更换，坚持用下去。

(2)选择适当水温溶解甜菊糖。在正常情况下，在饮料中使用甜菊糖，低温比高温甜味纯正、甜度高，因此应尽量在低温下进行配料，但温度过低又不利于甜菊糖溶解，因此应选用适宜温度为好。经多年实践证明，对白色、易溶解、后味小的甜菊糖可用常温水浸泡，自行溶解。对有异味、溶解度稍差的甜菊糖可用60～70℃温水浸泡，使其自行溶解，但不管哪种溶解方法，加水后都不要立即搅拌，以防成团糊状，待大部分溶解后，再进行搅拌。

(3)浸泡时间，常温下 20～30 min，60～70℃温水 10～20 min。也就是说，为了不影响配料，应在配料开始前，先将甜菊糖溶化。

(4)注意甜菊糖在饮料配料中加入顺序，在饮料配料中，甜菊糖加入顺序应在加入柠檬酸前后加入为宜，既可达到甜味相乘，又可起矫味作用。

第四节　增味剂

增味剂也称风味增强剂，或称鲜味剂，是指能增强食品风味或鲜味的添加剂。它能使食品出现鲜味，增强食品口味，从而引起强烈食欲。

鲜味剂的种类很多，但对其分类还没有统一的规定。如可按来源分成动物性增味剂、植物性增味剂、微生物增味剂和化学合成增味剂等；也可按化学成分分成氨基酸类增味剂、核苷酸类增味剂、正羧酸类增味剂等。

一、鲜味与鲜味特性

鲜味剂是东方食品界的概念。东方人认为鲜味像甜、酸、咸一样，也是各类食品风味的基础之一，这与欧美的观点有很大区别。食品增味剂的应用已有很长的历史，普遍受到人们的喜爱和欢迎。从汉字的结构来看，有“鱼”、有“羊”谓之“鲜”。说明在我国古代，人们已经知道鱼类和动物的肉类具有鲜美的味道。在日常生活中经常利用各种鱼、肉以及蘑菇、海藻、各种蔬菜等制成味道鲜美的汤类，用于增强食品的风味。食品中的肉类、鱼类、贝类、香菇、酱油等都具有独特的鲜美滋味，现代科学已经证明，这些不同风味的鲜美滋味是由各类食品中所含的不同鲜味物质呈现出来的。例如竹笋和酱油中含天门冬酰氨酸，贝类中含琥珀酸，鸡、鱼、肉汁中含5′-肌苷酸，香菇中含5′-鸟苷酸等，由于它们含有不同的鲜味物质，而显现出的鲜味构成了各自不同的独特风味。

二、氨基酸类增味剂

化学组成为氨基酸及其盐类的食品增味剂统称为氨基酸类增味剂。

1. 谷氨酸钠

谷氨酸钠商品名为味精。分子式为 $C_5H_8O_4NNa \cdot H_2O$，相对分子质量为187.13。

（1）性质　无色至白色的结晶或结晶性粉末，无臭，微有甜味或咸味，有特有的鲜味。易溶于水，微溶于乙醇，不溶于乙醚。无吸湿性，对光稳定。加热至120℃时开始逐渐失去结晶水，210℃时发生吡咯烷酮化，生成焦谷氨酸，270℃左右时分解。在碱性条件下加热发生消旋作用，呈味力降低，在pH5以下的酸性条件下加热亦发生吡咯烷酮化。在中性条件下加热则不易变化。谷氨酸钠的溶解度随温度升高而增大。

（2）鲜度与鲜感特征　谷氨酸钠具有强烈的肉类鲜味，特别是在微酸性溶液中味道更鲜，用水稀释至3 000倍，仍能感觉出其鲜味，其鲜味阈值为0.014%，鲜味在pH3.2以下时最弱，pH6～7时呈味最强（谷氨酸钠全部解离）。

（3）毒性　大鼠经口 LD_{50} 为17 g/kg体重。其ADI不作规定（FAO/WHO，1994），GRAS（FDA-21CFR：182.1015）。谷氨酸钠进入胃后，受胃酸作用生成谷氨酸，很快被消化吸收构成人体组织中的蛋白质，并参与体内许多其他代谢过程，有很高的营养价值。在人体内谷氨酸与血氨结合形成谷氨酰胺，能解除组织代谢过程中产生氨的毒害作用，从而能预防和治疗肝昏迷，保护肝脏。谷氨酸还参与脑蛋白质代谢和糖代谢，能促进中枢神经系统的正常活动，对于治疗脑震荡和脑神经损伤也有一定疗效。谷氨酸与其他药物合用，可治疗癫痫发作及精神运动性发作。长期服用谷氨酸，可提高神经有缺陷儿童的智力。近年来，世界各国对谷氨酸钠的安全问题进行了大量的研究。1988 年，FAO/WHO 联合食品添加剂专家委员会第 19 次会议上对谷氨酸钠的安全性作了肯定，宣布取消对谷氨酸钠的食用限量，再次确认谷氨酸钠是一种安全可靠的食品添加剂，会议决议取消了对未满 12 周的婴儿服用谷氨酸钠的限制。空腹大量食用后会有头晕现象发生，这是由于体内氨基酸暂时失去平衡，与蛋白质或其他氨基酸一起食入则无此现象。

(4)应用　味精是以淀粉质、糖质为原料，经微生物(谷氨酸棒杆菌等)发酵、提取、中和、结晶、精制而制成的谷氨酸钠含量不小于 99.0%，具有特殊鲜味的增味剂。谷氨酸钠具有缓和咸、酸、苦味的作用，能减弱糖精的苦味，并能引出食品中所具有的自然风味。食盐中添加少量味精就有明显的鲜味，一般 1 g 食盐与 0.1～0.15 g 味精共用时，味精的呈味效果最佳。在味精中，定量添加了精制盐且谷氨酸钠含量不低于 80%的均匀混合物叫加盐味精。在味精中，定量添加了核苷酸二钠[5′-鸟苷酸二钠(GMP)，5′-肌苷酸二钠(IMP)或呈味核苷酸二钠(GMP+IMP)]等增鲜剂，且谷氨酸钠含量不低于 97%，其鲜度超过混合前的味精叫增鲜味精。我国《食品添加剂使用卫生标准》(GB 2760—2007)将味精列入可在各类食品中按生产需要适量使用的食品添加剂。

2. *L*-丙氨酸

L-丙氨酸又称 *L*-氨基丙酸，分子式为 $C_3H_7NO_2$，相对分子质量为 89.09。属于构成天然蛋白质的 20 种氨基酸之一。

(1)性质　无色或白色结晶，或白色结晶性粉末，易溶于水，不溶于乙醇，200℃以上开始升华。

(2)鲜度与鲜感特征　基本味感是甜稍酸。

(3)毒性　小鼠经口 LD_{50} 大于 10 g/kg 体重，GRAS(FDA-21CFR:172.320)。

(4)应用　只能用于调味料的生产，按生产需要适量使用。

3. 甘氨酸

甘氨酸系统名为氨基乙酸，分子式为 $C_2H_5NO_2$，相对分子质量为 75.08。属于构成天然蛋白质的 20 种氨基酸之一，为人类长期食用的成分。

(1)性质　白色单斜晶系或六方晶体，或白色结晶性粉末，易溶于水，极难溶于乙醇。

(2)鲜度与鲜感特征　基本味感是甜稍酸。

(3)毒性　大鼠经口 LD_{50} 为 7 935 mg/kg 体重。

(4)应用　我国《食品添加剂使用卫生标准》(GB 2760—2007)中规定：甘氨酸可用于调味品和植物蛋白饮料，其最大使用量为 1.0 g/kg。

三、核苷酸类增味剂

1. 5′-鸟苷酸二钠

5′-鸟苷酸二钠又称鸟苷-5′-磷酸钠、鸟苷酸钠(GMP)，分子式为$C_{10}H_{12}N_5Na_2O_8P \cdot 7H_2O$，相对分子质量为533.26。

(1)性质　无色或白色结晶，或白色粉末。无臭，易溶于水，微溶于乙醇，几乎不溶于乙醚。吸湿性较强。在通常的食品加工条件下，对酸、碱、盐和热均稳定。

(2)鲜度与鲜感特征　有特殊的类似香菇的鲜味，其鲜味阈值为0.003 5%。

(3)毒性　小鼠经口LD_{50}为20 g/kg体重。肌苷酸与鸟苷酸是构成核酸的成分，所组成的核蛋白是生命和遗传现象的物质基础，故它对人体是安全而有益的。GMP广泛存在于肉类、鱼类和贝类中，ADI不需特殊规定。GRAS(FDA-21CFR：172.531)。

(4)应用　鲜味强度高于肌苷酸。核苷酸类鲜味剂需与氨基酸类鲜味物质同时使用，才能充分发挥其呈鲜效果。我国《食品添加剂使用卫生标准》(GB 2760—2007)将其列入可在各类食品中按生产需要适量使用的食品添加剂。

2. 5′-肌苷酸二钠

5′-肌苷酸二钠又称肌酸酸钠(IMP)、肌苷-5′-磷酸二钠、次黄嘌呤核苷-5′-磷酸钠，分子式为$C_{10}H_{11}N_4Na_2O_8P \cdot 7H_2O$，相对分子质量为527.20。

(1)性质　无色结晶或白色粉末，无臭。易溶于水，微溶于乙醇，不溶于乙醚。稍有吸湿性。对酸、碱、盐和热均稳定，可被动植物组织中的磷酸酯酶分解而失去鲜味。

(2)鲜度与鲜感特征　核苷酸类鲜味剂需与氨基酸类鲜味物质同时使用，才能充分发挥其呈鲜效果。有特殊的类似鱼肉的鲜味，其鲜味阈值为0.012%。

(3)毒性　小鼠经口LD_{50}为12.0 g/kg体重。肌苷酸与鸟苷酸是构成核酸的成分，所组成的核蛋白是生命和遗传现象的物质基础，故它对人体是安全而有益的。IMP广泛存在于肉类、鱼类和贝类中，ADI不需特殊规定。GRAS(FDA-21CFR：172.535)。

(4)应用　多与味精(MSG)和鸟苷酸钠(GMP)混合使用。核苷酸与谷氨酸钠混合制成第二代味精(复合鲜味剂，强力味精)。我国《食品添加剂使用卫生标准》(GB 2760—2007)将其列入可在各类食品中按生产需要适量使用的食品添加剂。

3. 5′-呈味核苷酸二钠

5′-呈味核苷酸二钠系指5′-鸟苷酸二钠、5′-肌苷酸二钠、5′-尿苷酸二钠和5′-胞苷酸二钠的混合物。主要是前两种的混合物。分子式为 $C_{10}H_{11}N_4Na_2PO_8 \cdot xH_2O$。

(1)性质　与其他核苷酸钠相似。

(2)鲜味与鲜感特征　呈味阈值为0.006 3%。与0.8%谷氨酸钠合用时，呈味阈值为0.000 031%。

(3)毒性　大鼠口服 LD_{50} 为15.9 g/kg体重。

(4)应用　肌苷酸钠(IMP)和鸟苷酸钠(GMP)两者各占50%的混合物简称I+G，是呈现动植物鲜味融合一体所形成的一种较为完全的鲜味剂。其作用特点是：①能增加肉类的原味。可用于肉、禽、鱼等动物性食品，也可用于蔬菜、酱等植物性食品，均可增强其天然香味和鲜味，用量为0.5～1 g/10 kg。②改善风味。可改善一般食品的基本味觉，使甜、酸、苦、辣、鲜、香、咸味更柔和而浓郁。③抑制异味。可抑制食品中淀粉味、硫黄味、铁腥味、生酱味，以及牛肉干、鱼片中的腥味和酱油中的苦涩味等。我国《食品添加剂使用卫生标准》(GB 2760—2007)将其列入可在各类食品中按生产需要适量使用的食品添加剂。

四、正羧酸类增味剂

琥珀酸二钠是一种正羧酸类鲜味剂。其分子式为 $C_4H_4Na_2O_4 \cdot 6H_2O$，相对分子质量为270.15。也有无结晶水产品。

(1)性质　无色或白色结晶，或白色结晶性粉末，无臭，无酸味。易溶于水(25℃下每100 g水溶解35 g)，微溶于乙醇，不溶于乙醚。在空气中稳定。

(2)鲜度与鲜感特征　有特殊贝类滋味，认为是海鲜类风味的基础之一。还作为天然等同香料使用。

(3)毒性　猫经口1 g/kg体重剂量的琥珀酸二钠未见异常，剂量增至5 g/kg体重时，4～5 min后出现呕吐，但无其他异常症状；静脉注射0.5 g/kg体重时，数分钟后出现呕吐，剂量增重1 g/kg体重，很快出现呕吐、下泻，进而导致运动障碍；最小致死量为2 g/kg体重。

(4)应用　我国《食品添加剂使用卫生标准》(GB 2760—2007)规定琥珀酸二钠只能在调味料中使用，最大使用量为20.0 g/kg。其通常与谷氨酸钠配合使用，一般使用量为谷氨酸钠量的10%左右。

应用实例

谷氨酸钠在五香肉干中的应用

肉干是以精选瘦肉为原料，经过煮制、复煮、干制等工艺加工而成的肉干制品。肉品经过加工后，水分含量低，产品耐储藏；体积小，质量轻，便于运输和携带；蛋白质含量高，营养丰富。此外，传统的肉干制品风味浓郁，回味悠长，因此，肉干制品深受大众喜欢。

【产品配方】瘦肉，100 kg；酱油，6 kg；黄酒，1 kg；香葱，0.25 g；食盐，2 kg；白糖，8 kg；生姜，0.25 kg；味精，0.2 kg；甘草粉，0.25 kg。

【工艺流程】原料选择→预处理→预煮和成型→复煮→烘烤→冷却包装→检验→成品

【操作要点】

(1)原料选择　肉干一般选用健康、育肥的牛肉为原料，选择新鲜的后腿及前腿瘦肉最佳，因为腿部蛋白质含量高，脂肪含量少，肉质好。

(2)原料预处理　将选好的原料肉剔骨，去脂肪、筋腱、淋巴、血管等不宜加工的部分，然后切成 500 g 左右的肉块，并用清水清洗后沥干备用。

(3)预煮和成型　将切好的肉块投入到沸水中预煮 60 min，同时不断去除液面的浮沫，待肉块切开呈粉红色后可捞出冷凉成型，然后按产品要求切成一定的形状。

(4)复煮　取一部分预煮汤汁(约为半成品的 1/2)，加入配料，熬煮，将半成品倒入锅内，用小火煮制，并不时轻轻翻动，待汤汁快干时，将肉片(条、丁)取出沥干。

(5)烘烤　将沥干后的肉片或丁平铺在不锈钢网盘上，放入烘盘或烘箱，温度在 50～60℃下烘烤 4～8 h 即可。同时，为了均匀干燥，防止烤焦，在烘烤过程中，应及时进行翻动。

(6)冷却包装　肉干烘好后，应冷却至室温，未经冷却直接进行包装，在包装容器表面容易产生冷凝水，不利于保藏。

本章小结

- 调味增香类食品添加剂
  - 食品用香料
    - 香料的来源与分类
    - 天然食品用香料
    - 合成食品用香料
    - 食用香精
    - 香料使用注意事项
  - 酸度调节剂
    - 酸度调节剂作用原理
    - 有机酸度调节剂
    - 无机酸度调节剂
    - 酸度调节剂合理使用
  - 甜味剂
    - 甜味剂的作用原理
    - 化学合成甜味剂
    - 天然甜味剂
    - 甜味剂的合理使用
  - 增味剂
    - 鲜味与鲜味特性
    - 氨基酸类增味剂
    - 核苷酸类增味剂
    - 正羧酸类增味剂

复习思考题

1. 什么是香料和香精？其关系如何？
2. 香精按组成成分如何分类？其作用是什么？
3. 评定香料香精品质的方法有哪些？
4. 食品香精调香的一般步骤是什么？
5. 酸度调节剂的作用有哪些？
6. 影响酸味的因素有哪些？
7. 常用酸味剂的酸度与酸感特征是什么？
9. 比较 4 种常用合成甜味剂的性状、甜味和应用有何异同点。
10. 列举常用天然甜味剂的名称、应用范围。
11. 简述天然甜味剂及合成甜味剂的优缺点。
12. 影响甜度的因素有哪些？
13. 名词解释：增味剂、增鲜味精
14. 比较各种鲜味剂的性状、作用和应用。

第四章　结构改良类食品添加剂

知识目标

- 了解各类结构改良类食品添加剂的概念与分类。
- 理解乳化剂、增稠剂的作用机理、乳化剂的 HLB 值、消泡剂产生的原因、水分保持剂的持水机理和抗结剂的抗结机理。
- 掌握常用结构改良类食品添加剂在食品中的应用、乳化剂的使用注意事项和增稠剂的合理使用。

技能目标

- 能够在食品生产实际中正确合理地使用各类结构改良类食品添加剂。

第一节　乳化剂

食品是含水、蛋白质、脂肪、糖类等组分的多相体系，食品中的各种成分要经过调制、加工、运输、出售而成为商品。但其少许多成分是不相溶的，例如，油与水就很难均匀地混合。由于各组分混合不匀，致使食品中出现油水分离、焙烤食品发硬、巧克力糖起霜等现象，进而会影响食品质量。乳化剂是能使食品的多相体系各组分相互融合，形成稳定、均匀的形态，改善内部结构，简化和控制加工过程，提高食品质量的一类添加剂。在食品加工中常使用它达到乳化、分散、起酥、稳定、发泡或消泡等目的。乳化剂还可改进食品风味、延长食品货架期等作用。

一、概述

（一）乳化剂的概念和分类

1. 乳化剂的基本概念

把水和油一起注入烧杯，稍静置，就出现分层现象。即便加以强烈的搅拌使两者互相混合，这种采用机械方法形成的分散液态也是不稳定的，一旦静置，还会分层。如果在此体系中加入少量乳化剂，再进行搅拌混合，则油可以变成微小液粒分散于水中。这种混合液体系从外观看来，如奶一样呈乳状，所以称为乳化液。稳定性好的乳化液静置时也很难分层，这种现象就叫乳化现象。乳化液在自然界中广泛存在，例如，动物的乳汁，食物中的油和脂肪在消化过程中也要被胆碱等物质所乳化，才能被肠壁细胞所吸收。乳化是乳化剂的主要作用之一，没有乳化剂就没有稳定的乳化液。

乳化剂是指能使互不相溶的两种液体(如油和水)中的一种呈微滴状分散在另一种液体中的一类添加剂。乳化剂大都为表面活性剂，其主要功能是起乳化作用。食品乳化剂能稳定食品的物理状态，改进食品的组织结构，简化和控制食品的加工过程，改善风味、口感，提高食品质量，延长货架寿命。食品乳化剂在食品工业领域发挥着巨大的作用，它能使两种以上互不相溶的溶液形成稳定的混合体系，从而为开发丰富多彩的食品新品种提供了前提条件。

2. 乳化剂的分类

乳化剂的种类繁多，共分类方法也很多。

乳化剂按其离子性可分为两类：①离子型乳化剂：此类乳化剂品种较少，主要有硬脂酰乳酸钠，磷脂和改性磷脂以及一些离子性高分子，如黄原胶、羧甲基纤维素等。②非离子型乳化剂：大多数食品乳化剂均属此类，如甘油酯类、山梨醇酯类、木糖醇酯类、蔗糖酯类和丙二醇酯类等。

按分子量大小可分为两类：①小分子乳化剂：此类乳化剂乳化效力高，常用的乳化剂均属此类，如各种脂肪酸酯类乳化剂。②高分子乳化剂：此类乳化剂的稳定效果好，主要是一些高分子胶类，如海藻酸丙二醇酯等。

食品乳化剂从来源上分可分为天然食品乳化剂和人工食品乳化剂。

从两相中所形成的乳化体系的性质分为两类：①水包油型(O/W)：一般指HLB值(亲油亲水平衡值)9以上的乳化剂，如低酯化度的蔗糖酯，吐温系列乳化剂，聚甘油酯类乳化剂等。②油包水型(W/O)：一般指HLB值在3～6之间的乳化剂，如脂肪酸甘油酯类乳化剂、山梨醇酯类乳化剂等。两种类型的乳化体系如图4-1所示。表4-1表示两种类型乳化剂的区别。

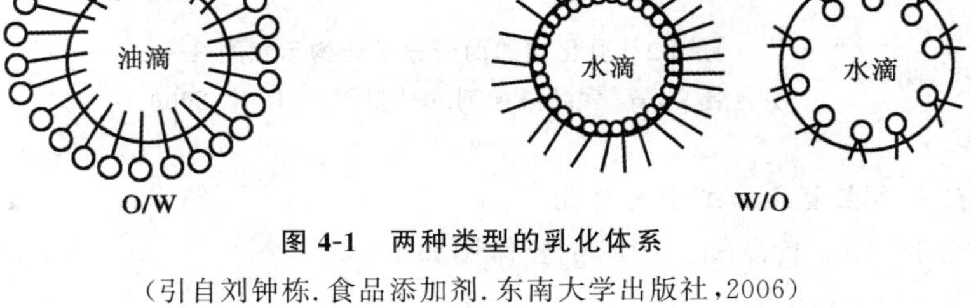

图 4-1　两种类型的乳化体系

(引自刘钟栋. 食品添加剂. 东南大学出版社，2006)

表 4-1 两种类型乳化剂的区别

类型	分散相(内相、不连续相)	分散介质(外相、连续相)	举例
O/W	O	W	牛奶、冰淇淋
W/O	W	O	牛油、黄油

(二)乳化剂的作用机理

1. 乳化剂的分子结构

乳化剂是一类具有亲水基团(极性的、疏油的)和疏水基团(非极性的、亲油的)的表面活性剂,而且这两部分分别处于分子的两端,形成不对称的结构(图 4-2)。其中亲水基团一般是溶于水或能被水湿润的基团,如羟基;其亲油基团一般是与油脂结构中烷烃相似的碳氢化合物长链,故可与油脂互溶,如最常用的单硬脂酸甘油酯,有两个亲水的羟基,一个亲油的十八碳烷基,这两个基团存在于一个结构中。在乳化液中,乳化剂分子为求自身的稳定状态,在油水两相的界面上,乳化剂分子亲油基伸入油相,亲水基伸入水相,这样,不但使乳化剂自身处于稳定状态,而且在客观上又改变了油、水界面原来的特性,使其中一相能在另一相中均匀地分散,形成了稳定的乳化液。因此乳化剂主要有以下三个作用:①在分散相表面形成保护膜;②降低表面张力;③形成双电层。

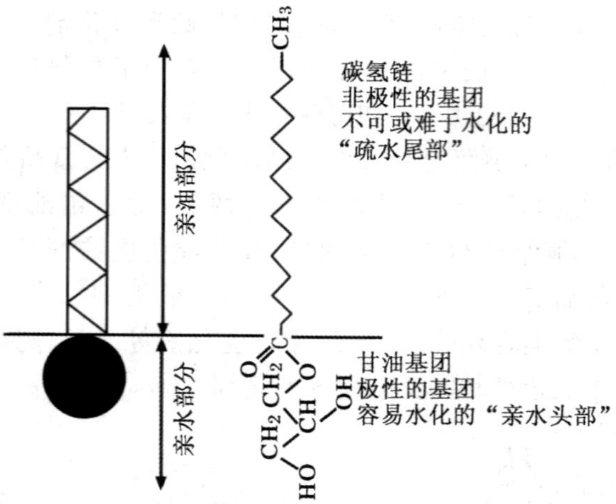

图 4-2 乳化剂的两亲分子结构示意图

(引自黄文,等.食品添加剂.中国计量出版社,2006)

2. 乳化剂在食品加工中的作用

乳化剂应用于食品加工中的主要作用如下:

(1)分散体系的稳定作用　乳化剂由于其两亲作用,在油水界面定向吸附,使油相界面变得亲水,水相界面变得亲油,使原本不相溶的不同体系变得相溶,从而使体系稳定。

(2)发泡和充气作用　乳化剂是表面活性剂,在气—液界面定向吸附,可以大大降低气—液界面的表面张力,使气泡容易形成,同时由于乳化剂在气—液界面的定向吸附,使形成的气泡更加稳定。

(3)破乳和消泡作用　乳化剂中 HLB 值较小者在气—液界面会优先吸附,但其吸附层不稳定、缺乏弹性,造成气泡破裂,因而起到消泡作用。这种作用在很多食品加工中非常重要,如豆腐制作中的消泡,味精、蔗糖生产中的消泡等。

(4)对体系结晶的影响　乳化剂可以定向吸附于结晶体系的晶体表面,改变晶体表面张力,影响体系的结晶行为。一般情况下会干扰结晶,使晶粒细小。这对于晶体食品中晶种的制备,糖果、雪糕、巧克力等糖品晶粒大小的控制很有效果。

(5)与淀粉相互作用　食品乳化剂一般为脂肪酸酯,淀粉可以和脂肪酸的长链结构形成络合物,从而防止了淀粉的凝沉老化,达到延长淀粉质食品保鲜期的目的。

(6)与蛋白质络合作用　乳化剂的亲油亲水基团,可以与蛋白质的特定结构发生亲水相互作用、疏水相互作用、氢键作用和静电作用等。在焙烤食品中,可以强化面筋网络结构,防止油水分离造成的硬化,增加韧性和抗拉力。

(7)抗菌保鲜作用　很多水溶性乳化剂,如蔗糖酯对细菌有很强的抑制作用。表面活性剂定向吸附于果蔬表面,可以形成一层连续的保护膜,控制果蔬的呼吸,达到保鲜的目的。

3. 食品乳化剂在各类食品中的应用

(1)焙烤制品　乳化剂在焙烤制品中的主要作用表现在以下几个方面:①由于乳化剂本身亲水、亲油的特性,能增加食品组分间的亲和性,降低界面张力,提高食品质量,改善食品原料的加工工艺性能。②使蛋白质网络连接更加紧密,增强面团强度。③与淀粉形成络合物,使产品得到较好的瓤结构,增大食品体积,防止淀粉老化。④控制食品中油质的结晶状态,阻止结晶还原,改善食品口感。⑤提高食品持水性,使食品更加柔软,增加保鲜性,延长货架期。

(2)肉制品　在肉制品生产中使用乳化剂不仅能使配料充分乳化,均匀混合,防止脂肪离析,而且还能提高制品的保水性,防止制品析水,避免冷却收缩和硬化,改善制品的组织状态,使产品更具弹性,增加产品的白度,提高产品的嫩度,改善制品的风味,提高产品质量,同时,加入乳化剂还能够提高包装薄膜(肠衣)的易剥性。总之,在肉制品中加入适量乳化剂对于改善产品的保质期、口感以及外观等方面都具有重要意义。目前,在肉制品生产中应用最多的有大豆蛋白、酪蛋白酸钠、卵磷脂和蔗糖脂肪酸酯等。

(3)冰淇淋　乳化剂在冰淇淋生产中的主要作用表现在以下几个方面:①改进脂肪在混合料中的分散性,使脂肪粒子微细,分布均匀,提高乳状液的稳定性。②促进脂肪与蛋白质的相互作用,使乳状液失稳或破乳,有助于脂肪附聚和凝聚作用。③改善空气混入,提高起泡性和膨胀率。④赋予冰淇淋细腻的组织结构和良好的干性度,防止或控制粗大冰晶的生成。⑤改善稳定性和保型性。⑥防止冰淇淋在储藏过程中收缩变形,改善口融性。常用于冰淇淋生产中的乳化剂有甘油脂肪酸酯、卵磷脂、山梨糖醇酐脂肪酸酯、聚氧乙烯山梨糖醇酐脂肪酸酯、丙二醇脂肪酸酯和蔗糖脂肪酸酯。

(3)糖果类　在糖果生产中,乳化剂具有控制黏度及抗黏结作用,乳化剂可以降低糖膏的黏度,增加流动性,使糖果生产在压片、切块、成型中不粘刀,糖体表面光滑,易分离,并能防止糖果融化,不粘牙,改善口感,防止与包装黏结。

(4)人造奶油及黄油类　人造奶油是一种典型的油包水型乳化物,因而必须添加乳化剂。黄油中也普遍使用乳化剂,能增加制品的可塑性、乳化稳定性,改善制品口感和风味。此类食品多用甘油单硬脂酸酯作为乳化剂。

(5)方便食品　目前,速溶饮料、方便汤、方便面、方便饭、方便菜之类方便食品急剧增长,乳化剂的作用是提高此类商品的使用性能和延长储藏期,故在这些食品中几乎都使用了乳化剂。此类方便食品的乳化剂多采用甘油单脂肪酸酯,用量为0.1%～1.0%。

(三)乳化剂的亲水亲油平衡值(HLB)

1. 亲水亲油平衡值的概念

乳化剂的应用,往往取决于其不同的乳化能力,亦即与其分子中亲水及亲油基团的多少有关。衡量乳化能力最常用的指标是亲水亲油平衡值(HLB值)。乳化剂的亲水亲油平衡值(hydtophile-lipophile balance value)是指乳化剂分子中亲油和亲水的这两个相反的基团的大小和力量的平衡。HLB值是用来表示乳化剂亲水或亲油能力大小的值。1949年Griffin提出了HLB值的概念。将非离子型乳化剂的HLB值的范围定为0～20,将疏水性最大的完全由饱和烷烃基组成的石蜡的HLB值定为0,将亲水性最大的完全由亲水性的氧乙烯基组成的聚氧乙烯的HLB值定为20,其他的乳化剂的HLB值则介于0～20之间。HLB值越大,其亲水性越强,HLB值越小,其亲油性越强。因此,凡HLB值小于10的乳化剂主要表现为亲油性相对较强,而等于或大于10的乳化剂则表现为亲水性相对较强。

乳化剂分子中同时有亲油、亲水两基团,整个分子亲水亲油的倾向,取决于两类基团的作用,是两者亲和力平衡后分子所表现的综合效果,所以目前HLB值的计算公式主要是下列两种形式：

$$差值式：乳化剂亲水性(HLB)=亲水基的亲水性-亲油基的憎水性$$

$$比值式：乳化剂的亲水性=\frac{亲水基的亲水性}{亲油基的憎水性}$$

2. HLB 值与乳化剂的作用

HLB 值在很大程度上决定着乳化剂的使用性能。所以，有了 HLB 值，就可以在性质上了解乳化剂的亲油、亲水性，在应用上了解乳化剂的主要功能，再根据食品的组分、工艺要求，来选择所需要的乳化剂。比方说，要乳化一种食用油，在众多的乳化剂中使用哪个呢？首先就是根据这种油被乳化所需要的 HLB 值来选择具有相同和相近的 HLB 值的乳化剂。因此，在食品工业中只要涉及乳化剂的使用，往往考虑的第一个指标就是 HLB 值。常用食品乳化剂的 HLB 如表 4-2 所示。

表 4-2 常用食品乳化剂的 HLB 值

乳化剂名称	HLB 值	乳化剂名称	HLB 值
单油酸甘油酯	3.4	聚氧乙烯(20)山梨醇酐三硬脂酸酯	10.5
单硬脂酸甘油酯	3.8	聚氧乙烯(20)山梨醇酐三油酸酯	11.0
单月桂酸甘油酯	5.2	聚氧乙烯(4)山梨醇酐单月桂酸酯	13.3
乙酰化单硬脂酸甘油酯	3.8	聚氧乙烯(20)山梨醇酐单硬脂酸酯	14.9
双乙酰酒石酸单甘油酯	8.0	聚氧乙烯(20)山梨醇酐单油酸酯	15.0
聚氧乙烯(20)甘油单硬脂酸酯	13.1	聚氧乙烯(20)山梨醇酐单月桂酸酯	16.9
山梨醇酐单油酸酯	4.3	蔗糖二硬脂酸酯	3.0
山梨醇酐单硬脂酸酯	4.7	蔗糖单月桂酸酯	15.0
山梨醇酐单月桂酸酯	8.9	丙二醇单硬脂酸酯	3.4
山梨醇酐三油酸酯	1.8	聚氧乙烯(20)丙二醇单硬脂酸酯	16.0
山梨醇酐三硬脂酸酯	2.1	硬脂酰乳酸钙	5.1
大豆磷脂	8.0	硬脂酰乳酸钠	10.5

乳化剂在溶液中有乳化、润湿、分散、增溶、起泡、消泡等一系列表面活性作用，非离子型乳化剂 HLB 值与以上作用的关系如表 4-3 所示。应该指出：由于 HLB 值没有考虑分子结构的特异性，而乳化剂的性质、功效还与亲水、亲油基的种类、分子的结构和相对分子质量有关。实践证明不同种类的亲油基的亲油性强弱顺序排列如下：脂肪基＞带脂烃链的芳香基＞芳香基＞带弱亲水基的亲油基。亲油基和亲水基与所亲和的物料结构越相类似，它们的亲和性越好。在结构方面，

亲水基位置在亲油基链一端的乳化剂比亲水基靠近亲油基链中间的乳化剂亲水性要好。在相对分子质量方面，相对分子质量大的乳化剂分散能力比相对分子质量小的好。直链结构的乳化剂，乳化特性是在 8 个碳原子以上才显著表现出来的，10～14 个碳原子的乳化剂的乳化与分散性较好。因此，在需要选择最合适的乳化剂时，单靠 HLB 值是很不够的，还应考虑多种因素并且结合一定实验进行选择。

表 4-3 非离子型乳化剂的 HLB 值与其相关性质

HLB 值	所占百分比		在水中性质	应用范围
	亲水基	亲油基		
0	0	100		
2	10	90	HLB 值 1～4，不分散	HLB 值 1.5～3，消泡作用
4	20	80	HLB 值 3～6，略有分散	HLB 值 3.5～6，W/O 型乳化剂（最佳 3.5）
6	30	70	HLB 值 6～8，经剧烈搅打后呈乳浊状分散	HLB 值 7～9，润湿剂
8	40	60	HLB 值 8～10，稳定的乳状分散	HLB 值 8～18，O/W 型乳化剂（最佳 12）
10	50	50	HLB 值 10～13，趋向透明的分散	HLB 值 13～15，洗涤剂
12	60	40	HLB 值 13～20，呈溶解状透明胶体状液	HLB 值 15～18，溶化剂
14	70	30		
16	80	20		
18	90	10		
20	100	0		

二、常用的食品乳化剂

1. *蔗糖脂肪酸酯*

蔗糖脂肪酸酯又称脂肪酸蔗糖酯，简称蔗糖酯、SE。它由蔗糖与脂肪酸酯化反应制得，分为单酯、二酯、三酯和多酯，即一分子蔗糖分别与一、二、三或多个脂肪酸分子所构成。蔗糖脂肪酸单酯的 HLB 值为 10～16，亲水性强，二酯为 7～10，三酯为 3～7，多酯为 1，蔗糖脂肪酸酯成品多为混合物。产品依蔗糖基酯化数不同，可获得从亲油性强到亲水性强的不同系列产品。

(1)性质　由于其脂肪酸种类和酯化度不同,蔗糖脂肪酸酯可为白色至微黄色粉末、蜡样块状或无色至微黄色稠厚凝胶,无臭或微臭。溶于乙醇、微溶于水(单酯溶于温水、双酯难溶于水)。水溶液有黏性和湿润性,乳化作用良好。软化点 50～70℃,120℃以下稳定,145℃以上可分解,在酸性或碱性条件下加热可皂化。有旋光性,对淀粉有特殊的防老化作用。

(2)毒性　蔗糖脂肪酸酯毒性小,大鼠经口 LD_{50}＞30 g/kg;GRAS:可安全用于食品(FDA,1994);ADI:暂定 0～20 mg/g(FAO/WHO,1995)。

(3)应用　我国《食品添加剂使用卫生标准》(GB 2760—2007)规定蔗糖脂肪酸酯的使用范围与最大使用量(单位:g/kg)为:调制乳和焙烤制品,3.0;稀奶油(又名淡奶油)及其类似品、可可制品、巧克力和巧克力制品(包括类巧克力和代巧克力)及糖果、乳化天然色素、脂肪乳化制品和基本不含水的脂肪和油,10.0;冷冻饮品(食用冰除外)、肉鸡肉制品、经表面处理的鲜水果、八宝粥罐头、鲜蛋(用于鸡蛋保鲜)和饮料类(包装饮用水类除外),1.5;生干面制品、方便米面制品和生湿面制品(如面条、饺子皮、馄饨皮、烧卖皮),4.0;调味品、果酱、面糊(如用于鱼和禽肉的托面糊)、裹粉、煎炸粉、蛋糕预拌粉、调味糖浆、即食菜肴和其他专用粉(如面包预拌粉、饼干预拌粉),5.0。

在实际使用时,可先将蔗糖酯用适量的冷水调和成糊状,再加入所需的水,升温至 60～80℃,搅拌溶解。或将蔗糖酯加到适量油中,搅拌令其溶解和分散,再加到制品原料中。另外,蔗糖酯暴露在空气中一般易潮解结块,结块后仍可使用,但不利于保存。因蔗糖酯在 50℃以上开始熔化,故蔗糖酯应密封保存于阴冷干燥处。

2. 甘油单硬脂酸酯

单硬脂酸甘油酯,又称甘油单硬脂酸酯,简称单甘酯,相对分子质量为 358。

(1)性质　乳白至微黄色蜡样固体,无臭、无味;溶于乙醇、热脂肪油和烃类,不溶于水,强烈振荡于热水中可分散成乳液态;单甘酯具有良好的亲油性,是乳化性很强的水包油型(W/O)乳化剂,HLB 值为 3.8。

(2)毒性　ADI:无需规定(FAO/WHO,1994)。GRAS:FDA-21CFR 182.1342。

(3)应用　我国《食品添加剂使用卫生标准》(GB 2760—2007)规定蔗糖脂肪酸酯的使用范围与最大使用量(单位:g/kg)为:葡萄酒,0.018;原味发酵乳(全脂、部分脱脂、脱脂)、香辛料类,5.0;其他糖和糖浆(如红赤砂糖、槭树糖浆),6.0;黄油和浓缩黄油,20.0;生干面制品,30.0;稀奶油、生湿面制品(如面条、饺子皮、馄饨皮、烧卖皮)、婴儿配方食品、较大婴儿和幼儿配方食品、婴幼儿断奶期食品、咖啡饮料类,按生产需要适量使用。

3. 司盘类乳化剂

司盘类乳化剂是山梨醇酐脂肪酸酯的商品名。

(1)性质　由于脂肪酸酯不同,其颜色为淡黄色至黄褐色的油状或蜡状物,有特异臭气,其 HLB 值为 1.8～8.6,可溶于水或油,适于制成 O/W 型或 W/O 型两种乳浊液。不同脂肪酸的山梨醇酐脂肪酸酯的特性如表 4-4 所示。

表 4-4　山梨醇酐脂肪酸酯特性比较

名称	HLB 值	性状
山梨醇酐单月桂酸酯(司盘 20)	8.6	淡褐色油状
山梨醇酐单棕榈酸酯(司盘 40)	6.7	淡褐色蜡状
山梨醇酐单硬脂酸酯(司盘 60)	4.7	淡黄色蜡状
山梨醇酐三硬脂酸酯(司盘 65)	2.1	淡黄色蜡状
山梨醇酐单油酸酯(司盘 80)	4.3	黄褐色油状

(2)毒性　本品安全性高,ADI:0～25 mg/kg 体重(FAO/WHO,1994)。

(3)应用　我国《食品添加剂使用卫生标准》(GB 2760—2007)规定山梨醇酐脂肪酸酯的使用范围与最大使用量(单位:g/kg)为:调制乳、冰淇淋类、乳脂糖果、面包、糕点、饼干、果蔬汁(肉)饮料、固体饮料类,3.0;稀奶油(又名淡奶油)及其类似品、氢化植物油、水油状脂肪乳化制品、可可制品、巧克力和巧克力制品、包括类巧克力和代巧克力、速溶咖啡、干酵母,10.0;脂肪、油和乳化脂肪制品(植物油除外),15.0;经表面处理的鲜水果、经表面处理的新鲜蔬菜,按生产需要量适量使用;月饼,1.5;植物蛋白饮料,6.0;风味饮料(包括果味饮料、乳味、茶味及其他味饮料),0.5;其他(饮料混浊剂),0.05。

山梨醇酐单硬脂酸酯用于冰淇淋可增大容积,用量为 0.2%～0.3%;用于面包、糕点作起酥油的乳化剂,用量为面粉量的 0.5%,可防止制品老化,改善品质;用于巧克力可防止起霜,以改善光泽,增进滋味,增强柔软性等,一般用量为 0.1%～0.3%;用于口香糖胶基可改善胶基品质,一般用量为 0.5%～2%;用于奶糖可使油脂分散均匀,防止起霜,添加量为油脂量的 5%～10%;此外,用于面包还可使油脂与面粉混合均匀、膨胀良好、防止老化等,添加量亦为油脂量的5%～10%。

4. 吐温类乳化剂

吐温类乳化剂是聚氧乙烯山梨醇酐脂肪酸酯的商品名。

(1)性质　由于其脂肪酸种类的不同,可有一系列产品,其 HLB 值见表 4-5。吐温-60 为山梨糖醇聚氧乙烯与单硬脂酸部分酯化而成的非离子型乳化剂,是淡黄色油状液体或半凝胶体，有特殊臭味及苦味，溶于水、苯胺、醋酸乙酯及甲苯，不溶于矿物油及植物油，凝固温度 20～30℃，HLB 值为 14.6，常温下耐酸、碱及盐，为 O/W 型乳化剂。吐温 80 为山梨糖醇聚氧乙烯与单油酸部分酯化而得的非离子型乳化剂，是淡黄至橙色油状液体(25℃)，有轻微特殊气味，略苦，极易溶于水(水溶液无臭或几乎无臭)，溶于乙醇、非挥发油、醋酸乙酯及甲苯，不溶于矿物油和石油醚，凝固温度小于 80℃，HLB 值为 15.0，常温下耐酸、碱和盐，为 O/W 乳化剂。

表 4-5　不同聚氧乙烯山梨醇酐脂肪酸酯的 HLB 值

名称	HLB 值
聚氧乙烯山梨醇酐单月桂酸酯(吐温-20)	16.7
聚氧乙烯山梨醇酐单棕榈酸酯(吐温-40)	15.6
聚氧乙烯山梨醇酐单硬脂酸酯(吐温-60)	15
聚氧乙烯山梨醇酐单油酸酯(吐温-80)	14.9

(2)毒性　由吐温-80 到吐温-20，其 HLB 值越来越大，是因为加入的聚氧乙烯增多之故。聚氧乙烯增多，乳化剂的毒性则随之增大，故吐温 20 和吐温 40 很少作为食品添加剂使用，食品上主要使用吐温 60 和吐温 80，其 ADI 为 0～25 mg/kg 体重。

(3)应用　我国《食品添加剂使用卫生标准》(GB 2760—2007)规定聚氧乙烯山梨醇酐脂肪酸酯的使用范围与最大使用量(单位：g/kg)为：调制乳、冷冻饮品(食用冰除外)，1.5；稀奶油、液体复合调味料(不包括醋和酱油)，1.0；豆类制品，0.05(以每千克黄豆的使用量计)；面包，2.5；月饼，0.5；固体复合调味料，4.5；半固体复合调味料，5.0；果蔬汁(肉)饮料，0.75；植物蛋白饮料，2.0；其他(乳化天然色素)，10.0。

5. 其他食品乳化剂

(1)硬脂酰乳酸钙　硬脂酰乳酸钙也称十八烷基乳酸钙、CSL，是硬脂酞乳酸钙与少量其他有关酸所生成钙盐的混合物。分子式为 $C_{48}H_{86}CaO_{12}$，相对分子质量为 895.30。

①性质　白色至黄白色粉末或薄片状、块状固体，略带焦糖气味，易吸湿成块状。难溶于冷水，稍溶于热水，加热强烈搅拌混合可完全溶解。易溶于热的油脂中，冷却则呈分散状态析出。熔点 44～51℃，HLB 值为 5.1，为亲油性乳化剂。

②毒性　大鼠经口 LD_{50} 为 27 g/kg 体重；GRAS；ADI：0～20 mg/kg 体重(FAO/WHO，1994)。

③应用　我国《食品添加剂使用卫生标准》(GB 2760—2007)规定硬脂酰乳酸

钙的使用范围与最大使用量(单位:g/kg)为:水油状脂肪乳化制品,5.0;装饰糖果(如工艺造型、或用于蛋糕装饰)、顶饰(非水果材料)和甜汁、面包、糕点、饼干、肉灌肠类、含乳饮料,2.0。

(2)改性大豆磷脂　大豆磷脂又称卵磷脂、磷脂,其分子具有亲水和疏水两部分,是所有生物体中都能找到的天然两性表面活性剂,具有乳化、分散、起泡、脱膜、降低戮度、保持水分、结合蛋白和淀粉等功能。大豆磷脂虽有一定的亲水性,但其 HLB 值较小、不饱和程度较高、抗氧化能力较差、流动性不佳而使其应用受到很大限制。将大豆磷脂进行不同的改性处理,可提高 HLB 值,提高其亲水性和表面活性,并增加氧化稳定性和成粉末性能,以满足不同需要。

①性质　浅黄色至黄色粉末或颗粒状,有特殊的"漂白味"。部分溶于水,但在水中很容易形成乳液,比一般的磷脂更容易分散和水合。极易吸潮,易溶于动、植物油,部分溶于乙醇。

②毒性　ADI:不做特殊规定(FAO/WHO,1994);GRAS。

③应用　我国《食品添加剂使用卫生标准》(GB 2760—2007)规定改性大豆磷脂作为乳化剂可按生产需要适量使用。

三、乳化剂使用注意事项

乳化剂使用正确与否,直接影响到其作用效果,在使用时应注意以下几点。

1. 乳浊液的类型

在食品的生产过程中,经常碰到两种乳浊液,即 W/O 型和 O/W 型。乳化剂是一种两性化合物,使用时需要与其亲水—亲油平衡值(即 HLB 值)相适应,在通常情况下,HLB<10 的用于 W/O 型;HLB>7 的用于 O/W 型。

2. 添加乳化剂的目的

乳化剂一般都具有多功能性,但都具有一种主要作用。如果添加乳化剂的目的是增强面筋,增大制品体积,就要先用与面筋蛋白质复合率高的乳化剂,如硬脂酰乳酸钠、硬脂酰乳酸钙和双乙酰酒石酸单双甘油酯等。如果其添加目的主要是防止食品老化,就要选择与直链淀粉复合率高的乳化剂,如各种饱和的蒸馏单酸甘油酯等。

3. 乳化剂的添加量

乳化剂在面包、糕点、饼干中的添加量一般不超过面粉的1%,通常为0.3%~0.5%,如果添加目的主要是乳化,则应以配方中的油总量为添加基准,一般为油脂的2%~4%。

应用实例

乳化剂在花生营养奶中的应用

【原料配方】干花生仁,2 kg;赖氨酸,20 g;单甘酯,130 g;羧甲基纤维素钠,220 g;脱脂牛奶粉,1 kg;蔗糖,10 kg;蔗糖脂肪酸,180 g;黄原胶,66 g。

【工艺流程】花生仁→浸泡→粗磨→细磨→煮浆→配料→高压均质→灌装→封口→杀菌→冷却→检验→贴标→成品

【制作方法】

(1)原料要求:花生仁要颗粒饱满、无霉烂变质、无虫眼的新鲜优质花生仁。黄曲霉毒素 B_1 含量必须低于 20 μg/kg 。

(2)浸泡:花生仁吸水量低于大豆,且吸水速度很慢,因此浸泡花生仁水温应在 45～50℃,浸泡时间 6～8 h 即可。

(3)磨浆:花生蛋白 90%是碱溶性蛋白,10%是水溶性蛋白,因此磨浆用水 pH 应为 7.2～7.7。磨浆分粗磨和细磨,粗磨采用砂轮磨,分离出浆渣,细磨采用胶体磨。

(4)煮浆:煮浆温度为 85℃,时间 15 min。

(5)配料:花生仁的出浆率高于大豆,一般重量为 2 kg 干花生仁产花生浆 100 kg。将花生浆与其他配料混合在一起。

(6)高压均质:将配好料的花生营养奶用泵送入高压均质机内,在高压均质之前必须经过预热处理,预热温度为 75～80℃,高压均质压力为 22.54 MPa,时间 15 min。

(7)杀菌:灌装好的花生营养奶必须在 6 h 以内进行杀菌处理。杀菌方法:常压下预热 10～15 min,杀菌温度 121℃,时间 15 min,然后缓慢放气,直到杀菌锅中温度低于 100℃,方能打开杀菌锅盖。

(8)冷却:刚出杀菌锅的花生营养奶,必须尽快冷却,冷却可用电风扇通风,切莫用冷水冷却。

(9)检验:花生营养奶营养丰富,如封口不严,包装容器有裂痕等,极易污染微生物,造成酸败变质。因此必须严格检查,将不合格的产品检出来。

4. 乳化剂的复合使用

将几种不同的乳化剂混合后加入食品中,制得的乳浊液就比较稳定。这是因为在复合乳化剂中，一部分是水溶性的，而另一部分是油溶性的，这两部分在界面上吸附后即形成复合物，分子定向排列比较紧密，具有较高的强度。乳化剂复合使用具有下列优点：更有利于降低界面张力，甚至能达到零，界面张力越低，越有利于乳化。由于界面张力降低，界面吸附增加，分子定向排列更加紧密，界面膜增强，防止了液滴的聚集倾向，有利于乳浊液的稳定。复合乳化剂要比单一的乳化剂具有更好的表面活性。由此可见，使用复合乳化剂是提高乳化效果、增强乳浊液稳定性的有效方法。目前，国内外都在积极研制和推广应用复合型的乳化剂。

5. 乳化剂的分散

乳化剂在加入食品之前，应在水中或油中充分分散和溶解，制备成乳状液。

第二节 增稠剂

一、增稠剂的作用机理

（一）增稠剂的定义与分类

食品增稠剂通常指能在水中溶解或分散，能增加流体或半流体食品黏度，并能保持所在体系的相对稳定的亲水性食品添加剂。增稠剂可提高食品的黏稠度或形成凝胶，从而改变食品的物理形状，赋予食品黏润、适宜的口感，并兼有乳化、稳定或使呈悬浮状态的作用。

增稠剂都是亲水性高分子化合物，也称水溶胶。按其来源可分为天然和化学合成（包括半合成）两大类。天然来源的增稠剂大多数是由植物、海藻或微生物提取的多糖类物质，如阿拉伯胶、卡拉胶、果胶、琼胶、海藻酸类、罗望子胶、甲壳素、黄蜀葵胶、亚麻籽胶、瓜尔胶、槐豆胶和黄原胶等。合成或半合成增稠剂有羧甲基纤维素钠、海藻酸丙二醇酯，以及近年来发展较快，种类繁多的变性淀粉，如羧甲基淀粉钠、羟丙基淀粉醚、淀粉磷酸酯钠、乙酰基二淀粉磷酸酯、磷酸化二淀粉磷酸酯、羟丙基二淀粉磷酸酯等。

我国增稠剂的生产开发近来发展很快，目前允许使用的有 43 种，但仍处于较年轻的阶段，从品种到质量，从应用的深度和广度，都还有进一步发展的巨大潜力。

（二）增稠剂的功能

食品增稠剂是食品工业最重要的原料之一，它在食品加工中主要起稳定食品“形态”的作用，如悬浮稳定、泡沫稳定、乳化稳定等。此外，它可以改善食品的触感及加工食品的色、香、味和水相等的稳定性。

1. 稳定作用

食品增稠剂可使加工食品的组织趋于更稳定的状态，使食品内部组织不易变动，因而不易改变品质。在淀粉食品中具有防止老化作用；在冰淇淋等食品中有防止冰晶生长的作用；在糖果制品中可防止结晶析出；在饮料、调味品和乳化香精中具有乳化稳定作用；在啤酒、汽酒中有泡沫稳定作用。

2. 增稠作用

食品增稠剂可提高食品静置状态下的黏稠度，使原料容易从容器中挤出，或更好地黏着在食品上，使食品有柔滑的口感。在鱼、肉糜等食品中可起到胶黏作用。

3. 胶凝作用

食品增稠剂是果酱、蜜饯、人造营养食品、果冻和奶冻等的胶凝剂和赋形剂。低甲氧基果胶和海藻酸钠与多价金属离子可生成不溶于水的化合物，因此，它是汞、铅和钴等重金属中毒的良好解毒剂和预防剂。

4. 保水作用

由于一些增稠剂的强烈水化作用，因此，在肉制品、面包、糕点等食品中、能起到组织改良作用，可使水分不易挥发，既提高了出品率，又增加了口感。食品增稠剂具有成膜性，也具有保水作用，从而可被应用到食物保鲜中。

食品增稠剂因有絮凝作用，还可作为果汁、酒和某些调味品的澄清剂，这可以改进产品的透明度，减少沉淀并提高储藏性能。一些食品增稠剂在食品加工中也可作为保香剂、脱模剂等使用。增稠剂在食品中的主要作用见表 4-6。

表 4-6　增稠剂在食品中的作用

功能特征	用途	常用增稠剂
胶黏、包胶、成膜作用	糕点糖衣、香肠、粉末固定香料及调味料、糖衣	琼脂、角豆胶、鹿角藻胶、果胶、CMC、海藻酸钠
膨松、膨化作用	疗效食品、加工肉制品	阿拉伯胶、瓜尔豆胶
结晶控制	冰制品、糖浆	CMC、海藻酸钠
澄清作用	啤酒、果酒	琼脂、海藻酸钠、CMC、瓜尔豆胶
混浊作用	果汁、饮料	CMC、鹿角藻胶
乳化作用	饮料、调味品、香精	丙二醇藻蛋白酸酯
凝胶作用	布丁、甜点心、果冻、肉冻	海藻酸钠、果胶、琼脂
脱模、润滑作用	橡皮糖、糖衣、软糖	CMC、阿拉伯胶
保护性作用	乳、色素	松胶、CMC

续表 4-6

功能特征	用途	常用增稠剂
稳定、悬浮作用	饮料、汽酒、啤酒、奶油、蛋黄酱等	丙二醇藻蛋白酸酯、鹿角藻胶、果胶、瓜尔豆胶
防缩剂	奶酪、冰冻食品	瓜尔豆胶等
发泡剂	糕点、甜食	CMC、果胶

另外，基于现有的亲水胶体，通过研究胶与胶、胶与其他食品成分相互之间的反应及协同作用等，又能获得针对不同体系及要求的各种"复配胶"，更为用户提供了丰富多样的选择。

（三）影响增稠剂作用效果的因素

食品增稠剂是由氨基酸或为数不多的几种单糖（或其衍生物）为结构单元成链所组成的分子，相对分子质量通常在几万乃至几百万之间，因此增稠剂是高分子化合物。

影响食品增稠剂黏度的因素是多方面的。增稠剂在体系中表现的黏度，首先取决于增稠剂的来源、结构、相对分子质量和浓度，其次取决于体系的温度、pH、受切变力作用的方向和切变力的大小、其他增稠剂或溶剂的存在和储存的时间等因素。

1. 结构、分子量与黏度的关系

通常，在溶液中容易形成网状结构或具有较多亲水基团的胶体，具有较高的黏度。因此，具有不同分子结构的增稠剂，即使在相同浓度和其他条件下，黏度亦可能有较大的差别。

同一增稠剂品种，随着平均分子量的增加，形成网状结构的几率也增加，故增稠剂的黏度与分子量密切相关，即分子量越大，黏度也越大。食品在生产和储存过程中黏度下降，其主要原因是增稠剂降解，分子量变小。

不同来源的同一增稠剂，其分子量和分子结构均可能有所不同，故黏度也可能不同。即使来源相同的增稠剂，由于生产工艺的不同或生产条件的不稳定，黏度也可能有较大的差别。

2. 浓度与黏度的关系

随着浓度的增高，增稠剂分子占的体积增大，相互作用的几率增加，吸附的水分子增多，故黏度增大。

3. pH 和黏度的关系

介质的 pH 与增稠剂的黏度及其稳定性的关系极为密切，选用和使用增稠剂时必须引起注意。

增稠剂的黏度通常随 pH 发生变化，如海藻酸钠在 pH 5～10 时，黏度稳定，pH 小于 4.5 时，黏度明显增加（但在此条件下由于发生酸催化降解，造成黏度不稳定，故在接近中性条件下使用较好）。在 pH 为 2～3 时，藻酸丙二醇酯呈现最大的黏度，而海藻酸钠则沉淀析出。明胶在等电点时黏度最小，而 pH 变化对黄原胶（特别在少量盐存在时）黏度影响很小。

多糖类甙键的水解是在酸催化条件下进行的，故在强酸介质的食品中，直链的海藻酸钠和侧链较小的羧甲基纤维素钠等易发生降解造成黏度下降。所以在酸度较高的汽水、酸奶等食品中，宜选用侧链较大或较多，而位阻较大，又不易发生水解的藻酸丙二醇酯和黄原胶等。而海藻酸钠和 CMC 等则宜在豆奶等接近中性的食品中使用。

4. 温度对黏度的影响

随着温度的升高，分子运动速度加快，一般溶液的黏度降低，如在通常使用条件下的海藻酸钠溶液，大约温度每升高 5～6℃，黏度就下降 12%。温度升高，化学反应速度加快，特别是在强酸条件下，大部分胶体水解速度大大加快。高分子胶体解聚时，黏度的下降是不可逆的。为避免黏度不可逆的下降，应尽量避免胶体溶液长时间高温受热。少量氯化钠存在时，黄原胶的黏度在－4～93℃范围内变化很小，这是增稠剂中的特例。位阻大的黄原胶和藻酸丙二醇酯，热稳定性较好。

5. 其他因素对黏度的影响

除了 pH 和温度对黏度影响较大以外，还有多方面影响黏度的因素。在海藻酸钠溶液中添加非水溶剂，或增加能与水相混溶的溶剂的量（如酒精等），溶液的黏度会提高，并最终导致海藻酸钠的沉淀。而高浓度的表面活性剂会使海藻酸钠黏度降低，最终使海藻酸盐从溶液中盐析出来。单价盐也会降低稀海藻酸钠的黏度。由于聚合程度不同，分子量差别亦很大，因此增稠剂无准确固定的分子量，一般用平均分子量或分子量范围表示。

二、常用增稠剂

1. 琼脂

(1)性质　半透明、白色至浅黄色的薄膜带状、碎片、颗粒或粉末，无臭或稍有臭，口感黏滑，不溶于冷水，可溶于沸水，凝固温度为 32～42℃，熔点为 80～90℃，在凝胶状态下不降解、不水解，耐高温。

(2)毒性　小鼠口服 LD_{50} 为 16 g/kg 体重，大鼠口服 11 g/kg 体重；GRAS：FDA—21CFR 184.1115；ADI：无需规定（FAO/WHO，1994）。

(3)应用　我国《食品添加剂使用卫生标准》(GB 2760—2007)规定琼脂可用做增稠剂、胶凝剂、稳定剂、乳化剂、悬浮剂、防干燥剂等,可按生产需要适量使用于各类食品中。具体应用如下:

①在果汁饮料中,琼脂与刺槐豆胶、明胶相配合,在冷饮食品的质地和香味稳定性方面起到极优异的作用,并能防止脱水收缩和表面结皮。

②在制作冰淇淋、奶酪和发酵乳制品时,琼脂一般的使用量在0.05%～0.85%范围内,它可以赋予这些制品以优良的质地和口感稳定性。

③在糖果生产中,琼脂凝胶软糖是大众产品,深受广大消费者的青睐,如无花果等水果琼脂软糖或果汁软糖,是价廉物美、销量很可观的商品。

④琼脂也广泛用于多种焙烤食品中,如将琼脂用于曲奇饼、奶油夹心派的外壳或派的馅、含果仁的果冻、馅饼、糕饼甜心表层的酥皮、蛋白酥皮筒等,作为一种略起黏结作用的添加剂。琼脂也成功地用于面包和糕饼甜心中作为防干燥剂。

⑤在禽类和肉类罐头中,琼脂可以添加其中作为胶冻剂和赋形剂,其用量为罐头中清汤的0.5%～2.0%,以消除罐头中食品组织发生脆碎。

⑥琼脂还可以作为明胶的代用品,替代明胶在各方面使用。其凝胶的高熔化温度可以改善明胶的熔融性能,其不易霉变的特性也是许多食品生产商愿意将它代替明胶的一个原因。

⑦琼脂还在素食食品和保健食品确立了它的特殊地位。例如,它可以添加用于谷类食品(如麦片)、肉食代用品(如人造肉、素肉等)和素食者食用的甜食与点心中。

由于琼脂有很强的吸水性,使用前必须经过冷水充分浸泡和溶胀,通常浸泡12 h以上,以确保琼脂在沸水中迅速溶解,否则水分没有渗透到胶体中间,在加热溶化时即使煮沸很长时间也很难完全溶解。琼脂不宜与含有酸性的添加剂混合,否则会影响其使用效果。

2. 明胶

(1)性质　白色或浅黄褐色、半透明、微带光泽的脆片或粉末状,几乎无臭、无味。不溶于冷水,但能吸收5倍量的冷水而膨胀软化。溶于热水,冷却后形成凝胶。可溶于乙酸、甘油、丙二醇等多元醇的水溶液。不溶于乙醇、乙醚、氯仿及其他多数非极性有机溶剂。明胶是两性胶体和两性电介质,其溶液黏度主要依其相对分子质量而不同。黏度与凝胶强度还受pH、温度、电解质等诸因素影响。

(2)毒性　ADI:无需规定(FAO/WHO,1994)。

(3)应用　我国《食品添加剂使用卫生标准》(GB 2760—2007)规定明胶可用作乳化剂、稳定剂、增稠剂、胶凝剂、澄清剂和发泡剂,可按生产需要适量使用于各类食品中。具体应用如下:

①制造冰淇淋，用明胶保护胶体以防止冰晶增大，使产品口感细腻，添加量为0.5%左右；酸奶、干酪等乳制品中加入量约0.25%，可防止水分析出，使质地细腻。

②用于制造明胶甜食如软糖、奶糖、蛋白糖、巧克力等，加入量1%～3.5%，最高达12%。

③制造午餐肉、咸牛肉等罐头食品广泛使用明胶，可与肉汁中的水结合，以保持产品外形、湿度和香味，用量为肉量的1%～5%。

④此外尚可用作酱油的增稠和果酒澄清。

由于明胶本身具有起泡性，也有稳定泡沫的作用，尤其接近凝固温度时，起泡性更强。因此使用时先在冷水中浸泡，再加热溶解，或直接加入热水中高速搅拌。

3. 羧甲基纤维素钠(CMC)

(1)性质　白色或微黄色粉末，无臭，无味，易溶于水成高黏度溶液，不溶于乙醇等多种溶剂。在水中的分散度与醚化度和其相对分子质量有关。1%水分散液的pH为6.5～8.5。羧甲基纤维素钠溶液黏度受其相对分子质量、浓度、温度及pH的影响，且与羟乙基或羟丙基纤维素、明胶、黄原胶、卡拉胶、槐豆胶、瓜尔胶、琼脂、海藻酸钠、果胶、阿拉伯胶和淀粉及其衍生物等有良好的配伍性(即协同增效作用)。pH 7时，羧甲基纤维素钠溶液的黏度最高，pH 4～11时，较稳定。以碱金属盐和铵盐形式出现的羧甲基纤维素可溶于水。二价金属离子Ca^{2+}、Mg^{2+}、Fe^{2+}可影响其黏度。重金属如银、钡或铬等可使其从溶液中析出。如果控制离子的浓度，如加入螯合剂柠檬酸，便可形成更黏稠的溶液，以至于形成软胶或硬胶。

(2)毒性　大鼠口服LD_{50}为27 g/kg体重；GRAS：FDA-21CFR 173.310，182.1745(1985)；ADI：无需规定(FAO/WHO，1994)。

(3)应用　我国《食品添加剂使用卫生标准》(GB 2760—2007)规定羧甲基纤维素钠可用作增稠剂、悬浮剂、稳定剂、保形剂、成膜剂、膨化剂和保鲜剂。可按生产需要适量使用于各类食品中。具体应用如下：

①棉花糖：因CMC既可防止制品脱水收缩，又可使结构膨松，当与明胶配伍时，尚能显著提高明胶黏度。应选高分子量CMC(DS1.0左右)。

②冰淇淋：CMC在较高温度下黏度较小，而冷却时黏度升高，有利于制品膨胀率的提高且方便操作。应选用黏度250～260 mPa・s CMC(DS0.6左右)，参考用量0.4%以下。

③果汁饮料、汤汁、调味汁、速溶固体饮料：由于CMC具有良好流变性(假塑性)，口感爽快，同时其良好的悬浮稳定性使制品风味和口感均一。对酸性果汁要求取代度和均匀性好，若再复配一定比例的其他水溶性胶(如黄原胶)，则效果更

好。应选高黏度CMC(DS0.6～0.8)。

④速食面:加入0.1%CMC,易控制水分,减少吸油量,且可增加面条光泽。

⑤脱水蔬菜、豆腐皮、腐竹等脱水食品:复水性好、易水化,并有较好的外观。应选用高黏度CMC(DS0.6左右)。

⑥面条、面包、速冻食品:可防止淀粉老化、脱水、控制糊状物黏度。若用魔芋粉、黄原胶和某些其他乳化剂、磷酸盐合用效果更佳。应选用中黏度CMC(DS 0.5～0.8)。

⑦橘汁、粒粒橙、椰子汁和果茶:因它有良好的悬浮承托力,若与黄原胶或琼脂等配伍更好。应选用中等黏度CMC(DS0.6左右)。

⑧酱油:添加耐盐性CMC,调节其黏度,可使酱油口感细腻、润滑。

如遇到偏酸高盐溶液时,可选择耐酸抗盐型羧甲基纤维素钠,或与黄原胶复配,效果更佳。

4. 海藻酸钠

(1)性质　白色至浅黄色纤维状或颗粒状粉末,几乎无臭,无味,溶于水形成黏稠状胶体溶液。不溶于乙醚、乙醇或氯仿等,其溶液呈中性,与金属盐结合凝固。

(2)毒性　大鼠静脉注射LD_{50}为100 mg/kg体重;GRAS:FDA—21CFR 173.310,184.1724;ADI:无需规定(FAO/WHO,1994)。

(3)应用　我国《食品添加剂使用卫生标准》(GB 2760—2007)规定海藻酸钠可用作乳化剂、成膜剂、增稠剂,可按生产需要适量使用于各类食品中。具体应用如下:

①作为冰淇淋等冷饮食品的稳定剂:良好的稳定性能使冰淇淋等冷饮食品产生平滑的外观和口感,而且在储藏中不会变粗糙,在食用时又不会使人感觉到它的存在。海藻酸钠与牛乳中的钙离子作用生成海藻酸钙而形成均匀的胶冻,这是其他稳定剂所没有的特点,海藻酸钙可使冰淇淋保持良好的形态,对防止容积收缩和组织砂化最为有效。

②作为饼干、面包、蛋糕等的品质改良剂:用于生产饼干、蛋卷,主要是可减少其破碎率,产品外观光滑,防潮性好;用于生产面包、蛋糕,可使其膨胀,体积增大,质地酥松,减少切片时落下粒屑,还能防止老化,延长保藏期。在美国生产面包和蛋糕,海藻酸钠的加入量为0.3%～0.6%,而在我国有的厂家加入量为0.1%～0.15%。

③增加米纸的拉力强度:米纸主要用于食品和医药工业,供包裹药物、糖果、糕点之用。海藻酸钠用于米纸加工可提高米纸薄膜的强度,加入0.5%的海藻酸钠能使薄膜强度提高13%,且透明度、光泽度良好,折之不易破裂,用它包装的糖

果不易吸水发烊，比琼胶淀粉薄膜制作方便，成本低。

④用作乳制品及饮料的稳定剂：应用海藻酸钠稳定的冰冻牛乳具有良好的口感，无黏感或僵硬感，在搅拌时有黏性，并有迟滞感。海藻酸钠还可防止酸奶产品在消毒过程中产生黏度下降现象。在牛奶中加入0.2%～2%的海藻酸钠，其制成品在75～92℃下放置30天，其风味不变。

⑤利用其成膜能力保鲜食品：把鱼、肉、家禽等食品在0.5%～2%的海藻酸钠溶液中浸过之后，再与氯化钙溶液作用，可生成一种可塑性薄膜，这种薄膜CO_2透过率高，氧气的透过率低，在冷冻储藏过程中可防止干耗，并能有效地抑制腐败微生物的繁殖，从而延长了食品的保质期。海藻酸盐也可用于禽蛋、柑橘和瓜类等的保鲜。

⑥用于制造人造果品：海藻酸钠与可溶性的钙盐共用时，迅速形成稳定性高、热不可逆的浆胶，可用来制造人造果品如仿生什锦樱桃、仿生葡萄、仿生桂圆、仿生草菇、小彩珠以及含有水果汁的冻胶产品。

在生产上使用海藻酸钠时一般采用高剪切溶解的方法，即在不停地高速搅拌下，缓缓地将胶粉添加到水中，连续搅拌直至成为浓稠的胶液。在溶解过程中适当加热，或在溶解前加入适量的砂糖等用于混合分散，也有助于海藻酸钠的溶解。

5. 果胶

(1)性质　白色至黄褐色粉末，几乎无臭，在20倍水中溶解成黏稠体，不溶于乙醇和其他有机溶剂。甲氧基高于7%的果胶称为高甲氧基果胶(HMP)；低于7%的果胶称为低甲氧基果胶(LMP)。甲氧基含量越高，凝胶能力越强。HMP必须在含糖量大于60%、pH 2.6～3.4时才具有凝胶能力。而LMP只要有多价金属离子，例如钙、镁、铝等离子的存在，即可形成凝胶。

(2)毒性　GRAS：FDA—21CFR 184.1588；ADI：无需规定(FAO/WHO，1994)。

(3)应用　我国《食品添加剂使用卫生标准》(GB 2760—2007)规定果胶可用作增稠剂、乳化剂、胶凝剂和稳定剂，可按生产需要适量使用于各类食品中。具体应用如下：

①用于果酱、果冻的制作，作为蛋黄酱、精油的稳定剂，可防止糕点硬化，改进干酪质量等。

②高脂果胶主要用作带酸味的果酱、果冻、果胶软糖、糖果馅心以及乳酸菌饮料等的稳定剂。

③低脂果胶主要用作一般的或低酸味的果酱、果冻、凝胶软糖，以及用作冷冻甜食、色拉调味酱、冰淇淋、酸奶等的稳定剂。

果胶必须完全溶解以避免形成不均匀的凝胶，为此需要一个高效率的混合器，并缓慢添加果胶粉，以避免果胶结块，否则极难溶解。用乙醇、甘油或砂糖糖浆湿润，或与3倍以上的砂糖混合，可提高果胶的溶解性。果胶在酸性溶液中比在碱性溶液中稳定。

6. 卡拉胶

(1)性质　白色或浅黄色粉末，无臭，无味，有的产品稍带海藻味。在热水或热牛奶中所有类型的卡拉胶都能溶解。在冷水中，λ-型卡拉胶溶解，κ-型和ι-型卡拉胶的钠盐也能溶解，但κ-型卡拉胶的钾盐或钙盐只能吸水膨胀，而不能溶解。卡拉胶不溶解于甲醇、乙醇、丙醇、异丙醇和丙酮等有机溶剂。其水溶液具凝固性，所形成的凝胶是热可逆的。

(2)毒性　大鼠口服LD_{50} 5.1～6.2 g/kg体重(在其钠盐和钙盐中混入25%玉米油乳浊液)；GRAS：FDA—21CFR 182.7255，172.626，172.620，172.623；ADI：无需规定(FAO/WHO，1994)。

(3)应用　我国《食品添加剂使用卫生标准》(GB 2760—2007)规定卡拉胶可用作增稠剂、乳化剂、调和剂、胶凝剂和稳定剂。用于稀奶油(淡奶油)中的最大使用量为1.0 g/kg，其他食品生产可按需要适量使用。具体应用如下：

①用于乳制品，能防止牛奶凝沉：不同类型的卡拉胶其稳定性能不同。对α-、δ-酪蛋白的稳定效能为：λ-型，40%～50%；ι-型，92%～100%；κ-型，90%～100%。对巧克力牛奶可悬浮可可粉颗粒。用于冰淇淋，有控制溶化的作用。用于液体食物和早点快餐，有增稠和悬浮固体的作用；用于浓缩牛奶，在经高温短时消毒工艺后，可防止脂肪分离；用于加工奶酪，可防止脱液收缩；用于婴儿牛奶，可防止脂肪和乳浆分离。

②用于代乳制品：对冷冻发泡食品，有稳定泡沫，防止产生脂肪分离和脱液收缩现象的作用。对婴儿配方植物蛋白食品，可防止脂肪和乳浆分离。

③用于水凝胶：在甜果冻(罐装、冷浆或粉剂)中作胶凝剂。

④用于其他食品：在调味品中作赋形剂，使产品具有光泽；在血凝胶中作胶凝剂；在番茄调味剂中作赋形剂；在罐装风味小食品中，起胶凝和稳定脂肪作用；在肉制品中，作黏结剂，具有防止脱液收缩的作用。

卡拉胶用乙醇、甘油、砂糖糖浆湿润，或与3倍以上的砂糖混合，可提高溶解性。λ-型卡拉胶大部分能溶解于冷牛奶中，并增加其黏度，但κ-型和ι-型卡拉胶在冷牛奶中难溶解或不溶。卡拉胶可与多种胶复配，有些多糖对卡拉胶的凝固性也有影响。如添加黄原胶可使卡拉胶凝胶更柔软、更黏稠和更具弹性；黄原胶与ι-型卡拉胶复配可降低食品脱水收缩；κ-型卡拉胶与魔芋胶相互作用形成一种具有弹性的热可逆凝胶；加入槐豆胶可显著提高 κ-型卡拉胶的凝胶强度和弹性；玉米和小麦淀粉对它的凝胶强度也有所提高；羟甲基纤维素降低其凝胶强度；土豆淀粉和木薯淀粉对它无作用。

7. 阿拉伯胶

(1)性质　白色或微黄色大小不等的颗粒、碎片或粉末，无臭，无味。溶于水，不溶于油和有机溶剂。浓度低于40%时，溶液呈牛顿液体特性；浓度大于40%时，则可观察到液体的假塑性。1 g 本品溶于 2 mL 水中，形成易流动的溶液，对石蕊试纸呈酸性。

(2)毒性　兔口服 LD_{50} 为 8 000 mg/kg 体重；GRAS：FDA-21CFR 184.1330；ADI：无需规定(FAO/WHO，1994)。

(3)应用　我国《食品添加剂使用卫生标准》(GB 2760—2007)规定阿拉伯胶可用作增稠剂、乳化剂、稳定剂、润湿剂、配方助剂、表面上光剂，可按生产需要适量使用于各类食品中。具体应用如下：

①糖果制品：阿拉伯胶能广泛地应用于糖果点心制造工业，主要在于其两个重要性质：一是防止糖分的结晶；二是它可作为乳化剂使脂肪均匀地分布在整个糖衣和糕点中，以防止脂肪在糖食糕点制作过程中聚集而浮于表面，形成易于氧化的油脂表面层。

②冷冻食品：阿拉伯胶用作冷冻食品如冰淇淋、不含乳的冷冻甜食、冷冻饮品的稳定剂。这主要是因为阿拉伯胶有很强的吸水性，加入的阿拉伯胶可结合大量的游离水并以水化的形式保持这些水分，固定在冰淇淋内部形成更精细的结构，以防止冰晶的析出。

③面包制品：这是由于阿拉伯胶本身的黏性和黏着性所决定的。它可以赋予面包表面光滑感。

④饮料：阿拉伯胶是良好的饮料乳化稳定剂，是啤酒之类饮料最理想的泡沫稳定剂，是造成啤酒类饮料的瓶壁产生泡沫挂壁效果的原因，这也是阿拉伯胶的重要应用之一。

⑤驻香剂：作为驻香剂使用时，阿拉伯胶在香料颗粒的周围形成保护膜，以防止氧化和蒸发，同时也防止它从空气中吸湿。阿拉伯胶使用保护胶体喷雾干燥香料的保香时间，比一般空气干燥的同种香料要延长 10～20 倍。用易氧化的醛类物质做实验，将其乳液进行喷雾干燥，结果表明有保护膜的产品的氧化要经过若干年，而无保护膜产品的氧化却只要若干秒。

25℃时阿拉伯胶可形成各种浓度的水溶液，以50%的水溶液黏度最大。溶液的黏度与温度成反比。pH 6～7 时黏度最高。溶液中存在电解质时可降低其黏度，但柠檬酸钠却能增加其黏度。阿拉伯胶溶液的黏度将随时间的增长而降低，加入防腐剂可延缓黏度降低。

8. 黄原胶

（1）性质　类似白色或淡黄色粉末，可溶于水，不溶于大多数有机溶剂。水溶液对温度、pH、电解质浓度的变化不敏感，故对冷、热、氧化剂、酸、碱及各种酶都很稳定。在低剪切速度下，即使浓度很低也具有高黏度。如1%黄原胶水溶液的黏度相当于同样浓度明胶的100倍。本品水溶液具高假塑性，即静置时呈现高黏度，随剪切速率增加黏度降低；剪切停止，立即恢复原有黏度。

（2）毒性　GRAS：FDA—21CFR 172.695；ADI：无需规定（FAO/WHO，1994）。

（3）应用　我国《食品添加剂使用卫生标准》（GB 2760—2007）规定黄原胶可用作增稠剂、乳化剂、调和剂、稳定剂、悬浮剂、胶凝剂。用于香辛料酱（如芥末酱、青芥酱）中的最大使用量为10 g/kg，用于稀奶油（淡奶油）中的最大使用量为1.0 g/kg，其他食品生产可按需要适量使用。具体应用如下：

①焙烤食品：可提高焙烤食品在焙烤和储存期的持水性和口味的柔滑性。能与淀粉结合，抑制淀粉老化，从而延长焙烤食品和冷面团的保质期。在软质烘焙食品中，黄原胶尚能代替鸡蛋，降低蛋白的用量，而不影响产品的外观和口味。另外，黄原胶还可防止葡萄干、干果或干菜等固体颗粒在烘焙期间的沉降，使面包的烘焙体积增大。凡含有黄原胶或并用槐豆胶的烘焙食品，都具有结构细腻，储存期长，对冷、热稳定的特点。

②饮料：黄原胶可提高水果和巧克力饮料的口味，使其口感丰满、浓郁，香味释出良好。低浓度的黄原胶溶液在低pH下可起稳定作用，并可与饮料中常见的多种其他配料（包括乙醇）配伍。

③罐头食品：黄原胶具有热稳定性的优点，其假塑性可使物料便于泵送与灌装。用黄原胶取代部分淀粉，可改善渗透性，并可缩短杀菌时间。黄原胶与槐豆胶、瓜尔豆胶的混合物具有形成凝胶的性质。

④即食食品：在汤料、沙司和浇汁等产品中，黄原胶可在很广的温度范围内保持物料粒度的均匀一致。因其在冷热介质中均能溶解，并在各种条件下（包括极端条件下）均具稳定作用，因此几乎可应用于所有即食食品如汤料、沙司、西餐甜点、速溶饮料、食品表面装饰料和勾芡肉汤等。

⑤乳制品：在乳品生产中，黄原胶能使高速搅拌的牛奶、冰淇淋、饮料稳定，提高奶油保形力，并可防止西餐甜点因多料混合物所形成的分层现象。其假塑性有助于干酪涂抹品的生产，在干酪奶品调料中与半乳聚糖合用，可避免脱水现象，改善液体和泡沫型浇料的乳化稳定性及控制流动性能。

⑥调味料和调味汁:黄原胶在可倾注的色拉调味料中稳定性好。由于黄原胶对酸、碱的稳定性极佳,故用于水包油乳浊液中,能延长其保质期。其高度假塑性可赋予产品良好的口感,提高感官质量,并能控制其可泵性、倾注性和改善对色拉的附着性。

⑦冷冻食品:黄原胶可使产品在反复冻—融的过程中具有极佳的稳定性和持水性,减少冰晶的形成。黄原胶与其他亲水胶体合用于冷冻食品,不仅对热冲击具有很强的耐受性,而且富有柔滑感,并可延长保质期。

⑧保健食品:保健食品中添加黄原胶,可明显减少淀粉和糖的用量而不影响口感和其他感官质量,其热值很低。用黄原胶烘制无面筋面包,可保持组织气孔细小,表面有弹性。

⑨肉制品:黄原胶可用于制备馅饼和沙司的混合稳定剂,如香肠、火腿等。

⑩其他食品:黄原胶和槐豆胶的混合物,可用于糖果、果酱、果冻的制作。

制备黄原胶溶液时,如分散不充分,将出现结块。除充分搅拌外,可将其预先与其他材料混合,再边搅拌边加入水中。如仍分散困难,可加入与水混溶性溶剂,如少量乙醇。黄原胶可与大多数商品增稠剂配伍,如纤维素衍生物、淀粉、果胶、糊精、藻酸盐、卡拉胶等。与半乳甘露聚糖合用,对提高黏度起增效作用。

9. 甲壳素

(1)性质　白色至灰白色片状,无臭,无味,含氮约7.5%,是聚合度较小的一种几丁质,不溶于水、酸、碱和有机溶剂,但在水中经高速搅拌,能吸水胀润。在水中能产生比微晶纤维素更好的分散相,并具有较强的吸附脂肪的能力。甲壳素若脱去分子中的乙酰基就转变为壳聚糖(chitosan),溶解性大为改善,常称之为可溶性甲壳素。

(2)毒性　小鼠口服LD_{50}大于7 500 mg/kg体重(雄、雌性)(上海市卫生防疫站);Ames试验无致突变作用。

(3)应用　我国《食品添加剂使用卫生标准》(GB 2760—2007)规定甲壳素可用作增稠剂、乳化剂、稳定剂、吸附剂和黏合剂。用于啤酒和麦芽饮料,最大使用量为0.4 g/kg;食醋,1.0 g/kg;蛋黄酱、沙拉酱、坚果与籽类的泥(酱)、氢化植物油、冷冻饮品(食用冰除外)、植脂性粉末,2.0 g/kg;乳酸菌饮料,2.5 g/kg;果酱,5.0 g/kg。

甲壳素的溶解过程是一种成盐过程。在溶液中,由脱去乙酰基的甲壳素生成的盐在接近中性时有最大的黏度。当氢离子浓度增加,黏度随之降低,但降幅很小。溶解于酸中的甲壳素如果放置时间过长,黏度则降低,这是甲壳素在酸性条件下部分发生水解的缘故。

壳聚糖的水溶液与酒精混合，少量的酒精会使黏度降低。酒精浓度增加到60%以上，有凝胶生成；当酒精浓度超过80%，会生成不易破坏的大块凝胶。壳聚糖的水溶液当加入氯化钠时，黏度有不同程度的下降，壳聚糖溶液中加入1%氯化钠，可使黏度下降一半。壳聚糖溶于酸，当用碱中和时，会从水中析出。为加速溶解，不形成结块，应在高速搅拌下将甲壳素或壳聚糖缓缓加入水中。

10. β-环状糊精(BCD)

(1)性质　白色结晶性粉末，无臭，稍甜，溶于水(1.8 g/100 mL，20℃)，难溶于甲醇、乙醇、丙酮，熔点290～305℃。本品在碱性水溶液中稳定，遇酸则缓慢水解，其碘络合物呈黄色，结晶形状呈板状。本品可与多种化合物形成包结复合物，使其稳定、增溶、缓释、乳化、抗氧化、抗分解、保温、防潮，并具有掩蔽异味等作用，为新型分子包裹材料。

(2)毒性　大、小鼠口服 LD_{50} 均大于20 g/kg体重；致突变试验、Ames试验、微核试验及小鼠睾丸染色体畸变试验，未见有致突变作用；ADI：暂定0～6 mg/kg体重(FAO/WHO，1994)。

(3)应用　我国《食品添加剂使用卫生标准》(GB 2760—2007)规定β-环状糊精在食品生产中用于增稠剂时可按生产需要适量使用。主要用于以下几个方面：

①用于包埋易挥发的香料使其稳定。香料与β-环状糊精的浓度比为1∶1。

②用于包埋天然色素，使其稳定。如番茄酱加入本品搅拌0.5 h，在100℃加热2 h，红色不退。

③本品的环状空穴内由于含有CH和与糖苷结合的O原子而呈疏水性，外侧葡萄糖上的—OH基呈亲水性，具有界面活性剂性质，可用于乳化油性食品。配制乳化剂，可用BCD10份、增稠剂1～10份、水溶性蛋白0.02～200份。

④去除异味，用于豆制品等除豆腥味，以及去除干酪素的苦味、甜菊苷的苦味、羊肉的腥味和鱼腥味等。

⑤用于制作固体酒和果汁粉。将含乙醇43%的威士忌100 mL，加水186 mL、环状糊精糖浆143 mL，混合搅拌30 min，喷雾干燥成固体酒，饮用时稀释10倍即可。

⑥用于果蔬罐头，可防止汁液产生白色混浊。橘子罐头，添加量为糖浆量的0.2%～0.4%，可不产生白色混浊；竹笋罐头，添加0.01%～2.0%，可防止产生白色沉淀。

⑦冷冻蛋白粉末中添加0.25%，可提高起泡力和泡沫稳定性。

⑧取75 g BCD乙醇溶液，于50℃，在搅拌中加入含200 mL洋葱汁的乙醇液中，静置，析出包埋葱汁的结晶，经过滤、晾干后即为成品。冲汤时，取1 g成品冲

入沸水 200 mL 即为洋葱汁汤。

⑨取 100 g BCD,加入水 75 mL,在搅拌中加入芝麻油 85～90 mL,包埋后于 60℃烘干,研细,过 20 目筛。取 0.4 g 置于 100 mL 水中,加热至 60℃,即有芝麻油香气,若加 250 mL 水加热至 90℃,则全溶,香气四溢。

三、增稠剂的合理使用

1. 增稠剂选用时应考虑的因素

世界上的食品有成千上万种,人们往往为了不同的目的而需要在其中使用增稠剂,以改善或赋予食品在口味、外观、形状、储存等方面的某种特性,因此在使用增稠剂时,首先必须对食品使用增稠剂的目的或应用增稠剂的哪一种特性有清楚的了解,才能根据不同增稠剂的特性进行选择。如在用于增稠时,首先选用瓜尔胶、黄原胶;用于胶凝时,可选用凝胶强度较高的琼脂、魔芋胶;用于乳化稳定时,可首先考虑选用阿拉伯胶。在使用海藻酸盐类作增稠、黏结剂时,采用中、高黏度胶为宜;若作为分散稳定剂、胶凝剂,一般使用低黏度胶。在选用增稠剂时,同时还必须考虑以下因素(图 4-3):

- 选用增稠剂需考虑的因素
  - 产品形态
    - 凝胶
    - 流动性
    - 硬度
    - 透明、混浊度
    - 悬浮颗粒能力
  - 产品体系
    - 稠度
    - 风味
    - 原料类型
  - 产品加工
    - 焙烘
    - 油煎
    - 微波
    - 冷冻
    - 再热
  - 产品储存
    - 时间
    - 风味稳定
    - 水分、油分迁移
  - 经济性

图 4-3　选用增稠剂需考虑的因素

实际生产中,应考虑各类增稠剂的特征,可根据需要选择具有相应特性的增稠剂。各类增稠剂的特征见表4-7。

表4-7 各类增稠剂的特征表

增稠剂的特征	相应特征的各类增稠剂
抗酸性	海藻酸丙二醇酯、抗酸CMC、果胶、黄原胶、海藻酸盐、卡拉胶、琼脂、淀粉
增稠性	瓜尔胶、黄原胶、卡拉胶、槐豆胶、魔芋胶、CMC、海藻酸盐阿拉伯胶、琼脂、果胶
溶液假塑性	黄原胶、海藻酸盐、海藻酸丙二醇酯、瓜尔胶、卡拉胶、槐豆胶
吸水性	黄原胶、瓜尔胶
凝胶强度	琼脂、果胶、海藻酸盐、卡拉胶、明胶、
凝胶透明度	海藻酸盐、卡拉胶、明胶
凝胶热可逆性	卡拉胶、琼脂、低醋果胶、明胶
冷水中溶解性	黄原胶、海藻酸盐、瓜尔胶、阿拉伯胶
快速凝胶性	果胶、琼脂
乳化黏附性	黄原胶、阿拉伯胶
口味	果胶、明胶、卡拉胶
乳类稳定性	黄原胶、卡拉胶、槐豆胶、阿拉伯胶

2. 增稠剂使用时注意事项

(1)增稠剂属于亲水性高分子化合物。在具体使用中要根据增稠剂的性质选用合适、适量的增稠剂。

(2)增稠剂有凝胶作用,增稠剂之间有协同效应。

(3)增稠剂的浓度与黏度之间有一定的关系,当浓度较低时,随增稠剂浓度增加,溶液黏度增加。

(4)剪切力对增稠剂溶液黏度有一定影响,增稠剂溶液黏度随搅拌、泵压、传输方法而变化。

(5)要结合食品工艺上的其他要求,如产品的味道、口感、适合的形态、乳化性、稳定性、保存性,食品中基本组分的亲和性、相溶性等,选择合适的增稠剂。

(6)增稠剂在食品中的表现和作用取决于增稠剂的来源、结构、分子量、浓度,体系的温度、pH,溶剂的存在,其他增稠剂的存在,储存时间,储存中光、热、酸、碱、盐、酶等的影响,这些问题都需要认真考虑。

(7)增稠剂在水中溶解较缓慢。具体使用中,完全溶解以避免形成不均匀的凝胶的时间较长,为此需要一个高效率的混合器,并缓慢添加,以避免增稠剂结块。

(8)某些种类增稠剂用乙醇、甘油或砂糖糖浆湿润，或预先与 3 倍以上的砂糖、粉末淀粉糖浆、乳化剂等混合均匀，可提高增稠剂的溶解性。

应用实例

羧甲基纤维素钠在果汁含乳饮料中的应用

【原料配方】牛乳，20 kg；脱脂乳，40 kg；柠檬酸，200 g；着色剂，1 g；苹果汁，20 kg；白砂糖，11 kg；耐酸羧甲基纤维素钠，300 g；香精，100 g；加水至 100 L。

【制作方法】

(1)首先将稳定剂用少量白砂糖混合均匀，加热水溶解制成浓度为 2%～3%的溶液。

(2)白砂糖溶于牛乳或脱脂乳中后，将稳定剂溶液加入。

(3)为使稳定剂能更均匀地分散在牛乳中，可先将加入稳定剂的牛乳液胶磨或均质一遍，再添加果汁和有机酸。添加时要使其浓度尽可能低，宜边加边进行强力搅拌，添加速度要慢，添加到牛乳中的酸溶液温度低一些较好，一般控制在 20℃以下。

(4)在添加果汁和有机酸以后，再添加香精和色素。

(5)搅拌均匀后，将调配液加热到 50℃左右便进行均质(压力为 18～20 MPa)，通过均质操作可以使稳定剂效果充分发挥。

(6)然后再将调配液加热到 80～85℃，保持 10～15 min 杀菌。

(7)立即进行无菌灌装和封盖，冷却后装箱。也可先灌装封口，再用水浴进行杀菌。杀菌时要特别注意制品的中心温度。杀菌公式：15′-15′/80-85℃或 15′-30′/60-65℃。

第三节　消泡剂

消泡剂是在食品加工过程中用于降低表面张力，消除泡沫的物质。泡沫的产生大多是在外力作用下，溶液中所含表面活性物质在溶液和空气交界处形成气泡并上浮，或者由如明胶、蛋白质等胶体物质成膜、成泡所致。在食品加工时，如发酵、搅拌、浓缩过程中可产生大量气泡，影响正常操作的进行，必须及时消除或使之不致产生。

消泡剂大致可分为两类：一类能消除已产生的气泡，如乙醇等；另一类则能抑制气泡的形成如乳化硅油等。我国许可使用的消泡剂有乳化硅油、高碳醇脂肪酸酯复合物、聚氧乙烯聚氧丙烯季戊四醇醚、聚氧乙烯聚氧丙醇胺醚、聚氧丙烯甘油醚和聚氧丙烯氧化乙烯甘油醚等。

一、泡沫产生的原因和消泡的方法

1. 泡沫产生的原因

为什么水和一些纯表面活性剂不起泡？那是因为其表面和内部是均匀分布的，很难形成弹性薄膜，即便形成也不稳定，会瞬间消失。但在溶液中由于表面活性剂的存在，气泡形成后，由于分子力的作用，其分子中的亲水基和疏水基被气泡壁吸附，形成规则排列，其亲水基朝向水相，疏水基朝向气泡内，从而在气泡界面上形成弹性膜，其稳定性很强，常态下不易破裂。泡沫的稳定性与表面黏性和弹性、表面膜的移动、电斥性、温度、蒸发等因素有关。再者，气泡与液体的表面张力反变相关，其张力愈小，则愈易起泡。

2. 消除泡沫的方法

凡能破坏泡沫稳定性的因素，均可用于消泡。消泡涵盖“抑泡”和“破泡”两重因素。有机硅消泡剂即具有此功能，它能降低水、溶液、悬浮液等的表面张力，防止形成泡沫，或使原有泡沫减少，通常具有选择性作用。一般物理消泡法难于瞬间消泡，而化学和界面消泡，则十分快捷、便当、高效。消泡剂“抑泡”、“破泡”过程是：当体系加入消泡剂后，其分子杂乱无章地分布于液体表面，抑制形成弹性膜，即终止泡沫的产生。当体系大量产生泡沫后，加入消泡剂，其分子立即散布于泡沫表面，快速铺展，形成很薄的双膜层，进一步扩散、渗透，层状入侵，从而取代原泡膜薄壁。由于其表面张力低，便流向产生泡沫的高表面张力的液体，这样低表面张力的消泡剂分子在气液界面间不断扩散、渗透，使其膜壁迅速变薄，泡沫同时又受到周围表面张力大的膜层强力牵引，这样，致使泡沫周围应力失衡，从而导致其“破泡”。不溶于体系的消泡剂分子，再重新进入另一个泡沫膜的表面，如此重复，所有泡沫，全部覆灭。

二、常用消泡剂

1. 乳化硅油

(1)性质　白色黏稠液体，相对密度 0.98～1.02，几乎无臭，不溶于水(可分散于水中)、乙醇、甲醇，溶于芳香族碳氢化物、脂肪族碳氢化物和氯代碳氢化合物(如四氯化碳等)。化学性质稳定，不挥发，不易燃烧，对金属无腐蚀性，久置于空气中也不易胶化。

(2)毒性　以乳化硅油灌喂小鼠(剂量为每千克体重 20 mL)观察一周,无急性中毒症状。GRAS:FDA—21CFR 182.1711。

(3)应用　用于饮料(包装饮用水除外),最大使用量为 0.01 g/kg(以聚二甲基硅氧烷计);可用于发酵工艺,最大使用量为 0.2 g/kg。

2. 聚二甲基硅氧烷

(1)性质　无色透明黏稠液体。无臭,无味。不溶于水和乙醇,溶于四氯化碳、苯、氯仿、乙醚、甲苯及其他有机溶剂。在实际应用中常配成含 4%～5%硅胶的水溶液。在含有硅胶的水溶液中,可用 20 000 r/min 的速度进行离心分离而分出纯的聚二甲基硅醚。

(2)毒性　ADI 值 0～1.5 mg/kg 体重,适用的相对分子质量仅为 200～300(FAO/WHO,1994)。

(3)应用　我国《食品添加剂使用卫生标准》(GB 2760—2007)规定聚二甲基硅氧烷可用作消泡剂、抗结剂、防水剂和胶姆糖基础剂。用于经表面处理的鲜水果、经表面处理的新鲜蔬菜,最大使用量 0.000 9 g/kg;果汁、浓缩果汁粉、饮料、速溶食品、冰淇淋、果酱、调味品和蔬菜加工工艺用,0.05 g/kg;发酵工艺用、焦糖色工艺用,0.1 g/kg;啤酒工艺用、肉制品工艺用,0.2 g/kg;豆制品工艺用,0.3 g/kg。

3. 聚氧丙烯甘油醚

(1)性质　无色或黄色非挥发性油状液体,溶于苯及其他芳烃溶剂,也溶于乙醚、乙醇、丙酮、四氯化碳等溶剂,难溶于水,热稳定性好。

(2)毒性　小鼠口服 LD_{50} 大于 10 g/kg 体重;小鼠骨髓细胞微核试验和小鼠精子畸变试验,均无致突变作用。

(3)应用　按生产需要适量用于发酵工艺。在味精生产时采用在基础料中一次加入,加入量为 0.02%～0.03%。对制糖业浓缩工序,在泵口处,预先加入,加入量为 0.03%～0.05%。加入量勿过量,以免影响氧的传递。

4. 其他消泡剂

(1)高碳醇脂肪酸酯复合物　白色或淡黄色黏稠液体,无腐蚀性,不易燃,不易爆,不挥发,性质稳定。1%水溶液 pH 为 8～9,相对密度 0.78～0.88。室温下及加热时易流动,−25～−30℃时黏度最大,流动性差。

大鼠口服 LD_{50} 大于 15 g/kg 体重;致突变试验 Ames 试验、大鼠骨髓染色体畸变试验,无致突变作用。

本品实际使用量少,消泡效果好。在标准范围内使用,消泡率达 96%～98%。可用于酿造工艺,最大使用量为 1.0 g/kg;豆制品工艺,1.6 g/kg;制糖工艺及发酵工艺，3.0 g/kg。

(2)聚氧乙烯聚氧丙烯季戊四醇醚　无色透明油状液体，难溶于水，能与低级脂肪醇、乙醚、丙酮、苯、甲苯、芳香族化合物等有机溶剂混溶，不溶于煤油等矿物油，与酸、碱不发生化学反应，热稳定性良好。

大鼠口服 LD_{50} 10.8 g/kg 体重（雌性），14.7 g/kg 体重（雄性）；小鼠口服 12.6 g/kg 体重（雌性），17.1 g/kg 体重（雄性）。致突变试验 Ames 试验及骨髓微核试验均无致突变作用。90 d 喂养试验无作用，剂量为 4 000 mg/kg 体重。

聚氧乙烯聚氧丙烯季戊四醇醚可用于发酵工艺，按生产需要适量使用。在味精生产中影响消泡效果的因素有其相对分子质量、HLB 值、使用浓度及温度等。相对分子质量在 3 000 以上时，有良好的消泡效果，低于 3 000，效果差。HLB 值在 3.5 以下，使用浓度为 40 mg/L，使用温度在 18℃时，其消泡效果最好。可采用将 PPE 原液直接放入培养基中，经高温灭菌，接种运转。通常加入量为容积的 0.03%以下。

(3)聚氧乙烯聚氧丙醇胺醚　无色或微黄色的非挥发性油状液体，溶于苯及其他芳香族溶剂，也溶于乙醚、乙醇、丙酮、四氯化碳等溶剂。在冷水中溶解度比在热水中大。

大鼠口服 LD_{50} 17.1 g/kg 体重（雌性），27.1 g/kg 体重（雄性）；小鼠口服 14.7 g/kg 体重（雌性）；12.6 g/kg 体重（雄性）。

聚氧乙烯聚氧丙醇胺醚用于发酵工艺，按生产需要适量使用。聚氧乙烯聚氧丙醇胺醚消泡力强，用量少，在味精生产中应用具有产酸高、生物素减少、转化率提高等优点。具体用量 0.03%～0.06%。种子罐用量 0.012%。

(4)聚氧丙烯氧化乙烯甘油醚　无色或黄色非挥发性油状液体，溶于苯及其他芳烃溶剂，也溶于乙醚、乙醇、丙酮、四氯化碳等溶剂。在冷水中溶解较热水中容易。

小鼠口服 LD_{50} 379.40 mg/kg 体重。蓄积毒性 K 值大于 5.3。致突变试验 Ames 试验、小鼠骨髓细胞微核试验和小鼠精子畸变试验，均无致突变作用。

聚氧丙烯氧化乙烯甘油醚具有一定的亲水性和伸延性，适用于比较稠厚的发酵液。可用于发酵工艺，按生产需要适量使用。在较高温度下，加热及多次循环加热，对消泡活性均无影响。使用时用水稀释后，继续冷却到其浊点以下，用以滴加。必须使其全部溶解后，溶液温度再回升到浊点以上，使其形成极细微乳状粒子，能够显著提高消泡能力，反之，液温在浊点以下使用，效果明显降低。生产味精时用量为 0.02%～0.03%。

应用实例

消泡剂在豆腐生产中的应用

在豆腐制造时，大豆的破碎物加热工序中会激烈发泡。泡沫的存在，严重影响豆制品生产各工序的操作，加热煮浆时，大量泡沫的泛起，造成“扑锅”外溢现象，豆浆的假沸引起蛋白质变性不足，则不能使大豆蛋白质适当变性而严重影响产品的质量和得率。同时泡沫的存在也会使后续点浆凝固中豆浆凝固操作有困难。靠泡沫自然消失需要很长时间，这在生产操作上是不现实的。虽然可以采用机械打泡的方法除去泡沫，但效果不好，改进生产设备在一定程度上能减少些泡沫的形成，但要彻底去除泡沫，必须借助消泡剂的作用来消除各个环节所产生的泡沫。常用消泡剂配方如下：

配方 1：四聚蓖麻油酸甘油酯，10 份；大豆卵磷脂，5 份；食用牛油，55 份；碳酸钙，30 份。

制法：将以上四种配料混合后得豆腐消泡剂，消泡效果良好。

配方 2(液体)：硅酮树脂，30％；蔗糖脂肪酸酯，4％；甘油单脂肪酸酯，2％。

配方 3(液体)：硅酮树脂，10％；蔗糖脂肪酸酯，5％；甘油单脂肪酸酯，5％。

配方 4(粉末)：高熔点植物油，40％；碳酸钙，60％。

第四节　稳定和凝固剂

一、稳定和凝固剂的定义和分类

1. 稳定和凝固剂的定义

稳定和凝固剂是指使加工食品的形态固化，降低或消除其流动性，使组织结构不变形，增加固形物而加入的物质。稳定和凝固剂的作用主要有：

(1)稳定和凝固剂的分子中多含有钙盐、镁盐或带多电荷的离子团，在促进蛋白质变性而凝固时，这种添加剂可起到破坏蛋白质胶体溶液中的夹电层，使悬浊液形成凝胶或沉淀的作用。

(2)有些稳定和凝固剂如乳酸钙等盐，在溶液中可与水溶性的果胶结合，生成难溶的果胶酸钙。

(3)有些稳定和凝固剂如葡萄酸内酯可在水解过程与蛋白质胶体发生反应后,形成稳定的凝胶聚合体物质。

2. 稳定和凝固剂的分类

稳定与凝固剂分为两类:无机类凝固剂和有机类凝固剂。我国规定允许使用的稳定和凝固剂有:硫酸钙(石膏)、氯化钙、氯化镁(盐卤,卤片)、丙二醇、乙二胺四乙酸二钠(EDTA)、柠檬酸亚锡二钠、葡萄糖酸-δ-内酯、不溶性聚乙烯吡咯烷酮、谷氨酰胺转氨酶、薪草提取物、六偏磷酸钠、磷酸三钠等。

二、常用的稳定和凝固剂

(一)无机类凝固剂

1. 硫酸钙

硫酸钙又叫石膏、生石膏,为白色结晶性粉末,无臭,具有涩味。略溶于甘油,难溶于水,加水后成为可塑性浆体,很快凝固。硫酸钙主要用作蛋白质凝固剂。它用于豆制品生产,在熟豆浆中加入石膏,使热变性后的大豆蛋白质凝固。添加到面粉中,主要是作为组织强化剂。

钙和硫酸根是人体内正常成分,且硫酸钙的溶解度亦较小,在消化道内难以吸收,所以硫酸钙对人体无害。

我国《食品添加剂使用卫生标准》(GB 2760—2007)规定硫酸钙可用作稳定剂和凝固剂、增稠剂和酸度调节剂。在豆制品生产中可按生产需要适量使用;用于小麦粉制品,最大使用量为 1.5 g/kg。

2. 氯化钙

白色坚硬的块状结晶或晶体颗粒,无臭,味微苦,极易吸湿而潮解,易溶于水、乙醇。

氯化钙可使可溶性果胶凝固为凝胶状不溶性果胶酸钙,以保持果蔬加工制品的脆度和硬度。作用的机理是:可溶性果胶的果胶酸与加入的氯化钙中的钙离子反应生成果胶酸钙,加强了果胶分子的交联作用,而形成凝胶。此外,钙是人体内重要无机成分,以盐的形式存在于人体各组织内,具有多种生理功能,如调节神经心肌、肌肉的兴奋性,参与肌肉收缩、细胞分泌、凝血过程等,故氯化钙可作为食品强化剂。

美国食品和药物管理局将氯化钙列为一般公认安全物质。氯化钙除皮肤外,对其他组织有强刺激性。

我国《食品添加剂使用卫生标准》(GB 2760—2007)规定氯化钙可用作稳定剂和凝固剂、增稠剂。可用于豆制品、稀奶油、甜汁甜酱、果酱。

3．氯化镁

氯化镁盐凝固剂主要是指以含氯化镁为主的 2 种物质——盐卤和卤片。盐卤亦称苦卤和卤水，为淡黄色液体，味涩、苦，其主要成分为氯化钠、氯化钾、氯化镁和氯化钙以及硫酸镁、溴化镁等。卤片实为氯化镁，为无色单斜结晶，或小片状体或颗粒，无臭，味苦，常温下为六水合物，随温度升高逐渐失去水分，极易吸湿，极易溶于水和乙醇。氯化镁盐凝固剂可使蛋白质溶胶凝结形成凝胶。氯化镁可用于豆制品，按生产需要适量使用。

4．六偏磷酸钠

无色透明玻璃片状或白色粒状结晶，易溶于水，不溶于有机溶剂，吸湿性很强，露置于空气中能逐渐吸收水分而呈黏胶状物。与钙、镁等金属离子能生成可溶性络合物。

六偏磷酸钠可作为食品品质改良剂、pH 调节剂、金属离子螯合剂、黏合剂和膨胀剂等。可用于植脂末、茶饮料。

5．磷酸三钠

别名磷酸钠、正磷酸钠。化学式 Na_3PO_4，相对分子质量为 163.94。本品为无水物或含 1～12 分子水的物质。无色至白色晶体颗粒或粉末。易溶于水，不溶于乙醇。

磷酸三钠可用作稳定剂、水分保持剂、品质改良剂、乳化剂和螯合剂。可用于植脂末、即食谷物中。

(二)有机类凝固剂

1．葡萄糖酸-δ-内酯

葡萄糖酸-δ-内酯为白色结晶或白色晶体粉末，几乎无臭，先呈甜味后显酸味，易溶于水，在水中缓慢水解形成葡萄糖酸及其酯，呈平衡状态。

葡萄糖酸-δ-内酯既可做防腐剂又可作为凝固剂，它对霉菌和一般细菌均有抑制作用，且能增强防腐剂和发色剂的作用效果。葡萄糖酸-δ-内酯用作凝固剂，有许多特性。葡萄糖-δ-内酯在水中发生离解生成葡萄糖酸，它能使蛋白质溶胶凝结而形成蛋白质凝胶，其效果优于硫酸钙、氯化钙、盐卤和卤片。

葡萄糖酸-δ-内酯可用于鱼虾保鲜、香肠(肉肠)、鱼糜制品、葡萄汁、豆制品(豆腐、豆花)、发酵粉、西式火腿。

2．丙二醇

丙二醇又叫 1,2-丙二醇，为无色、清亮、透明黏稠液体，无臭，略有辛辣味和甜味，外观与甘油相似，有吸湿性。能与水、醇等多数有机溶剂任意混合，可溶解于挥发性油类，但与油脂不能混合。对光、热稳定，有可燃性。

美国食品和药物管理局(1985)将本品列为一般公认安全物质。小鼠、大鼠摄入量过度,会使动物中枢神经兴奋、内脏器官淤血。

丙二醇可作为稳定和凝固剂、溶剂和湿润剂,也具有防腐作用。可用于糕点。

3. 乙二胺四乙酸二钠(EDTA)

乙二胺四乙酸二钠为白色晶体颗粒或白色至灰白色晶体粉末,无臭,无味,稍有吸湿性。它在空气中稳定,易溶于水,几乎不溶于乙醇。

乙二胺四乙酸二钠对重金属离子有很强的络合能力,形成稳定的水溶性络合物,除去和消除重金属离子或由其引起的有害作用,提高食品的质量。此外,本品还具有抗氧化能力和抗菌作用,也常用作食品防腐剂。

美国食品和药物管理局(1985)将本品列为一般公认安全物质。乙二胺四乙酸二钠进入体液后主要是与体内的钙离子络合,最后由尿排出,大部分在 6 h 内排出,体内有重金属离子时形成络合物,由粪便排出,无毒性。

乙二胺四乙酸二钠可用于酱菜、罐头、复合调味料、水果/蔬菜甜酱、蛋黄酱、沙拉酱。

4. 柠檬酸亚锡二钠

柠檬酸亚锡二钠又叫 8301 护色剂,为白色结晶,极易溶于水,易吸湿潮解,极易氧化,加热至 250℃开始分解,260℃开始变黄,283℃变成棕色。

柠檬酸亚锡二钠可用作稳定和凝固剂、钙强化剂、螯合剂、干燥剂、制冷剂。可用于蘑菇罐头、果蔬类罐头。

5. 不溶性聚乙烯吡咯烷酮

不溶性聚乙烯吡咯烷酮又叫 PVPP,为白色或类似白色,有吸湿性、易流动粉末。微有气味,不溶水及一般溶剂。作为澄清剂和稳定剂。可用于啤酒,按生产需要适量使用。

6. 谷氨酰胺转氨酶

谷氨酰转氨酶是一种新型酶制剂,能催化蛋白质分子之间和分子内酰基的转移,使蛋白质分子之间和分子之内形成 ε-(γ-谷氨酰)赖氨酸键,改善蛋白质的功能性质。通过这些反应,可改善各种蛋白质的功能性质,如营养价值、质地结构、口感和储存期等。其作用如下:

(1)改善食品质构　它可以通过催化蛋白质分子之间发生的交联,改善蛋白质的许多重要性能。如用该酶生产重组肉时,它不仅可将碎肉黏结在一起,还可以将各种非肉蛋白交联到肉蛋白上,明显改善肉制品的口感、风味、组织结构和营养。

(2)提高蛋白质的营养价值　它可将某些人体必需氨基酸(如赖氨酸)共价交联到蛋白质上,以防止美拉德反应对氨基酸的破坏,从而提高蛋白质的营养价值。

谷氨酰胺转氨酶还可以向氨基酸组成不理想的蛋白质中引入所缺乏的氨基酸。

(3)形成耐热、耐水性的膜　经该酶交联过的酪蛋白脱水后便可得到不溶于水的薄膜,这种薄膜能够被胰凝乳蛋白酶分解,因而是一种可食用的膜,能够用作食品包装材料。用于包埋脂类或脂溶性物质。提高食品的弹性和持水能力。

谷氨酰胺转氨酶能使档次较低的面粉蛋白改性,从团粒结构变成网状结构,改善面粉的口感,提高制成品的弹性和持水能力,使面皮制品耐冷冻、不易破碎,在饺子专用粉和面条专用粉中应用前景广阔,同时可用于豆制品和豆腐中。

应用实例

硫酸钙在营养强化豆腐中的应用

【原料配方】新鲜大豆,9.3 kg;大豆卵酯(含磷脂酰胆碱60%),30 g;乳化剂(含脂肪酸甘油酯17.5%),50 g;维生素E乳化剂(含天然维生素E 10%),40 g;硫酸钙,240 g。

【制作方法】

(1)新鲜大豆1 kg用1.5倍的清水浸泡一夜后,与水一起磨碎,得到豆浆56 kg,在蒸汽釜内将该豆浆加热至90～110℃,立即用压缩机分离豆渣,得到豆乳约53 kg。

(2)在一容器内顺序添加大豆卵脂,乳化剂,维生素E乳化剂以及水170 g,混合后成均匀的液体,将此液加入上述的豆乳中,边加边搅拌,即成匀质的营养强化豆乳。

(3)接着在一桶内放入凝固剂硫酸钙,用水0.8 kg溶解成液体,将上面的温度为60～80℃的豆乳倾入搅匀,静置10～20 min,待豆乳中的蛋白质发生凝固,其后将凝固物移入不锈铜模型中,从上方加压脱水后,用水漂白、切开,得营养强化豆腐96块(每块400 g)。

7. 薪草提取物

薪草,又叫仙草,仙人草,凉粉草,为唇形科仙草属一年生草本植物。是夏天制作凉粉或凉膏用做凝固剂的野生天然食用植物草。有凝固食品和清凉作用。而薪草提取物,则是用仙草干品经粉碎、水煮抽提、过滤、浓缩和喷雾干燥制得的。薪草提取物作为稳定和凝固剂。可用于豆腐,按生产需要适量使用。

8. 可得然胶

可得然胶又名凝胶多糖或热凝胶,于1966年由当时日本大阪的博士通过微生物发酵而发现的一种发酵多糖类物质。该物质因具有加热后能凝固的特性，故被取名可得然胶。可得然胶能溶解于碱性水溶液，但不溶解于水。可得然胶虽不能溶解于水，但很容易分散在冷水中，并可经过高速搅拌处理形成更为均质的分散液。可得然胶可完全溶解于氢氧化钠、磷酸三钠、磷酸三钙等 pH 12 以上的碱性水溶液。可得然胶的水分散液被加热到 80℃以上后可形成热不可逆性的胶体。可得然胶的胶体强度随着加热温度的上升而提高。可得然胶的胶体对热具有很强的稳定性能。可得然胶的胶体构造不会因冷冻-解冻而发生变化，故也能应用在冷冻食品中。

为改善食品品质和口感，提高热稳定性、保水性，可添加可得然胶的粉末、分散液或膨润/溶解液。也可以直接利用可得然胶胶体制造形成食品。通常用于生干面制品、生湿面制品、方便面制品、豆腐类制品、熟肉制品、西式火腿、肉灌肠类。

第五节 膨松剂

膨松剂是指在以小麦粉为主的焙烤食品中添加，并在加工过程中受热分解，产生气体，使面坯起发，形成致密多孔组织，从而使制品具有膨松、柔软或酥脆感的一类添加剂，膨松剂也称疏松剂、膨胀剂和面团调节剂。我国规定允许使用的膨松剂有：碳酸氢钠(钾)、碳酸氢铵、轻质碳酸钙(碳酸钙)、硫酸铝钾(钾明矾)、硫酸铝铵(铵明矾)、磷酸氢钙、酒石酸氢钾、焦磷酸二氢二钠等。

一、膨松剂的作用和分类

面包、蛋糕、馒头等食品的特点是具有海绵状多孔组织，因此口感柔软。在制作上为达到此种目的，必须使面团中保持有足量的气体。面团揉和过程中混入的空气和物料中所含水分在烘焙时受热所产生的水蒸气，能使产品产生一些海绵状组织，但要达到制品的理想效果，气体量是远远不够的。所需气体的绝大多数是由膨松剂所提供，因此膨松剂在食品加工中具有重要的地位。

膨松剂不仅能使食品产生松软的海绵状多孔组织，使之口感柔松可口、体积膨大；而且能使咀嚼时唾液很快渗入制品的组织中，以透出制品内可溶性物质，刺激味觉神经，使之迅速反映该食品的风味；当食品进入胃之后，各种消化酶能快速进入食品组织中，使食品能容易、快速地被消化、吸收，避免营养损失。

膨松剂根据成分可分为化学膨松剂和生物膨松剂，化学膨松剂又可分为碱性膨松剂、酸性膨松剂和复合膨松剂。

二、碱性膨松剂

1. 碳酸氢钠(钾)

碳酸氢钠，别名小苏打、重碳酸钠、酸式碳酸钠，化学式为 $NaHCO_3$，相对分子质量为84.01。白色结晶性粉末，无臭，味咸，相对密度为2.20。易溶于水，不溶于乙醇，水溶液呈碱性，遇酸立即分解而释放二氧化碳气体。

碳酸氢钾，别名重碳酸钾、酸式碳酸钾。化学式为 $KHCO_3$，相对分子质量为100.12。无色透明结晶或白色颗粒状粉末。无臭，无味，相对密度为2.17。空气中稳定，100～120℃时分解为碳酸钾。易溶于水，不溶于乙醇，水溶液呈偏碱性。

钠离子是人体内正常成分，一般长期摄入碳酸氢钠对身体无害。此外，碳酸氢钠与碳酸在体内形成 $NaHCO_3/H_2CO_3$ 缓冲体系，对多量酸或碱性物质进入体内起缓冲作用，使 pH 无显著变化。一次服用大量碳酸氢钠，可引起胃膨胀，甚至胃破裂。

碳酸氢钠受热分解放出二氧化碳，使食品产生多孔海绵状疏松组织，但由于产气过快，容易使食品出现大空洞。此外，碳酸氢钠分解后形成的碳酸钠，使食品的碱性增加，不但影响口味，还会破坏某些维生素，甚至导致食品发黄或杂有黄斑，使食品质量降低。还可用作果蔬的护色剂，如洗涤果蔬时添加约0.1%～0.2%的碳酸氢钠，可使绿色稳定。在果蔬加工中也用作处理剂，用于食品烫漂、去涩味等。碳酸氢钠能使 pH 升高，可提高蛋白质的持水性，促使食品组织细胞软化，促进涩味成分溶出。此外，碳酸氢钠对羊奶有去膻作用。我国《食品添加剂使用卫生标准》(GB 2760—2007)规定碳酸氢钠作为膨松剂可应用于各类食品中，按生产需要适量使用。

2. 碳酸氢铵

碳酸氢铵，别名重碳酸铵、酸式碳酸铵、食臭粉。化学式为 $NH_4HCO_3 \cdot 2H_2O$，相对分子质量为79.06。无色到白色结晶或白色结晶性粉末，略带氨臭，相对密度为1.586。在室温下稳定，在空气中易风化，稍吸湿。对热不稳定，60℃以上迅速挥发，分解为氨、二氧化碳和水。易溶于水，水溶液呈碱性，可溶于甘油，不溶于乙醇。

碳酸氢铵的分解产物二氧化碳和氨均为人体代谢物，适量摄入对人体健康无害。美国食品药品管理局(1985)将碳酸氢铵列为一般公认安全物质。

碳酸氢铵与碳酸铵一样，以受热后分解释放氨及二氧化碳使食品形成海绵状疏松结构而对食品起膨松作用。但碳酸氢铵的分解温度比碳酸铵高，宜在加工温度较高的面团中使用。本品在含水量较高的食品中分解时产生的氨气溶于食品的水中生成氢氧化铵，可使食品的碱性增加，会影响食品的风味，即有氨的臭味，故适宜在含水量少的食品中使用，如饼干等。此外，氢氧化铵还有皂化油脂的缺陷。我国《食品添加剂使用卫生标准》(GB 2760—2007)规定碳酸氢铵作为膨松剂可应用于各类食品中，按生产需要适量使用。

3. 轻质碳酸钙

轻质碳酸钙，别名沉淀碳酸钙。化学式为 $CaCO_3$，相对分子质量为 100.09。碳酸钙依粉末粒径大小不同，分为重质碳酸钙(30～50 μm)、轻质碳酸钙(5 μm)和胶体碳酸钙(0.03～0.05 μm)三种，其他性状基本相同。白色微晶粉末，无臭，无味，相对密度为 2.5～2.7。在空气中稳定，不发生化学变化，易吸收臭气，有轻微吸湿性。溶于稀醋酸、稀盐酸和稀硝酸，并产生二氧化碳。难溶于稀硫酸。几乎不溶于水和乙醇。

钙为人体的正常成分，需经常由食物补充。钙内服无毒性反应，摄入后只有部分转变为可溶性钙盐而被吸收，参与机体代谢。美国食品药品管理局(1985)将轻质碳酸钙列为一般公认安全物质。

碳酸氢钠、明矾等与轻质碳酸钙复配得到的疏松剂，遇热缓慢地释放出二氧化碳，使食品产生均质、细腻的膨松结构体，可提高糕点、面包、饼干的品质。此外碳酸钙还可用作面粉处理剂、抗结剂、酸度调节剂、营养强化剂和胶基脱模剂。

三、酸性膨松剂

1. 硫酸铝钾

硫酸铝钾，别名钾明矾、明矾、钾矾。化学式为 $AlK(SO_4)_2 \cdot 12H_2O$，相对分子质量为 474.3。无色透明结晶或白色结晶性粉末、片、块。无臭，略有甜味和收敛涩味。在空气中可风化成不透明状，可溶于水，溶解度随水温升高而显著增大，在水中可水解生成氢氧化铝胶状沉淀，可缓慢溶于甘油，几乎不溶于乙醇。

钾明矾浓溶液有腐蚀性。2 g 钾明矾可引起胃痛、恶心和呕吐，大量内服可导致炎症，甚至引起致死性腐蚀现象。钾明矾是我国长期以来使用的食品添加剂，在正常使用量范围内，无明显的毒性影响，但添加过量会使食品口味发涩。

硫酸铝钾为酸性盐，主要用于中和碱性疏松剂，产生二氧化碳和中性盐，可避免食品产生不良气味，又可避免因碱性增大而导致食品品质下降，还能控制疏松剂产气的快慢。钾明矾与碳酸氢钠反应较慢，产气较缓和，降低碱性可使食品酥脆。钾明矾具有收敛作用，能和蛋白质结合导致蛋白质形成疏松凝胶而凝固，使食品组织致密化。还可作为腌渍品的护色剂；作为净水剂用；用于海蜇、银鱼等海产品的腌渍脱水加工中。我国《食品添加剂使用卫生标准》(GB 2760—2007)规定硫酸铝钾可在油炸食品、水产品及其制品、豆类制品、焙烤食品、小麦粉及其制品、膨化食品和虾味片中按生产需要适量使用。

2. 硫酸铝铵

硫酸铝铵，别名铵明矾、铵矾、铝铵矾。化学式为 $AlNH_4(SO_4)_2 \cdot 12H_2O$，相对分子质量为 453.32。无色至白色结晶，或结晶性粉末、片、块。无臭，有收敛涩味。易溶于水，水溶液呈酸性，不溶于乙醇。

铵明矾是硫酸铝和硫酸铵的复盐，水解生成弱碱、强酸，水溶液呈酸性，其性能与钾明矾相同。本品常与碳酸氢钠等作为焙烤食品的复合膨松剂应用。在某些食品中利用铵明矾的收敛作用，可改善食品的咀嚼感。与钾明矾一样可作果蔬的保色剂，用于腌茄子、煮熟的红章鱼护色等。GB 2760—2007 规定硫酸铝铵在油炸食品、水产品及其制品、豆类制品、焙烤食品、小麦粉及其制品、膨化食品和虾味片中按生产需要适量使用。

3. 磷酸氢钙

磷酸氢钙，别名磷酸二钙。化学式为 $CaHPO_4 \cdot nH_2O$，相对分子质量为 172.09(二水物)/136.06(无水物)。白色结晶性粉末，无臭，无味，在空气中稳定。几乎不溶于水，易溶于稀盐酸、稀硝酸和乙酸，不溶于乙醇。磷酸氢钙可用作膨松剂、水分保持剂和酸度调节剂，GB 2760—2007 规定在发酵面制品和饮料类(包装饮用水除外)中可按生产需要适量使用；应用于饼干，婴幼儿配方食品、较大婴儿配方奶粉和幼儿配方奶粉，婴幼儿断奶期食品中最大使用量 1.0 g/kg。

4. 酒石酸氢钾

酒石酸氢钾，别名酸式酒石酸钾、酒石。化学式为 $C_4H_5O_6K$，相对分子质量为 188.18。无色结晶或白色结晶性粉末，无臭，有清凉的酸味。强热后炭化，且具有砂糖烧焦气味。常温下微溶于水，不溶于乙醇，可溶于热水。本品产气较缓慢，多作为复合膨松剂的原料，可用于发酵粉。GB 2760—2007 规定酒石酸氢钾可用在小麦粉及其制品、焙烤食品中，最大使用量 250 g/kg。

四、复合膨松剂

1. 复合膨松剂的分类

复合膨松剂根据碱性原料可分为三类：①单一剂式复合膨松剂：以 $NaHCO_3$ 与酸性盐作用而产生 CO_2 气体。②二剂式复合膨松剂：以 $NaHCO_3$ 与其他会产生 CO_2 气体的膨松剂原料和酸性盐一起作用而产生 CO_2 气体。③氨系复合膨松剂 除能产生 CO_2 气体外，尚会产生 NH_3 气体。

复合膨松剂依产气速度可分为三类：①快性发粉：通常在食品未烘焙前，而产生气体使之膨松。②慢性发粉：在食品未烘焙前，产生的气体较少，大部分均在加热后才放出。③双重反应发粉：含有快性和慢性发粉，二者混合而制成。

2. 复合膨松剂的配制原则

配制复合膨松剂应注意的两个原则。

(1)根据产品要求选择产气速度恰当的酸性盐　复合膨松剂的产气速度依赖于酸性盐与 $NaHCO_3$ 的反应速度，不同的产品要求发粉的产气速度不尽相同。如蛋糕类中使用发粉应为双重发粉，因为在烘焙初期产气太多，体积迅速膨大，此时蛋糕组织尚未凝结，成品易塌陷且组织较粗，而后期则无法继续膨大；若慢性发粉太多，初期膨大慢，制品凝结后，部分发粉尚未产气，使蛋糕体积小，失去膨松意义。馒头、包子所用发粉由于面团相对较硬，需要产气稍快，若凝结后产气过多，成品将出现"开花"现象。而像油条等油炸食品，需要常温下尽可能少产气，遇热产气快的发粉。

(2)根据酸性盐的中和值确定 $NaHCO_3$ 与酸性盐的比例　"中和值"是指每100份某种酸性盐需要多少份 $NaHCO_3$ 去中和，此 $NaHCO_3$ 的份数，即为该酸性盐的中和值。在复合膨松剂配制中，应尽可能使 $NaHCO_3$ 与酸性盐反应彻底，一方面可使产气量大，另一方面能使发粉的残留物为中性盐，保持成品的色、味。因此酸性盐和 $NaHCO_3$ 的比例在复合膨松剂配制中需特别注意。几种复合膨松剂的配方见表4-8。

表 4-8　几种复合膨松剂的配方　　%

组成物质	配方 1	配方 2	配方 3	配方 4	配方 5
碳酸氢钠	25	23	30	40	35
酒石酸氢钾	52	26	6		
磷酸二氢钙		15	20		
钾明矾			15		35
烧明矾				52	14
轻质碳酸钙				3	
淀粉	23	33	29	5	16
酒石酸		3			

五、生物膨松剂(酵母)

酵母是面制品中一种十分重要的膨松剂，它不仅能使制品体积膨大，组织呈海绵状，而且能提高面制品的营养价值和风味。

过去食品中大量使用压榨酵母(鲜酵母)，由于其不易久存，制作时间长，现在已广泛使用由压榨酵母经低温干燥而成的活性干酵母。活性干酵母使用时应先用 30℃左右温水溶解并放置 10 min 左右，使酵母菌活化。

酵母是利用面团中的单糖作为其营养物质。它有两个来源：一是在配料中加入的蔗糖经转化酶水解成转化糖；二是淀粉经一系列水解最后成为葡萄糖。其生成过程为：

$$2(C_6H_{10}O_5)_n + 2nH_2O \xrightarrow{\beta\text{-淀粉酶}} n(C_{12}H_{22}O_{11})(\text{麦芽糖})$$

$$C_{12}H_{22}O_{11} + H_2O \xrightarrow{\text{麦芽糖酶}} 2C_6H_{12}O_6(\text{葡萄糖})$$

$$C_{12}H_{22}O_{11}(\text{蔗糖}) + H_2O \xrightarrow{\text{蔗糖转化酶}} C_6H_{12}O_6(\text{葡萄糖}) + C_6H_{12}O_6(\text{果糖})$$

酵母菌利用这些糖类及其他营养物质，先后进行有氧呼吸与无氧呼吸，产生 CO_2、醇、醛和一些有机酸。

$$C_6H_{12}O_6 + 6O_2 \xrightarrow{\text{有氧呼吸}} 6CO_2 + 6H_2O + 2\ 822\ \text{kJ}$$

$$C_6H_{12}O_6 \xrightarrow{\text{无氧呼吸}} 2C_2H_5OH_2 + CO_2 + 100\ \text{kJ}$$

应用实例

硫酸铝钾在芙蓉麻花制作中的应用

【原料配方】面粉，500 g；熟面粉，75 g；白糖，50 g；红糖，50 g；硫酸铝钾，5 g；调面团油，5 g；花生油，750 g（炸成品实耗 175 g）。

【工艺流程】原料称量→拌料、饧发→搓条成型→油炸→冷却、包装→成品

【制作方法】

(1)将红糖、硫酸铝钾和面粉放缸（盆）内，加清水 250 g，调面团油 5 g 拌和均匀，揉搓成团，拿到案板上，再搓成长条，盘起来，盖上湿布，醒一会儿，揪成每个重 40 g 的剂子，然后搓成长 8.5 cm 的条，码入盘中。每层码完以后，面上刷一层油。这样一层条一层油，码 3～4 层，继续盖上湿布醒条。醒好以后，拿出一根在案板上滚搓，搓成长形条折叠合成三股，拧成麻花形，入锅，用温油炸成金黄色。

(2)将白糖和熟面粉拌在一起，即成为白色的芙蓉糖粉，然后，把刚炸好的麻花在白色的芙蓉糖粉盘里一滚，均匀地蘸上白糖花即可。

发酵产生的 CO_2 被面团中面筋包围，使制品体积膨大并形成海绵状网络组织。而发酵形成的酒精、有机酸、酯类、羰基化合物则使制品风味独特、营养丰富。

利用酵母作膨松剂，需要注意控制面团的发酵温度，温度过高（>35℃）时，乳酸菌大量繁殖，面团的酸度增加，而面团的 pH 与其制品的容积密切相关，面团 pH 为 5.5 时，可得到容积为最大的成品。

第六节　胶姆糖基础剂

一、概述

1. 胶姆糖基础剂的概念

胶姆糖基础剂是指能增塑、成泡、耐嚼、形成胶姆糖固有特色的食品添加剂。是一种特殊类型的糖果，是唯一经咀嚼而不吞咽的食品，其类型既有口香糖，也有能成泡的泡泡糖，并有非甜味的营养口嚼片等。胶姆糖是由胶基、糖、香精等制成，胶基占胶姆糖的 18%～29%；糖包括砂糖、葡萄糖、饴糖、麦芽糊精等，占胶姆糖的 69%～81%；油脂占 2.1%～2.9%；香精香料占 0.6%～2.1%；还有少量的甜味剂、卵磷脂、色素、水等。

2. 胶姆糖基础剂分类

胶姆糖基础剂按来源可分为天然的和合成的两大类。天然的有各种树胶（糖胶树胶、小蜡烛树蜡、达马树脂、马来乳胶等）；合成的有各种树胶（丁苯树胶、丁基树胶）和松香脂（香甘油酯、氢化松香酯、歧化松香酯、聚合松香酯），各种天然树胶中的主要成分是天然树胶，有异味，口感差，基本已被淘汰。

3. 胶姆糖基础剂的来源

我国过去一直采用聚醋酸乙烯酯，其特点是价廉、制造简单，但有遇冷硬化，遇热和咀嚼过软等缺点，并有一定量的挥发物产生。目前主要采用松香甘油酯（酯胶），酯胶在咀嚼后略带苦味，因此往往通过歧化、聚合等手段进行改性，再与甘油酯化合成氢化（或部分氢化）松香甘油酯、歧化松香甘油酯、聚合松香甘油酯，可使品质得到改善，尤其以氢化松香甘油酯的质量最好。

1994 年，我国卫生部公布停止使用塑料胶基（聚丁烯、聚乙烯、聚异丁烯等），因此，使胶基向树胶方面发展，其酯胶的用量将有较大的增长。

我国的松香资源非常丰富，松香年产量达 42×10^4 t，居世界第一位。其氢化松香是松香改性产品，年产量约 2 100 t。氢化松香甘油酯具有良好的口感和抗氧化性，用做胶基可延长成品保质期，并保持柔软、细腻的口感，而由松香甘油酯制成的胶姆糖，经 3～4 个月后，会有苦感。

在天然树胶中，多年来多以糖胶树胶为主要胶基材料，这种树大部分产自墨西哥和都拉斯，产量很少，价格也高。作为糖胶树胶代用品的天然树胶，以爪哇、苏门答腊、婆罗洲产的节路顿胶最负盛名。至于其他的树胶类产量少，工业应用价值也小。20世纪以来，随着胶姆糖日益盛行，天然树胶供不应求，已研究出合成橡胶作为替代品。列入我国《食品添加剂使用卫生标准》(GB 2760—2007)中的胶姆糖基础剂有两种，为聚乙酸乙烯酯、丁苯橡胶，均为合成橡胶。

各种胶基很少单独使用，而是相互配合使用以取长补短，如以酯胶为主，配以各种增塑剂(硬脂酸、脂肪酸甘油酯)、抗氧化剂(BHA、BHT)等组合而成。

4. 胶姆糖基础剂的用途

胶姆糖基础剂又称胶基、基料、胶姆、底胶，是赋予胶姆糖起泡、增塑、耐咀嚼作用的物质，其基本要求是能长时间咀嚼而很少改变它的柔韧性，并不致降解成为可溶性物质，一般以高分子胶状物质为主(如天然树胶和合成橡胶)，加上蜡类、软化剂、胶凝剂、抗氧化剂、防腐剂、填充剂等组成。胶基必须是惰性不溶物，不易溶于唾液，可制成的胶基有泡泡胶、软性泡泡胶、酸味软性泡泡胶、无糖泡泡胶、香口胶、酸味香味口胶、无糖香口胶等，并可根据生产厂家的需要，制作相应的胶基。

二、常用的胶姆糖基础剂

1. 海藻酸铵

(1)性质 白色至浅黄色纤维状或颗粒状粉末，几乎无臭无味，缓慢溶于水形成黏稠状胶状溶液。不溶于乙醇和乙醇含量高于30%的水溶液。不溶于氯仿、乙醚及pH低于3的溶液。

(2)毒性 ADI：不作特殊规定(FAO/WHO，1994)，GRAS(FDA)。

(3)应用 海藻酸铵可用作胶姆糖基础剂、增稠剂、稳定剂、乳化剂、色素稀释剂和凝胶形成剂。用于糖食制品、调味汁、果酱、果冻，用量约0.4%；用于油脂、明胶布丁、甜沙司约0.5%；用于其他食品约0.1%。

2. 丁苯橡胶

丁苯橡胶又称丁二烯-苯乙烯共聚物，按所含丁二烯和苯乙烯比例不同，分为75/25和50/50两种，分别称作BSR75/25和BSR50/50。

(1)性质 有液体状乳胶和固体状乳胶。50/50胶乳的pH为10.0～11.5，固形物含量为41%～63%；75/25胶乳的pH为9.5～11.0，固形物含量26%～42%。不完全溶于汽油、苯和氯仿。相对密度(0.9～0.95)和玻璃化温度(−75～−60℃)随苯乙烯含量增加而增加。极性小，黏附性差，耐磨性和耐老化性较好，耐酸碱。

(2)毒性　该产品可安全用于食品(FDA)。

(3)应用　该产品主要用于胶姆糖,可按生产需要适量使用。

3. 聚乙酸乙烯酯

聚乙酸乙烯酯又称聚乙酸乙烯树脂,简称PVAC,分子式为$(C_4H_6O_2)_n$,相对分子质量为$2\times10^4\sim5\times10^4$。

(1)性质　聚乙酸乙烯酯是无色黏稠液体或微淡黄色透明玻璃状颗粒,无臭,有韧性和塑性,不因日光和热而着色和老化,30℃左右时软化。溶于乙醇、丙醇和苯,不溶于水和脂肪,熔点100～250℃,相对密度1.19(20℃),平均相对分子质量22 000,吸水性2%～3%(22℃,24 h)。具有适当的热可塑性和良好的咀嚼性。

(2)毒性　作为胶姆糖咀嚼剂使用,不进入体内,无毒。而且该产品属于不溶于水及油的高分子物质,无法被人体吸收利用。

(3)应用　主要用于胶姆糖、乳化香精,最大用量为60 g/kg;还可用于果实被膜剂,可防止水分蒸发,起到保鲜作用。

4. 其他胶姆糖剂基础

(1)聚合松香甘油酯　硬质浅琥珀色树脂,溶于丙酮和苯,不溶于水和乙醇。ADI未作规定。可安全用于食品(FDA)。用做胶姆糖咀嚼料。

(2)松香甘油酯　松香甘油酯的主要成分以甘油三香酯为主,另含有少量单、双松香酸甘油酯。本品为淡黄色至淡褐色易碎透明玻璃块状物,无臭,或微有特殊气味。味较苦且不溶于水,溶于甲醇、苯、石油、松子油、亚麻仁油等,略溶于乙醇。相对密度为1.08,空气中易氧化。主要用做胶姆糖基础剂中的增塑剂,最大使用量1.0 g/kg;乳化香精100.0 g/kg;也可用做饮料的稳定剂(最大用量为100 mg/kg,FDA)、柑橘油类悬浮剂。

(3)松香季戊四醇酯　硬质浅琥珀色树脂。溶于丙酮和苯,不溶于水和乙醇。可安全用于食品(FDA)。用做胶姆糖咀嚼剂,使用量为0.09 g/kg。

(4)氢化木松香甘油酯(氢化松香甘油酯)　中等硬度的浅琥珀色玻璃状固体树脂。无异味。溶于丙酮和苯,不溶于水和乙醇。可安全用于食品(FDA)。用做胶姆糖咀嚼料、乳化剂,一般在饮料中添加量为0.1 g/kg,口香糖、乳化香精中添加量为100.0 g/kg。

(5)糖胶树胶　白色或棕色固体,硬而易碎,不带任何异物,不易氧化。糖胶树胶是将从人心果或红松科的树液中提取出来的凝固胶乳,装在袋子中烧煮,通过浓缩,使水分蒸发约50%而制得。

第七节 水分保持剂

水分保持剂是指添加于食品中用来保持食品水分的食品添加剂。水分保持剂在加强食品水分稳定性的同时,有效地保持了食品的新鲜程度,从而改善了食品的品质,并延长了货架期,主要用于肉类和水产品加工。

我国允许使用的水分保持剂主要有磷酸盐类及乳酸盐类。磷酸盐类包括正磷酸盐、焦磷酸盐、聚磷酸盐和偏磷酸盐等。磷酸盐是一类具有多种功能的食品添加剂,在食品加工中广泛用于各种肉禽、蛋、水产品、乳制品、谷物产品、饮料、果蔬、油脂以及改性淀粉,添加后具有明显的品质改善作用。肉制品加工过程中添加磷酸盐可使肉的 pH 上升,高于肉蛋白的等电点,从而使肉的持水能力得到提高,质量也相应提高。磷酸盐还能增加离子强度,有利于肌元纤维蛋白的溶出,并在有食盐存在时与肌浆蛋白形成一种特殊的三维格网状结构,使水聚集在网格状结构内部,也就提高了持水性。同时磷酸盐能螯合二价钙离子,使肉中肌纤维结构趋于松散,可溶入更多水分,减少肉、禽制品加工时的原汁流失,增加保水性,从而改善了产品的品质,并延长了货架期。缩合磷酸盐是亲水性很强的物质,可稳定食品中的水分;乳酸类由于其昂贵的价格使产品成本大幅度增加,所以应用受到一定的限制。近年来,随着食品行业的迅猛发展,乳酸类水分保持剂价格大幅度降低,其应用程度得到了大幅度提高。乳酸类水分保持剂在具有保持水分的同时,能有效地抑杀引起食品腐败的许多革兰氏细菌,如李斯特菌、金黄色葡萄球菌、肉毒梭菌及腐败微生物等,它的防腐效果是很明显的。

一、水分保持剂的持水机理

水分保持剂主要是磷酸盐类,磷酸盐类在肉类制品中可保持肉的持水性,增强结着力,保持肉的营养成分及柔嫩性。磷酸盐类保持肉持水性的机理还未完全清楚,但从实验可以归纳出以下 4 点原因:

(1)肉的持水性在肉蛋白质的等电点时最低,此时的 pH 约为 5.5。当加入磷酸盐后,可提高肉的 pH,使其偏离等电点,故肉的持水性增大。

(2)磷酸盐中有多价阴离子,且离子强度较大,它能与肌肉结构蛋白质结合的二价金属离子(如 Mg^{2+} 和 Ca^{2+})形成络合物,使蛋白质中的极性基游离,极性基之间的排斥力增大,蛋白质网状结构膨胀,网眼增大,因而持水性提高。

(3)磷酸盐具有解离肌肉蛋白质中肌动球蛋白的作用,它将肌动球蛋白解离为肌动蛋白和肌球蛋白,而肌球蛋白具有较强的持水性,故能提高肉的持水性。

(4)磷酸盐具有高离子强度的多价阴离子，当加入肉中后，使肉的离子强度增高，肉的肌球蛋白的溶解性增大而成为溶胶状态，持水能力增大，因此肉的持水性增高。

除了持水作用外，磷酸盐还有以下作用：①防止肉中脂肪酸产生不良气味；②防止啤酒、饮料混浊；③用于鸡蛋外壳的清洗，防止鸡蛋因清洗而变质；④在蒸煮果蔬时，用以稳定果蔬中的天然色素；⑤可用作酸度调节剂、金属离子螯合剂和品质改良剂等。

由于磷酸盐在人体内与钙能形成难溶于水的正磷酸钙，从而降低钙的吸收，因此使用时，应注意钙、磷比例，钙、磷比例在婴儿食品中不宜小于1∶1.20。

磷酸盐类包括正磷酸盐、焦磷酸盐、聚磷酸盐和偏磷酸盐等。正磷酸又称磷酸(H_3PO_4)，其所构成的盐称正磷酸盐；焦磷酸盐又称二磷酸盐，为两个磷酸盐经缩合脱水而成。聚磷酸盐是由聚磷酸所形成的盐，包括三聚磷酸盐、四聚磷酸盐和焦磷酸盐；偏磷酸盐的分子式$(MPO_3)_n$，其结构为环状，由于环磷酸盐可能对健康有影响，出此食品工业并未使用。食品添加剂中的六偏磷酸钠实际上是以链状聚磷酸钠为主，及含有少量的环状偏磷酸钠的混合物，商业上以$(NaPO_3)_6$标其分子式。

我国《食品添加剂使用卫生标准》(GB 2760—2007)许可使用的水分保持剂共有12种磷酸盐产品，其名称、分子式、无水物1%水溶液的pH、在水中的溶解性质如表4-9所示。

表4-9 磷酸盐类产品的特性

名称	分子式	在水中溶解性质	pH(1%水溶液)
磷酸三钠	$Na_3PO_4 \cdot 12H_2O$	易溶	11.5～12.1
磷酸氢二钠	$Na_2HPO_4 \cdot nH_2O$	易溶	8.9～9.3
磷酸氢二钾	K_2HPO_4	易溶	8.7～9.3
磷酸二氢钠	$NaH_2PO_4 \cdot nH_2O$	易溶	4.2～4.6
磷酸二氢钾	KH_2PO_4	易溶	4.2～4.7
磷酸钙	$Ca_3(PO_4)_2$	几乎不溶	—
磷酸二氢钙	$Ca(H_2PO_4)_2 \cdot nH_2O$	略溶	3.0
磷酸氢钙	$CaHPO_4 \cdot 2H_2O$	几乎不溶	8.8～9.2
焦磷酸钠	$Na_4P_2O_7 \cdot nH_2O$	易溶	9.9～10.6
焦磷酸二氢二钠	$Na_2H_2P_2O_7$	易溶	3.8～4.5
三聚磷酸钠	$Na_5P_3O_{10} \cdot nH_2O$	易溶	9.4～10.0
六偏磷酸钠	$(NaPO_3)_6$	易溶	5.8～6.5

二、常用水分保持剂

1. 磷酸三钠

磷酸三钠又称磷酸钠、正磷酸钠，分子式为 $Na_3PO_4 \cdot 12H_2O$，相对分子量为380.16。

(1)性质　无色至白色的六方晶系结晶，可溶于水，不溶于乙醇，在水溶液中几乎全部分解为磷酸氢二钠和氢氧化钠，呈强碱性。1%的水溶液 pH 为11.5～12.1。它具有持水结着、乳化、络合金属离子、改善色调和色泽、调整 pH 和组织结构等作用。

(2)毒性　土拨鼠经口 LD_{50}＞2 g/kg 体重。ADI：0～70 mg/kg 体重(指食品和食品添加剂中的总量，以磷计，并且要注意与 Ca 的平衡)。

磷对所有活的机体是一个重要的元素，常以磷酸根的形式为生物体所利用，它在能量传递、人体组织(如牙齿、骨骼及部分酶)以及糖类、脂肪、蛋白质代谢方面都是不可缺少的部分。因此磷酸盐又常用做食品的营养强化剂，在正常用量下，不会导致磷和钙的失衡，但用量过多，会与肠道中的钙结合成难溶于水的正磷酸钙，从而降低钙的吸收。

(3)应用　除用作水分保持剂外，磷酸三钠还可用作酸度调节剂、食品加工助剂、稳定和凝固剂。GB 2760—2007 规定磷酸三钠作为水分保持剂，用于乳及乳制品(纯乳，包括复原乳和特殊营养用食品除外)、八宝粥罐头、肉罐头类，最大使用量为 0.5 g/kg；饮料类(包装饮用水类除外)，1.5 g/kg；预制肉制品、熟肉制品(肉罐头类除外)，3.0 g/kg；干酪、即食谷物，包括碾轧燕麦(片)，5.0 g/kg。

2. 六偏磷酸钠

六偏磷酸钠又称聚磷酸钠、偏磷酸钠玻璃体，分子式为 $Na_6P_6O_{18}$ 或 $(NaPO_3)_6$，相对分子质量为 611.76，它是一个长链的聚合物。

(1)性质　玻璃状无定形固体，成片状、纤维状或粉末，无色或白色。溶于水，不溶于乙酸或乙醚等有机溶剂，水溶液可和金属离子形成络合物，二价金属离子的络合物较一价的稳定。六偏磷酸钠具有较强的分散性、乳化性、高黏度性及与金属离子络合的作用。

(2)毒性　大白鼠经口 LD_{50} 100 mg/kg 体重。ADI：0～70 mg/kg 体重(指食品和食品添加剂中的总量，以磷计，并且要注意与 Ca 的平衡)。

(3)应用　六偏磷酸钠可用作水分保持剂、酸度调节剂和乳化剂等。GB 2760—2007 规定六偏磷酸钠用作水分保持剂时，可用于八宝粥罐头、肉罐头类、水产品罐头、果蔬汁(肉)饮料、含乳饮料、植物蛋白饮料、风味饮料(包括果味饮料、乳味、茶味及其他味饮料)(仅限果味饮料),最大用量为 1.0 g/kg;茶饮料类,0.5 g/kg;雪糕类、风味冰、冰棍类,2.0 g/kg;生湿面条,2.5 g/kg;乳及乳制品(纯乳,包括复原乳和特殊营养用食品除外)、其他油脂或油脂制品(仅限植脂末)、冰淇淋类、方便米面制品、预制肉制品、熟肉制品(肉罐头类除外)、即食谷物(包括碾压燕麦),5.0 g/kg。

六偏磷酸钠可单独使用,也可与其他磷酸盐配制成复合磷酸盐使用(配方见表 4-10),但总磷酸盐不能超过我国 GB 2760—2007 的规定。

表 4-10 复合磷酸盐的不同配方

组 分	用量/%					
	1	2	3	4	5	6
三聚磷酸钠	23	26	85	10	40	25
六偏磷酸钠	77	72	12	30	20	27
焦磷酸钠	—	2	3	60	40	48

3. 三聚磷酸钠

三聚磷酸钠又称三磷酸五钠、三磷酸钠,分子式为 $Na_5P_3O_{10}$,相对分子质量为 367.88。

(1)性质 白色颗粒或粉末,有潮解性。分为无水盐和六水盐。25℃时,该产品的溶解度为 13%,其水溶液呈碱性。三聚磷酸钠在水溶液中发生水解,水解程度因温度和溶液 pH 不同而不同,水解产物为焦磷酸盐和正磷酸盐。可与铜、镍、镁等金属离子形成极稳定的水溶性络合物,也可和碱土金属形成相当稳定的水溶性络合物,与碱金属仅能形成弱的络合物。

(2)毒性 小白鼠经口 LD_{50} 为 3 210 mg/kg 体重,大白鼠腹腔注射 LD_{50} 为 134 mg/kg 体重;ADI:0～70 mg/kg 体重(指食品和食品添加剂中的总量,以磷计,并且要注意与 Ca 的平衡)。

(3)应用 三聚磷酸钠可用作水分保持剂、品质改良剂、酸度调节剂、金属螯合剂等。最大用量为 1.2 g/kg。具体应用如下:

①三聚磷酸钠与其他磷酸盐复配使用较单独使用多些。复配配方如下:三聚磷酸钠 29 %,偏磷酸钠 55%,焦磷酸钠 3%,磷酸二氢钠(无水)13 %。

②用于火腿原料肉的腌制,每 100 kg 肉加混合盐(精盐 91.65%、砂糖 8%、亚硝酸钠 0.35%)2.2 kg,三聚磷酸钠 85 g,充分搅拌均匀,在 0～4℃冷库中腌制 48～72 h,效果良好。

③在蚕豆罐头生产中,可使豆皮软化。许多果蔬具有坚韧的外皮,随着果蔬

的成熟，外皮愈坚韧。在果蔬加工烫漂或浸泡时，加入聚磷酸盐，可络合钙，从而降低外皮的坚韧度。如在蚕豆预煮时，按 150 kg 水加三聚磷酸钠 50 g、六偏磷酸钠 150 g(或只加三聚磷酸钠 100 g)，煮沸 10～20 min，可使豆皮软化。

4. 其他水分保持剂

(1)磷酸二氢钠　磷酸二氢钠又称酸性磷酸钠，分子式为 $NaH_2PO_4 \cdot 2H_2O$ 和 NaH_2PO_4，相对分子质量为 156.01 和 119.98。

①性质　白色结晶或粉末，无臭，微具潮解性，加热至 100℃就失去结晶水，若继续加热则分解成酸性焦磷酸钠($Na_3H_2P_2O_7$)，易溶于水，其水溶液呈酸性。磷酸二氢钠具有调节 pH、膨松和结着作用，通常与磷酸氢二钠复配使用。

②毒性　小鼠腹腔注射 LD_{50} 为 8 290 mg/kg 体重，ADI：0～70 mg/kg 体重(以磷计的总磷酸盐量；FAO/WHO，1994)。

③应用　我国《食品添加剂使用卫生标准》(GB 2760—2007)规定磷酸二氢钠在婴儿配方食品、较大婴儿和幼儿配方食品，婴幼儿断奶期食品中按生产需要适量使用。

(2)磷酸氢二钠　磷酸氢二钠又称磷酸二钠，它有无水物和十二水合物，分子式为 Na_2HPO_4 和 $Na_2HPO_4 \cdot 12H_2O$，相对分子质量为 141.96 和 358.17。

①性质　十二水合物为白色结晶，相对密度为 1.52，熔点为 34.6℃，在空气中迅速风化成七水盐，易溶于水，水溶液呈碱性，3.5%的水溶液 pH 为 9.0～9.4。在 250℃时分解成焦磷酸钠。它对乳制品和肉制品等有调节 pH 和结着作用，还可提高乳制品的热稳定性。

②毒性　同磷酸二氢钠。

③应用　我国《食品添加剂使用卫生标准》GB 2760—2007 规定磷酸氢二钠在各类食品中可按生产需要适量使用。

(3)焦磷酸钠　焦磷酸钠又称焦磷酸四钠，分子式为 $Na_4P_2O \cdot H_2O$，相对分子质量为 446.07。

①性质　白色或无色结晶，溶于水，不溶于乙醇。对热极稳定，在 988℃下加热才分解。能与金属离子发生络合反应，其 1%的水溶液的 pH 为 10.0～10.2。它具有普通聚合磷酸盐的通性，即有乳化性、分散性、防止脂肪氧化、提高蛋白质的结着性，还具有在高 pH 下抑制食品的氧化和发酵的作用。

②毒性　小鼠经口 LD_{50} 为 40 mg/kg 体重；大鼠经口 LD_{50} ＞400 mg/kg 体重。ADI：0～70 mg/kg 体重(以磷计的总磷酸盐量，FAO/WHO，1994)。

③应用　用于豆制品、奶制品、果汁饮料，最大用量为 1.2 g/kg，其他方面同六偏磷酸钠。

水分保持剂必将向复配型的方面发展，即由几种水分保持剂按一定配方复合而成复配型水分保持剂。这类复配型添加剂近几年在国内外发展十分迅速，而且经时间证明非常方便有效。在美国，卡拉胶-磷酸盐添加剂已成功地用于生产低脂、低盐、低热量和高蛋白的具有保健作用的禽肉商品。这类食品添加剂主要用来保持禽肉中水分，并使产品中盐含量比原来减少50%，此外还有增加蒸煮禽肉产品的体积、保持产品香味、改良结构、提高可切性等特点。表4-11介绍了几种复配型水分保持剂。

表4-11　几种复配型水分保持剂

用途	组成/%
冰淇淋、火腿、香肠	无水焦磷酸钠60，聚磷酸钠10，偏磷酸钠30
香肠	无水焦磷酸钠30，聚磷酸钠40，偏磷酸钠20，偏磷酸钾10
肉糜	无水焦磷酸钠2，无水焦磷酸钾2，聚磷酸钠60，偏磷酸钠22，偏磷酸钾14

第八节　抗结剂

一、概述

1. 抗结剂的定义及特点

抗结剂(anticaking agents)又称抗结块剂，是用来防止颗粒或粉状食品聚集结块，保持其松散或自由流动状态的食品添加剂。抗结剂的基本特点是颗粒细小，比表面积大(310～675 m^2/g)，比容高(80～465 kg/m^3)，呈微小多孔状，具有极高的吸附能力。抗结剂能吸附引起结块的水分或液体油脂，从而使颗粒或粉末食品的表面保持干爽、无油腻，达到防止食品结块的目的。通常，抗结剂必须黏附在主基料颗粒的表面，才能影响主基料颗粒的物性。这种黏附作用是由抗结剂颗粒和主基料颗粒之间存在的亲和力产生的，其程度可以是覆盖住颗粒的全部表面，也可以是颗粒的部分表面。一旦抗结剂颗粒与主基料颗粒黏附，形成一种有序的混合物，就会通过以下途径来达到改善主基料流动性和提高抗结性的目的。也有称为流动调节剂、润滑剂、抗结块剂或滑动剂等，但本质都是改善基料流动性和提高其抗结块能力的添加剂。

2. 抗结剂的作用

(1)提供物理阻隔作用　当主基料表面被抗结剂颗粒完全覆盖以后，由于抗结剂分子之间的作用力较小，形成的抗结剂就自然成了阻隔主基料颗粒相互作用的物理屏障。这种物理屏障导致以下结果：①抗结剂阻挡了主基料表面的亲水性，隔断了因吸湿或原残存游离水分形成的颗粒间的液桥；②抗结剂吸附在主基料表面，使其更为光滑，从而降低了颗粒间的摩擦力，增加了颗粒的流动性，也被称为润滑作用。由于各种抗结剂自身性质各异，所以它们提供的润滑作用也不同。

(2)通过与主基料颗粒竞争吸湿，改善主基料颗粒的吸湿结块倾向　抗结剂因其颗粒细微、松散多孔而具有很大的吸湿能力，在与主基料竞争吸湿的情况下，会减少主基料因吸湿性而导致的结块倾向。

(3)通过消除主基料表面的静电荷和分子作用力来提高主基料颗粒的流动性　主基料颗粒带有的电荷一般相同，彼此之间会相互排斥，防止结块。但是这些静电荷常会与生产装置或包装材料的摩擦静电相互作用而使颗粒流动性下降。添加抗结剂后，抗结剂会中和主基料颗粒表面的电荷，从而改善主基料粉末的流动性。这种作用常用来解释当抗结剂与主基料颗粒之间的亲和力不是很大，抗结剂只是零星分散在主基料颗粒的表面时却能很好地改善其流动性的原因。

(4)通过改变主基料结晶体的晶格，形成一种易碎的晶体结构　当主基料中能结晶的物质的水溶液中或已结晶的颗粒的表面存在抗结剂时，它不仅能抑制晶体的生长，还能改变其晶体结构，从而产生一种在外力作用下十分易碎的晶体，使原本易形成坚硬团块的主基料蓬松，结团现象减少，改善其流动性。

3. 抗结剂的用途

抗结剂是利用其高度的孔隙率吸附引起结块的水分或液体油脂，能使颗粒或粉末食品的表面保持干爽、无油腻，达到防止食品结块的目的。抗结剂主要用于涂覆用蔗糖粉、葡萄糖粉、发酵粉、食盐、面粉及汤料，也可用于奶粉、可可粉等。

二、常用抗结剂

1. 亚铁氰化钾

亚铁氰化钾又名黄血盐钾，分子式为 $K_4Fe(CN)_6 \cdot 3H_2O$，相对分子质量为 422.96。

(1)性质　浅黄色单斜体结晶或粉末，无臭，略有咸味，相对密度为 1.85。常温下稳定，加热至 70℃开始失去结晶水，100℃时完全失去结晶水而变为具有吸湿性的白色粉末，高温下发生分解，放出氮气，生成氰化钾和碳化铁。溶于水，不溶于乙醇、乙醚、乙酸甲酯和液氨。

(2)毒性　由于分子中的氰离子与铁结合牢固，因此亚铁氰化钾毒性极低。

大鼠经口 LD_{50} 为 1.6～3.2 g/kg 体重。ADI:0～0.025 mg/kg 体重(以亚铁氰化钠计;FAO/WHO,1994)。

(3)应用　GB 2760—2007 规定亚铁氰化钾应用于盐及代盐制品中,最大使用量为 0.01 g/kg(以亚铁氰根计)。具体使用时,可配制成浓度为 2.5～5.0 g/L 的水溶液,再喷入 100 kg 食盐中。

2. 硅铝酸钠

(1)性状　白色无定形的细微颗粒或粉末,无臭无味,熔点 1 000～1 100℃,相对密度 2.6。不溶于水、醇及其他有机溶剂,部分溶于 80～100℃的强酸或强碱溶液中。硅铝酸钠加入到除去 CO_2 的水中,形成 pH 为 6.5～10.5 的悬浮液(200 g/L)。

(2)毒性　美国 FDA 将硅铝酸钠列为 GRAS 物质。ADI:不作限制规定(FAO/WHO,1994)。

(3)应用　GB 2760—2007 规定,硅铝酸钠可用于其他油脂或油脂制品(仅限植脂末),最大使用量为 5.0 g/kg。美国 FDA 规定可用于可可粉、含糖可可粉、奶粉,用量为 10 g/kg,奶油粉用量为 1 g/kg。

3. 磷酸三钙

磷酸三钙也称磷酸钙,实际为几种磷酸钙盐的混合物。其大致组成为 $10CaO \cdot 3P_2O_5 \cdot H_2O$,相对分子质量为 1 004.64。

(1)性质　白色无定形粉末,无味无臭,在空气中稳定,熔点 1 670℃,相对密度为 3.18,不溶于乙醇和丙酮,微溶于水(0.025 g/L),易溶于稀盐酸和硝酸。

(2)毒性　ADI:0～70 mg/kg(以磷计的磷酸盐总量;FAO/WHO,1994)。

(3)应用　我国《食品添加剂使用卫生标准》(GB 2760—2007)规定磷酸三钙可用于小麦粉,最大使用量为 0.03 g/kg;固体饮料类,8.0 g/kg;油炸小食品,2.0 g/kg;乳粉(全脂乳粉、脱脂乳粉和部分脱脂乳粉)和奶油粉,10.0 g/kg;复合调味料,20.0 g/kg。

FAO/WHO(1984)规定,磷酸三钙作为抗结剂可用于葡萄糖粉、蔗糖粉,最大使用量为 15 g/kg(不得存在淀粉);奶粉、奶油粉,最大使用量为 5 g/kg(以干基计);自动售货机售的奶粉、奶油粉,分别为 10 g/kg 和 1 g/kg,可可粉、含糖可可粉,最大使用量为 10 g/kg (含糖可可粉仅限于自动售货机出售品);肉汤、羹,最大使用量为 15 mg/kg(脱水制品)。

4. 二氧化硅

二氧化硅又称硅胶、无定形二氧化硅,分子式为 SiO_2,相对分子质量为 60.1。

(1)性质　无定形物质,分胶体硅和湿法硅两种。胶体硅为白色、蓬松、易吸湿的微细粉末。湿法硅为白色、蓬松的微孔泡状颗粒,无臭无味,相对密度为

2.2～2.6，熔点1 710℃。不溶于水、酸或有机溶剂，溶于氢氟酸和热的浓碱液。

(2)毒性　大鼠经口 LD_{50}≥5 g/kg 体重，FAO/WHO(1994)中 ADI 不作特殊规定。美国 FDA(1994)将二氧化硅列为 GRAS 物质。

(3)应用　由于二氧化硅具有优良的化学和物理稳定性，在一般条件下不与其他物质发生反应，也无副作用。其被广泛应用于蛋粉、奶粉、糖粉、速溶咖啡、粉状果汁和粉状调料中。我国《食品添加剂使用卫生标准》GB 2760—2007 规定二氧化硅应用于乳粉(包括加糖乳粉)和奶油粉及其调制产品、其他油脂或油脂制品(仅限植脂末)、可可制品(以可可为主要原料的脂、粉、浆、酱、馅)、脱水蛋制品(如蛋白粉、蛋黄粉、蛋白片)、其他甜味料(仅限糖粉)、孕产妇(乳母)配方食品、固体饮料类，最大使用量15 g/kg；香辛料类、固体复合调味料、盐及代盐制品，最大使用量20 g/kg；应用于豆制品工艺，最大使用量0.025 g/kg。

FAO/WHO(1984)规定：二氧化硅在奶粉、可可粉、加糖可可粉、食用油脂和可可脂中最大使用量10 mg/kg；奶油粉1 g/kg；涂敷用蔗糖粉、葡萄糖粉和汤粉使用量15 g/kg。美国 FDA(1994)规定，二氧化硅用作抗结剂时，用量≤2%。

应用实例

二氧化硅在奶茶粉中的应用

【原料配方】鲜牛乳，70%；青砖茶，2.5%～5%；精盐，0.8%；炒米粉，5%；二氧化硅，1.0%。

【工艺流程】

精盐、二氧化硅 ↓

原料乳→预处理→均质→
青砖茶→粉碎→浸煮→净化→茶汁 } 标准化→均质→杀菌
→浓缩→喷雾干燥→出粉冷却→筛粉→包装→成品

【制作方法】

(1)青砖茶浸煮：以50℃水浸泡10～20 min，然后，加热煮沸30 min即可，可浸煮2～3次。

(2)标准化：按配方比例将鲜牛乳、青砖茶汁、精盐混合。

(3)均质：在65～70℃，11.77～14.70 MPa 压力条件下充分混合。

(4)喷雾干燥：喷雾干燥塔进风温度140～180℃，排风温度80～85℃，使含水量≤3.7%。

5. 微晶纤维素

微晶纤维素是以葡萄糖苷键相结合而成的直链式多糖类，聚合度为 3 000～10 000 个葡萄糖分子。

(1)性质　白色细微的结晶粉末，流动性好，无臭无味。不溶于水、稀酸、稀碱和多种有机溶剂，压制成小片状的微晶纤维素在水中能迅速分散，吸水膨胀。

(2)毒性　小鼠经口 LD_{50}≥21.5 g/kg 体重。FAO/WHO(1994)中 ADI 值不作特殊规定。

(3)应用　微晶纤维素可用作抗结剂、乳化剂、分散剂、黏合剂以及用于特殊营养食品(低热量、低脂肪食品)。我国《食品添加剂使用卫生标准》GB 2760—2007 规定：微晶纤维素用于植脂性粉末、稀奶油，最大使用量为 20 g/kg；冰淇淋，40 g/kg；高纤维食品、面包，50 g/kg。EEC 规定，微晶纤维素可用于高纤维素面包、低热量的糖果、饼干、蛋糕以及小食品等。

本章小结

- 结构改良类食品添加剂
  - 乳化剂
    - 概述
    - 常用的食品乳化剂
    - 乳化剂使用注意事项
  - 增稠剂
    - 增稠剂的作用机理
    - 常用的增稠剂
    - 增稠剂的合理使用
  - 消泡剂
    - 泡沫产生的原因和消泡方法
    - 常用消泡剂
  - 稳定和凝固剂
    - 稳定与凝固剂的定义和分类
    - 常用的稳定与凝固剂
  - 膨松剂
    - 膨松剂的作用与分类
    - 碱性膨松剂
    - 酸性膨松剂
    - 复合膨松剂
    - 生物膨松剂（酵母）
  - 胶姆糖基础剂
    - 概述
    - 常用的胶姆糖基础剂
  - 水分保持剂
    - 水分保持剂持水机理
    - 常用水分保持剂
  - 抗结剂
    - 概述
    - 常用抗结剂

复习思考题

1. 乳化剂如何进行分类？
2. 乳化剂的作用机理是什么？
3. 什么是乳化剂的 HLB 值？其与乳化剂的乳化作用有什么关系？
4. 乳化剂使用时应注意什么？
5. 影响增稠剂作用效果的因素有哪些？
6. 食品增稠剂在食品中起什么作用？
7. 常用天然增稠剂有哪些种类？如何使用？
8. 人工合成增稠剂有哪些种类？如何使用？
9. 请解释琼脂的胶凝机理和特性。如何合理利用这些特性？
10. 请解释果胶的胶凝机理和特性。在食品生产中如何合理利用这些特性？
11. 简述黄原胶的增稠特性及其生产应用。
12. 简述 CMC 的增稠特性，如何避免其黏度下降的缺点？
13. 什么是消泡剂？消泡剂的作用是什么？
14. 什么是凝固剂？简要介绍豆腐凝固剂的品种和使用方法。
15. 什么是膨松剂？主要包括哪些种类？
16. 水分保持剂的持水机理是什么？
17. 抗结剂的作用是什么？

第五章　营养强化剂和酶制剂

知识目标

- 了解食品营养强化剂的概念和主要作用，酶的特点、分类及命名。
- 熟悉常用酶制剂的品种及其安全性要求。
- 掌握各类营养强化剂的性能与应用，常用酶制剂的性质和应用。

技能目标

- 能够运用各类营养强化剂进行食品的营养强化。
- 能够应用糖酶类、蛋白酶类和脂肪酶类等常用的酶制剂。

第一节　营养强化剂

一、营养强化剂概述

食品应有良好的色、香、味、形等感官性状，更应有一定的营养价值。人类的营养需要是多方面的，任何一种天然食品或传统食品都不能完全满足人体对各种营养素的需要，在食品的烹调加工、运输、储存等过程中，往往还可能造成某种营养素的损失，另外，还应根据人体需要，尽可能在必要时向食品中添加某些营养素，或者天然物质，从而提高食品的营养价值。

1. 营养强化剂的定义

营养强化剂是指为增强营养成分而加入食品中的天然的或者人工合成的属于天然营养素范围的食品添加剂，或称食品强化剂。主要有维生素类、氨基酸类、无机盐类和脂肪酸类。根据不同人群的营养需要，向食物中添加营养强化剂，用以提高食品营养价值的过程称为营养强化，营养强化剂不仅能提高食品的营养质量，而且可以提高食品的感官质量和改善其保藏性能。

2. 营养强化的原则

(1)载体食物的消费覆盖越大越好,而且这种食物应该是工业化生产的。如选取食盐作为碘强化载体,选取面粉作为赖氨酸强化载体。

(2)载体的食物消费量应比较稳定,以便能比较准确地计算营养素添加量,同时能避免由于大量摄入(如软饮料、零食)而发生过量。

(3)符合营养学原理,注意各种营养素之间的平衡,防止由于食品强化而造成营养素摄入的不平衡。

(4)在进一步加工烹调中营养素不发生明显损失。

(5)保持食品原有的色、香、味等感官性状。

(6)强化的营养素和强化工艺应该是成本低和技术简便。

3. 营养强化的方法

(1)在加工过程中添加　这是强化食品最普遍采用的方法。强化剂加入后,经过若干道加工工序,可使强化剂与食品的其他成分充分混合均匀,并使由于强化剂的加入对食品色、香、味等感官性能造成的影响尽可能地小。此法适用于罐装食品,如罐头、罐装婴儿食品、罐装果汁和果汁粉等,也适用于人造奶油,各类糖果糕点等。

(2)在原料或必需食物中添加　如面粉、谷类、米、饮用水、食盐等。适用于由国家法令强制规定添加的强化食品,对具有公共卫生意义的物质也适用。例如,有些地方为了预防甲状腺肿大,食盐中添加碘;有些国家为了防止脚气病,规定粮食中添加维生素 B_1;在面粉、大米中添加维生素 A、维生素 D 及铁质、钙质等。

(3)在成品中混入　为减少强化剂在加工前原料的处理过程及加工中的破坏损失,可采取在成品中混入的方法进行强化,即在成品的最后工序中混入强化剂。例如,婴幼儿食品中的母乳化奶粉、军队用粮中的压缩食品等。

(4)生物化学强化法　先使强化剂被生物吸收利用,使其成为生物有机体,然后再将这类含有强化剂的有机体加工成产品或直接食用。如碘蛋、硒茶、有机锗等,也可以用发酵等方法获取,如维生素发酵制品等。

(5)物理化学方法添加　例如,用紫外线照射牛乳使其中的麦角甾醇变成维生素 D_3。

4. 营养强化剂使用注意事项

(1)强化用的营养素应是人们膳食中或大众食品中含量低于需要量的营养素。

(2)易被机体吸收利用。

(3)在食品加工、储存等过程中不易分解破坏，且不影响食品的色、香、味等感官性状。

(4)强化剂量适当，不致破坏机体营养平衡，更不致因摄食过量引起中毒。

(5)卫生安全，质量合格，经济合理。

二、维生素类营养强化剂

维生素是维持身体健康所必需的一类有机化合物，这类物质在体内不能合成或合成量不足，需要量很少，但必须由食物供给。维生素通常存在于各种食物中，人们只要科学合理膳食，一般不会缺乏维生素。但是有些人群由于不合理搭配膳食，机体的消化吸收障碍而对某种维生素的需要量增加，以及某些维生素在储藏加工中的损失，导致人体维生素摄入不足，从而导致代谢失调，产生多种疾病。因此，维生素类强化剂在食品加工业有重要意义。

维生素分脂溶性和水溶性两大类，人体易缺乏的脂溶性维生素有维生素 A 和维生素 D，需要强化；水溶性维生素中维生素 B_1、维生素 B_2、维生素 C 和维生素 PP 等易缺乏，需要强化。

维生素的强化主要注意的问题是其稳定性，影响其稳定的因素是水、氧化、酶作用、酸碱、金属离子及高压、加热等。各种因素对维生素的影响见表 5-1。

表 5-1　各种因素对维生素的影响

维生素	影响因素					备注
	热	氧	光	酸	碱	
维生素 A	+	++	++	++	−	对热敏感，尤其有氧存在
维生素 D	−	+	+	+	−	
维生素 E	−	+	+	−	−	
维生素 K	+	++	++	++	++	
维生素 B_1	++	++	−	−	++	
维生素 B_2	+	+	++	−	−	有氧和碱存在时对热敏感
维生素 B_{12}	−	++	++	−	−	
维生素 PP	−	−	−	−	−	
叶酸	++	−	−	−	−	在酸溶液中，对热敏感
泛酸	−	−	−	++	++	
盐酸吡哆醛	−	−	++	−	−	加热对氧或碱敏感
维生素 C	++	++	++	−	++	有氧时对热敏感，对酸稳定

注：++敏感；+有些敏感；−稳定。

(一)脂溶性维生素类营养强化剂

1. 维生素 A

维生素 A 包括维生素 A_1 和维生素 A_2 两种,维生素 A_1(视黄醇)分子式为 $C_{10}H_{30}O$,相对分子质量为 286。维生素 A_1 存在于哺乳动物及咸水鱼的肝脏中,即视黄醇;维生素 A_2 存在于淡水鱼的肝脏中,其活性约为 A_1 的 40%,此外,植物中也存在可转化为维生素 A 的维生素 A 原,即 β-胡萝卜素。通常强化的是维生素 A_1 制剂。

(1)性质　黄色片状结晶,不溶于水,易溶于油脂和有机溶剂,易受紫外线与空气中的氧所破坏而失去效力。对热较稳定,在碱性条件下亦稳定,在酸性条件下不稳定。维生素 A_1 毒性较低,但一次大量摄入也有中毒的可能。

(2)作用　人和动物眼睛干细胞中能感光的物质是视紫红质,它是由视蛋白与维生素 A 所组成。因此缺少维生素 A 会引起夜盲、干眼、角膜软化、表细胞角化、失明、生长发育受阻等症。故在食品中适量强化维生素 A 会预防、治疗以上疾病。

(3)应用　维生素 A_1 的纯品很少作为食品添加剂,作为维生素 A 的强化源,主要有天然维生素 A 油、由 β-紫罗兰酮合成的维生素 A 醋酸酯、棕榈酸酯及天然或合成的 β-胡萝卜素。胡萝卜素来源广泛,价格比维生素 A 低廉,故在发展中国家的膳食中常可供维生素 A 需要量的 60%～90%。此外,β-胡萝卜素尚有防止衰老和增强免疫力等作用,也是一种重要的色素,故近年来发展较快。

根据我国《食品营养强化剂使用卫生标准》(GB 14880—2007)规定:维生素 A 可用于芝麻油、色拉油和人造奶油,使用量为 4 000～8 000 μg/kg(以视黄醇计);用于婴幼儿食品、乳制品,3 000～9 000 μg/kg(以视黄醇计);乳及乳饮料,600～1 000 μg/kg;孕产妇配方奶粉,300～600 μgRE/d;饼干,233～400 μgRE/100 g。

2. 维生素 D

维生素 D 为固醇类衍生物,具有抗佝偻病作用,又称抗佝偻病维生素。维生素 D 家族成员中最重要的成员是维生素 D_2 和维生素 D_3,维生素 D_2 分子式为 $C_{28}H_{44}O$,维生素 D_3 分子式为 $C_{27}H_{44}O$。维生素 D 均为不同的维生素 D 原经紫外照射后的衍生物。植物不含维生素 D,但维生素 D 原在动、植物体内都存在。植物中的麦角醇为维生素 D_2 原,经紫外照射后可转变为维生素 D_2,又名麦角钙化醇;人和动物皮下含有的 7-脱氢胆固醇为维生素 D_3 原,在紫外照射后转变成维生素 D_3,又名胆钙化醇。对于阳光照射不足,合成不够,则必须补充。

(1)性质　维生素 D 溶于脂肪溶剂,对热、碱较稳定,如在 130℃ 加热 90 min 也不被破坏,故通常烹调方法不易损失,光和酸促进其异构化。脂肪酸败也可引起维生素 D 的破坏。

(2)作用　维生素 D 可促进小肠黏膜对钙的吸收，促进骨组织的钙化。缺乏维生素 D 的危害主要是造成钙、磷吸收障碍，从而引发佝偻病和软骨病。因此食物中强化维生素 D 可预防婴幼儿佝偻病和成人软骨病的发生。

(3)应用　人体发生维生素 D 缺乏主要是由于膳食中缺乏维生素 D 和日光照射不足。日光照射与地理条件、季节和大气环境密切相关，如我国北方的冬季，日照较少，容易发生维生素 D 缺乏。此外，小儿喂养不当、出生后生长较快的早产儿以及老年人中维生素 D 缺乏的发生率也相当高。因此，合理使用维生素 D 强化的食品是防止维生素 D 缺乏的有效途径之一。维生素 D 在食品中通常与维生素 A 合用，如含有两者的鱼肝油或其浓缩物。

根据我国《食品营养强化剂使用卫生标准》(GB 14880—2007)规定，维生素 D 可用于乳与乳饮料，使用量为 10～40 μg/kg；人造奶油，125～156 μg/kg；乳制品，63～125 μg/kg；婴幼儿食品，50～100 μg/kg；孕产妇配方粉，3.33～6.67 μg/d；饼干，1.67～3.33 μg/100 g。

3. 维生素 E

维生素 E 又称生育酚，自然界中有 α-、β-、γ-、δ-四种生育酚，其生理功能相同。以 α-生育酚活性最大。在棉子油、玉米油、花生油、芝麻油等植物油中含量较多。

(1)性质　天然维生素 E 为棕红色油状液体，不溶于水而溶于有机溶剂，对热稳定。α-生育酚为淡黄色液体，无臭、无味、不溶于水，溶于乙醇等有机溶剂，溶于植物油，在酸中稳定。在无空气条件下，对碱、热均稳定。铁盐、银盐加速其氧化反应。

(2)作用　维生素 E 的抗氧化作用能使细胞膜磷脂上的高度不饱和脂肪酸不受过氧化物氧化；维生素 E 能保护巯基不受氧化；保持许多酶系的活性；抗不育症、防止衰老等作用。

(3)应用　根据我国《食品营养强化剂使用卫生标准》(GB 14880—2007)规定，维生素 E 可用于芝麻油、人造奶油、色拉油、乳制品，使用量为 100～180 mg/kg，婴儿食品用量为 40～70 mg/kg，乳饮料用量为 10～20 mg/kg，含乳固体饮料用量 780～1 000 mg/100 g，豆奶粉、豆粉用量为 30～70 mg/kg，果冻用量为 10～70 mg/kg，另外，也可用于强化生育酚饮料，添加量为 20～40 mg/kg。

(二)水溶性维生素类营养强化剂

1. B 族维生素

(1)维生素 B_1　维生素 B_1 又称硫胺素、抗脚气因子、抗神经炎因子等，广泛存在于天然食物中，葵花子仁、花生、大豆粉、瘦猪肉含量最多，其次为小麦粉、小米、玉米、大米等谷类食物。各种加工、贮运、烹调都会造成其损失，如淘米、煮粥加碱、烘烤面包、磨粉、煮肉等。硫胺素有盐酸硫胺素、硝酸硫胺素、丙硫硫胺素三种，用于食品营养强化的主要是盐酸硫胺素及其衍生物，盐酸硫胺素分子式为 $C_{12}H_{17}ON_4ClS \cdot HCl$，相对分子质量为 337.27。

①性质　白色至黄白色细小晶体，有微弱的米糠般特异臭，味苦，干燥品在空气中易吸湿，极易溶于水，微溶于乙醇，几乎不溶于乙醚或苯中。硫胺素在 B 族维生素中是最不稳定的，在酸性条件下对热较稳定。pH 3.5 时，在 120℃高温下损失很小或不损失。吸湿后会缓慢分解着色。而在中性和碱性条件下易分解。pH 7 时煮沸会大部分或全部破坏。氧化或还原作用均可使其失去活性。一般的摄取无毒性。但多量静脉注射会引起神经冲动。FAO 将其列为一般公认安全添加剂。成人口服量大于维持量的 1～200 倍仍未中毒。过多摄取的维生素 B_1 由尿排出，个别有特殊体质的人可对维生素 B_1 过敏。

②作用　维生素 B_1 在机体内参与糖代谢，对维持机体正常神经传导、心脏、消化系统正常活动起重要作用。当人体缺乏时，易患脚气病、多发性神经炎等症。因此，在食品中强化维生素 B_1 会对肌肉无力、感觉障碍、神经痛、心律不齐、消化不良等疾病起到预防和治疗作用。

③应用　根据我国《食品营养强化剂使用卫生标准》(GB 14880—2007)规定，维生素 B_1 多用以强化面包、饼干等面制品。制面包、饼干时可在和面时加入，使之分散均匀，用量为 3～5 mg/kg。饮液、乳饮料用量为 1～2 mg/kg(如固体饮料，则需按稀释倍数增加使用量)，婴幼儿食品用量为 4～8 mg/kg，孕产妇配方奶粉用量为 10～15 mg/kg，儿童配方奶粉用量为 8～14 mg/kg。

(2)维生素 B_2　维生素 B_2 又称核黄素，广泛存在于天然食物中。动物性食物中尤以动物内脏如肝、肾、心肌等含量最高，其次是蛋类、奶类，大豆和各种绿叶蔬菜也含有一定数量。维生素 B_2 分子式为 $C_{17}H_{20}O_6N_4$，相对分子质量为 376.37。

①性质　黄至黄橙色的结晶性粉末，微臭，味微苦，微溶于水，略溶于乙醇，不溶于乙醚及氯仿，在稀碱液中极易溶解。对酸和热比较稳定，但在碱性溶液中则易破坏，特别是易受紫外线破坏，对还原剂也不稳定。大鼠腹腔注射 LD_{50} 为 560 mg/kg体重，安全性较高。FAO/WHO(1984)规定，ADI：0～0.5 mg/kg 体重。对鼠给予需要量的 1 000 倍未发现毒性。

②作用　核黄素能促进机体生长发育，摄入后，经磷酸转化作用转变为磷酸核黄素及黄素腺嘌呤二核苷酸，与蛋白质结合成一种氧化还原酶，能参与体内生物氧化作用。故用核黄素强化食品会对由于缺乏核黄素而引起的口角炎、舌炎、

唇炎、阴囊炎、结膜炎、脂溢性皮炎有预防和治疗作用。

③应用　根据我国《食品营养强化剂使用卫生标准》(GB 14880—2007)规定，维生素 B_2 用于加工面包、饼干的面粉，使用量为 3～5 mg/kg，在大多数情况下与维生素 B_1 同时使用。饼干中添加 0.33～0.67 mg/100 g，饮液、乳饮料添加 1～2 mg/kg，婴幼儿食品添加 4～8 mg/kg，孕产妇配方奶粉添加 10～22 mg/kg，儿童配方奶粉 8～14 mg/kg。酱类中使用时味道及品质好，可以提高酵母菌的蛋白酶、淀粉酶的效价，增加食品的食用价值。

核黄素在水中溶解度低，而核黄素磷酸醋钠在水中溶解度比核黄素高 100 倍。因其便于分散在液体中而国外多用于替代核黄素；核黄素不溶于油脂中，而核黄素丁酸醋易分散于油脂中，故在人造奶油、花生酱等食品强化中代替核黄素。在酱类中加入，味及品质均好，黄色豆酱中加入核黄素色调更好，同时可增加光泽，还可以促进成熟时所需微生物的生长。

(3)维生素 B_5　维生素 B_5 又称为烟酸、尼克酸、维生素 PP、抗癞皮病因子等，其氨基化合物为烟酰胺或尼克酰胺。烟酸及烟酰胺广泛存在于食物中，植物性食物中存在的主要是烟酸，动物性食物以烟酰胺为主。烟酸和烟酰胺在肝、肾、瘦畜肉、鱼以及坚果类中含量丰富，谷类中的烟酸 80%～90%存在于种皮中，故加工影响较大。玉米含烟酸并不低，甚至高于小麦粉，但是玉米中的烟酸为结合型的，不能被人体吸收利用，以玉米为主食的地区易患癞皮病，故需要强化。维生素 B_5 分子式为 $C_6H_5O_2N$，相对分子质量为 123.11。

①性质　烟酸为维生素中最稳定的一种，白色或淡黄色的结晶或结晶性粉末。无臭或稍有微臭，味微酸。烟酸、烟酰胺均溶于水及酒精，25℃时，1 g 烟酸可溶于 60 mL 水或 80 mL 酒精中，不溶于乙醚；烟酰胺的溶解度大于烟酸，1 g 可溶于 1 mL 水或 5 mL 酒精，在乙醚中也能溶解。烟酸和烟酰胺性质比较稳定，酸、氧、光或加热条件下不易破坏；在高压下，120℃，20 min 也不被破坏。一般加工烹调损失很小，但会随水流失。烟酸多以烟酰胺在体内存在，故强化食品多用烟酰胺。

②作用　烟酸有维持皮肤与神经健康，促进消化道功能的作用。缺乏时易生口舌炎症，记忆力减退，精神抑郁，肠炎，腹泻等症。因而在食品中添加烟酸可预防和治疗由于缺乏维生素 B_5 而引起的上述症状。

③应用　根据我国《食品营养强化剂使用卫生标准》(GB 14880—2007)，烟酸可用于饼干，添加量为 3～6 mg/100 g，固体饮料添加量 160～330 mg/kg，豆奶粉、豆粉添加量为 60～120 mg/kg，方便面包粉添加量为 460～940 mg/kg。

玉米中烟酰胺多为生物不可利用的结合型，故需要强化玉米粉，使用量为

40～50 mg/kg。通常煮玉米时加入碳酸氢钠是有道理的，因为它可以帮助结合型烟酰胺的释放。肉制品中加入烟酰胺可作为护色助剂，添加量为 10～22 mg/kg。

(4)维生素 B_6　维生素 B_6 是吡啶的衍生物，广泛存在于天然食品中，如牛奶中含量为 54 μg/100 mL，肉、肝、蔬菜、谷粒、鸡蛋黄都富含维生素 B_6。一般有三种化合物，即吡哆醛、吡哆醇和吡哆胺，均具有维生素 B_6 的生物活性，在强化剂中主要选用吡哆醇。

①性质　维生素 B_6 易溶于水，对酸相当稳定，在碱性溶液中易破坏，在中性溶液中易被光破坏，对氧较稳定。吡哆醛和吡哆胺较不耐热，吡哆醇耐热，为无色结晶，味微苦，在食品加工、储存过程中稳定性较好。

②作用　添加维生素 B_6 对于缺乏此维生素而引起的脂溢性皮炎、小细胞性贫血及忧郁等症有治疗作用。

③应用　由于成年人一般不会缺乏维生素 B_6，故一般成人食品中不添加维生素 B_6，但儿童时期、孕期及高温环境下作业的人易缺乏，根据我国《食品营养强化剂使用卫生标准》(GB 14880—2007)规定，婴幼儿食品添加量为 3～4 mg/kg，学龄前儿童配方粉添加量为 0.2～0.4 mg/d，孕产妇配方粉添加 0.63～1.27 mg/d，饼干添加 0.23～0.47 mg/100 g。

2. 维生素 C

维生素 C 又称抗坏血酸，抗坏血酸广泛存在于植物组织中，新鲜的水果、蔬菜，特别是枣、辣椒、苦瓜和柑橘中含量较多，只要能经常吃到足够的新鲜果蔬，并注意使用合理的烹调方法，一般不至于缺乏。但因季节与地区的差异，往往也有强化的需要。对婴儿食品与疗效食品来说，抗坏血酸则是常用的强化剂。

强化用维生素 C 主要是 *L*-抗坏血酸和 *L*-抗坏血酸钠。在所有维生素中维生素 C 是最不稳定的，在加工和储藏过程中很容易破坏，其破坏率随金属离子的催化作用而增加，尤其是铜和铁的作用最大，另外，还因为酶的作用而增加。将食品放置在有氧气的地方，或在有氧时持续地加热，或暴露在光照下都会使食物中的维生素 C 受到损失。含铜和铁的酶是破坏维生素 C 有效的催化剂。正因为维生素 C 的不稳定性，而其对生命活动又是极为重要，故有必要在食品中强化。

(1)*L*-抗坏血酸

①性质　白色至微黄色结晶或晶体粉末和颗粒，无臭，带酸味，熔点为 190℃，它易溶于水和乙醇，不溶于脂溶剂。在酸性环境中稳定，但在有氧、热、光、碱性环境下不稳定，在 pH 3.4～4.5 时较稳定。特别是有氧化酶及痕量铜、铁等金属离子存在时，可促进其氧化破坏。

②作用　*L*-抗坏血酸有强的还原性，能用作啤酒、无醇饮料、果汁的抗氧化

剂，能防止因氧化引起的品质劣变现象，如变色、退色、风味变劣等；*L*-抗坏血酸可预防贫血和坏血病，作为营养强化剂，不但可提高食品的营养价值，也可提高食品的外观品质。

③应用　作为营养强化剂，可用于果汁、面包、饼干、奶粉和糖果。根据我国《食品营养强化剂使用卫生标准》(GB 14880—2007)规定：用于碳酸饮料、果汁(味)型饮料，添加量为 250～500 mg/kg(以抗坏血酸计)。

除营养强化外，在鲜肉(碎肉)、腊肉中添加 500 mg/kg，有防止变色的效果。在水果罐头中添加 0.03%，能防止褐变。在果汁中添加 0.005%～0.02%，在无醇饮料中添加 0.005%～0.03%，在啤酒中添加 0.003%，在葡萄酒中添加 0.015%，在冷冻食品浸渍液中添加 0.1%～0.5%，在乳粉中添加 0.02%～0.2%，果蔬制品中添加 1%～4%，可起到良好的抗氧化效果。在生乳、炼乳中添加 0.001%～0.01%，能保持良好的风味。

(2)*L*-抗坏血酸钠　*L*-抗坏血酸钠用于强化时与抗坏血酸相同，本品 1 g 相当于抗坏血酸 0.894 g。因抗坏血酸呈酸性，不适于添加于酸性物质的食品中，例如牛乳等可使用抗坏血酸钠，先用本品少许溶于少量水中，然后按用量加入牛乳中。在火腿、灌肠等肉制品中用作发色助剂，同时还能保持肉制品的风味，增加其弹性，使用量约为 5 g/kg。

三、氨基酸类营养强化剂

氨基酸是含有氨基和羧基的一类有机化合物的通称，是在生物体内构成蛋白质分子的基本单位，与生物的生命活动有着密切的关系。它在抗体内具有特殊的生理功能，是生物体内不可缺少的营养成分之一。构成人体的氨基酸有 20 多种，这些氨基酸存在于自然界中，在植物体内都能合成，而人体不能全部合成。其中 8 种是人体不能合成的，必须由食物中提供，称为“必需氨基酸”，这 8 种必需氨基酸是：色氨酸、苏氨酸、蛋氨酸、缬氨酸、赖氨酸、亮氨酸、异亮氨酸和苯丙氨酸，其他则是“非必需氨基酸”。按照人体的需要及其比例关系相对不足的氨基酸称为限制氨基酸，这些氨基酸限制着机体对蛋白质的利用，并决定了蛋白质的质量。许多食品都缺乏一种或多种必需氨基酸，食物中最主要的限制氨基酸为赖氨酸和蛋氨酸。例如赖氨酸在谷类蛋白质及一些其他植物蛋白质中含量很少，蛋氨酸在大豆、牛乳、花生及肉类蛋白质中含量相对较低。因此，在一些焙烤食品，特别是以谷类为基础的婴、幼儿食品中常常添加适量的赖氨酸予以强化，提高营养价值。此外，小麦、大麦、燕麦和大米还缺乏苏氨酸，玉米缺乏色氨酸。

因此，对食品进行氨基酸强化，对于充分利用蛋白质和提高食品质量有着重要作用,并且与人体健康有着直接关系。

1. *L*-盐酸赖氨酸

赖氨酸为8种必需氨基酸之一,体内不能合成,几乎在所有植物性蛋白中都是含量最低、限制其生物利用率的第一限制氨基酸,故在谷类食品中按标准规定添加可成倍提高蛋白质效价。谷类食物是我国居民的主食,因此,赖氨酸缺乏引起最多关注。*L*-赖氨酸是我国批准使用的赖氨酸强化剂之一。

游离的*L*-赖氨酸极易潮解,易发黄变质,并有刺激性腥味,难于长期保存。而*L*-赖氨酸盐酸盐则比较稳定,不易潮解,便于保存,故一般商品都是以赖氨酸的盐酸盐形式出售。

(1)性质　无色结晶或白色粉末,几乎无臭,熔点约263℃。性质稳定,在高湿度下易结块并稍有着色,与维生素C或维生素K共存时易着色,在碱性及有还原糖存在时,加热易分解,易溶于水(400 g/kg)和甘油(0.1 g/mL),几乎不溶于乙醇和乙醚。

(2)作用　*L*-赖氨酸盐酸盐具有增强胃液分泌和造血机能,使白细胞、血红细胞和丙种球蛋白增加,有提高蛋白质利用率,保持代谢平衡,增强抗病能力等作用。人体缺乏*L*-赖氨酸,会发生蛋白质代谢障碍和机能障碍,成人每日需要量约为0.8 g以上。

(3)应用　根据我国《食品营养强化剂使用卫生标准》(GB 14880—2007)规定,赖氨酸用于加工面包、饼干和面条等。面粉中用量为1 000～2 000 mg/kg;饮料用量300～800 mg/kg,配制酒添加300～800 mg/kg。

2. *L*-蛋氨酸

L-蛋氨酸在燕麦、黑麦、米、玉米、小麦、花生、大豆、土豆、菠菜等植物性食物中属于限制性氨基酸,一般用于对上述食品营养强化,以改善氨基酸平衡。

(1)性质　白色片状结晶或晶体粉末,有特殊臭味,味微甜,熔点为281℃,对热、空气稳定。对强酸不稳定,可发生脱甲基,溶于稀酸、稀碱溶液,微溶于乙醇,不溶于醚;在水中溶解度随温度的升高而增大,1%的水溶液pH为5.6～6.1。

(2)作用　*L*-蛋氨酸为必需氨基酸,能促进毛发、指甲生长、促进身体发育,并具有解毒和增强肌肉活动能力等作用,还能防止脂肪在肝脏沉积。缺乏*DL*-蛋氨酸会导致肝脏、肾脏障碍。

(3)应用　根据我国《食品营养强化剂使用卫生标准》(GB 14880—2007)规定,*L*-蛋氨酸可用于婴儿、较大婴儿配方粉,用量为150～400 mg/kg。

3. 牛磺酸

牛磺酸又称α-氨基乙磺酸,并非组成蛋白质的氨基酸,在人体内以游离状态存在。因此牛磺酸为人体条件性必需氨基酸，其作用是与胆汁酸结合形成牛磺胆酸，牛磺胆酸对于消化道中脂类的吸收是必需的。

据报道，牛磺酸以游离的形式大量存在于人及哺乳动物的几乎所有脏器中，其中以脑、心脏和肌肉中含量较高，它对人类脑神经细胞的增殖、分化及存活过程具有明显的促进作用。在人体中它可由蛋氨酸或半胱氨酸代谢的中间产物磺基丙氨酸脱羧形成，但婴幼儿体内催化此反应的脱羧酶活性很低，其合成受限制，因此应予补充。牛磺酸是人乳和其他哺乳类动物乳汁中主要的游离氨基酸，母乳能保证婴儿所需，但牛乳制成的婴儿配方食品中几乎不含牛磺酸，所以必须进行适当营养强化。

(1)性质　白色结晶或结晶性粉末，无臭，味微酸，可溶于水，在乙醇、乙醚、丙酮中不溶。

(2)作用　牛磺酸对促进儿童生长、发育，尤其是对婴幼儿大脑、身高、视力等的生长、发育起重要作用。除营养作用外，它尚有广泛药理作用：解热、镇痛、镇静、抗惊厥、兴奋呼吸、强心、抗心律失常、降血压、降血糖、抗菌、增强免疫功能、抗血小板聚集、利胆、保肝、解毒等。

(3)应用　按我国《食品营养强化剂使用卫生标准》(GB 14880—2007)规定，牛磺酸可用于乳制品、婴儿食品及谷类制品、豆奶粉、豆粉、儿童配方粉、果冻，0.3～0.5 g/kg；饮液、乳饮料、配制酒，0.1～0.5 g/kg；儿童口服液，4.0～8.0 g /kg；豆浆、豆奶，0.06～0.1 g /kg；果汁(果味)型饮料，0.4～0.6 g/kg；可可粉及其他口味营养型固体饮料，1.1～1.4 g/kg。

四、无机盐类营养强化剂

无机盐亦称矿物质。它是构成机体组织和维持机体正常生理活动所必需的。在人体内主要以离子形式存在。体内的无机盐由于新陈代谢的结果，每天都有一定量排出体外，因此需要从膳食中摄取足够量的各种无机盐来补充。矿物质在食物中分布很广，一般都能满足机体的需要，只有少数如钙、铁、锌、硒和碘比较容易缺乏，特别是对正在生长发育的婴幼儿、青少年、孕妇和乳母，钙、铁和碘的缺乏较为常见。因此需要强化。

(一)钙

钙是人体中含量最丰富的矿物质，是组成骨骼和牙齿的重要成分，人体中99%的钙都集中在骨骼和牙齿中，另外钙以离子状态存在于细胞外液、血液及软组织中，维持细胞正常生理功能。钙对神经刺激表现的感应性，对肌肉收缩、血液凝固起着重要作用，还能调节其他矿物质的平衡，激活机体内的许多酶系。

钙是人体最易缺乏的无机盐，缺钙的主要原因并不是钙的供应不足，而在于钙的吸收率低。我国膳食多以粮食、蔬菜为主，谷类含植酸较多，蔬菜含草酸较多，因而钙离子在肠道内与食物中的植酸、草酸、脂肪酸等阴离子结合形成不溶性的钙盐，影响钙的吸收。人体缺乏会导致生长发育迟滞、牙齿质地差、骨骼畸形、手足抽搐等，食物中钙不足，会导致软骨病、佝偻病、牙齿不整齐、骨质疏松、高血压等疾病。因此，幼儿、青少年及老年性食品需要强化。

目前市场上的钙强化剂主要可分为三种类型，即无机钙强化剂、有机钙强化剂和生物钙强化剂。无机钙强化剂的主要缺点是溶解性差，在机体内需消耗胃酸，吸收利用率低；生物钙强化剂的成分本质是碳酸钙与活性钙或磷酸钙与磷酸氢钙（如动物骨粉），这类钙强化剂同样具有溶解度较低和难于吸收利用的缺点。强化钙时应注意维持适当的钙磷比。食品中植酸含量过高可影响钙的吸收。此外，使用钙强化剂时通常可与维生素（如维生素 D）并用，以促进其吸收利用。

1. 碳酸钙

（1）性质　白色粉末，无定形结晶，无臭，无味。置于空气中不起化学变化，有轻微的吸湿性，几乎不溶于水，微溶于含有铵盐或二氧化碳的水中，遇酸即发生泡腾并溶解。

（2）应用　食品强化剂，主要用于钙强化、氢离子调节、配制发酵粉，通常用于面包、饼干以及代乳粉及婴幼儿食品。按我国《食品营养强化剂使用卫生标准》（GB 14880—2007）规定，谷类及其制品用量为 4～8 g/kg；饮液及乳饮料 1～2 g/kg；饼干 267～533 mg/100 g；婴幼儿食品 7.5～15 g/kg。

用碳酸钙强化面包时，一般可与维生素 D 配合一起使用，效果较好，也可添加适量的磷脂。使用这些添加剂除达到营养强化、促进钙质吸收的目的外，在面包发酵时还可作为酵母的营养物质，促进酵母的繁殖，改进面筋的性质，有利于面包的加工。

2. 活性钙

活性钙又称活性离子钙。主要成分为氢氧化钙（约 98%），微量氧化锰、氧化钾、氧化钠、三氧化二铁、五氧化二磷及锰离子等。

（1）性质　白色粉末，无臭，有咸涩味。溶于酸性溶液，在体内吸收利用率高，几乎不溶于水。在空气中可以缓慢地吸收二氧化碳而生成碳酸钙。

（2）应用　良好的钙营养强化剂，pH 调节剂，发酵食品的发酵调节剂。按我国《食品营养强化剂使用卫生标准》（GB 14880—2007），活性钙可用于食盐、肉松，用量为 5 000～10 000 mg/kg。活性钙在人体内吸收好，利用率高，使用时应注意调整产品的酸碱性以适应人体。

3. 乳酸钙

(1)性质　白色结晶性颗粒或粉末，几乎无臭、无味。在空气中微有风化，加热到120℃失去结晶水。易溶于热水，水溶液的pH为6.0～7.0，几乎不溶于乙醇、乙醚、氯仿。乳酸钙由于其水溶性好，人体吸收率高，是一种较理想的钙营养强化剂。可以很好地防治佝偻病、手足抽搐症，是妊娠、哺乳期妇女的良好钙补充剂。

(2)应用　用于婴儿食品，各种饮料、谷类粉、面包、糕点等的缓冲剂、膨松剂。按我国《食品营养强化剂使用卫生标准》(GB 14880—2007)，乳酸钙的使用范围和用量为谷类及其制品12～24 g/kg，饮液及乳饮料3～6 g/kg，婴幼儿食品23～46 g/kg，鸡蛋黄粉3～5 g/kg，鸡蛋白粉1.5～2.5 g/kg，鸡全蛋粉2.25～3.75 g/kg，软饮料1.2～3.7 g/kg，果冻3～6 g/kg。

4. 葡萄糖酸钙

(1)性质　白色粉末或结晶颗粒，无臭、无味，在空气中稳定，在冷水中缓缓溶解，易溶于沸水，不溶于乙醇和其他有机溶剂，理论钙含量为9.31%。水溶液pH为6.0～7.0。

(2)应用　按我国《食品营养强化剂使用卫生标准》(GB 14880—2007)规定：葡萄糖酸钙可用于谷类及其制品，用量为18～36 g/kg；饮液及乳饮料用量为4.5～9 g/kg；软饮料1.78～5.3 g/kg。制作油炸食品或糕点时，添加适量，除有营养强化作用外还可防止油脂氧化及食品发色，提高制品的感官质量。

5. 柠檬酸钙

(1)性质　白色粉末，无臭，稍吸湿。极难溶于水。几乎不溶于乙醇，加热至100℃逐渐失去结晶水，至120℃则完全失去结晶水。本品理论钙含量为21.8%。

(2)应用　钙强化剂、缓冲剂、凝固剂、螯合剂。按我国《食品营养强化剂使用卫生标准》(GB 14880—2007)规定：柠檬酸钙可用于谷类及其制品，使用量8～16 g/kg；饮料、乳饮料，使用量1.8～3.6 g/kg。

(二)铁

铁是人体所需主要微量元素。铁在机体内参与血液运输氧，铁数量不足或携氧能力受阻，易产生缺铁性或营养性贫血。缺铁的传统治疗是补充铁剂，但是由于铁对消化道有一定的副作用，有些患者甚至不能忍受，所以铁强化剂应运而生。铁强化的食品有谷类食品、乳制品、熏制品、调味品等。

1. 乳酸亚铁

(1)性质　浅绿色或微黄色结晶或晶体粉末，稍有特异臭和微甜铁味。溶于水，冷水中的溶解度为 2 500 mg/100 mL，水溶液为带绿色的透明溶液，呈弱酸性，易溶于柠檬酸溶液呈绿色溶液，几乎不溶于乙醇。

乳酸亚铁易吸收，对消化系统无刺激、无副作用，一般对食品的感官性能和风味无影响。同时也可作为药物治疗贫血。

(2)应用 可用于调制乳粉、饼干等的强化。按我国《食品营养强化剂使用卫生标准》(GB 14880—2007)规定：饼干用量为 4～8 mg/100 g(以铁计)；豆奶粉、豆粉用量为 200～500 mg/kg。日本规定，奶粉中用量为 60 mg/kg，小麦粉、饼干、面包中用量为 2～3 mg/kg。美国规定，小麦粉中用量为 30 mg/kg；面包中用量为 20 mg/kg；奶粉中用量为 60 mg/kg。

2. 葡萄糖酸亚铁

(1)性质 黄灰色或浅黄绿色晶体颗粒或粉末，稍有焦糖气味。溶于水，5%的水溶液呈酸性，几乎不溶于乙醇。理论含铁量 12%。

葡萄糖酸亚铁易吸收，对消化系统无刺激、无副作用，并且对食品的感官性能和风味无影响。同时可作为药物有治疗贫血的功能。

(2)应用 按我国《食品营养强化剂使用卫生标准》(GB 14880—2007)，葡萄糖酸亚铁可以用于谷类及其制品，用量为 200～400 mg/kg；饮料用量 80～160 mg/kg；乳制品、婴幼儿食品用量为 480～800 mg/kg；高铁谷类及其制品(每日限食这类食品 50 g)1 400～1 600 mg/kg；食盐、夹心糖用量为 4 800～6 000 mg/kg。日本规定，本品可以用于代乳品、离乳食品以及妊产妇用奶粉等。

3. EDTA 铁

(1)性质 浅土黄色粉末，易溶于水，性质稳定，不影响食物感官品质，不引起食物氧化，可延长铁强化食物的保质期。口感好，无铁腥味，其生物利用率显著高于其他铁剂，是传统铁营养强化剂吸收率的 2～3 倍。无胃肠刺激，不影响其他矿物质的吸收，在体内还可以使有害放射性金属元素迅速排泄，起到解毒剂作用。

(2)应用 主要用于强化酱油、面粉、饮料，按我国《食品营养强化剂使用卫生标准》(GB 14880—2007)规定：酱油用量为 175～210 mg/100 mL。

(三)锌

锌对生长发育、免疫功能、物质代谢和生殖功能等均有重要作用。近年来，人们对缺锌对机体的影响相当重视。1～10 岁儿童每天锌摄入量应是 10 mg，小于此量就会导致身材矮小。对儿童头发和血液分析，发现身材矮小儿童锌浓度低于人体应含量的最小值。因此一些具有食欲不振、发育迟缓等症状儿童，使用锌强化食物，有明显好转。无机补锌剂(如硫酸锌、氯化锌等)对胃黏膜刺激很大，且人体吸收也困难，大多数锌离子未经吸收就排出体外，故补锌效果差。研究证明：用葡萄糖酸锌对人体补锌效果极佳，我国已把葡萄糖酸锌列入食品添加剂使用卫生标准。

1. 葡萄糖酸锌

(1)性质　为无水物或含有3分子水的化合物，白色或几乎白色的颗粒或结晶性粉末，无臭、无味，易溶于水，水溶液呈中性或微酸性(pH 5～6)，极难溶于乙醇。

(2)应用　按我国《食品营养强化剂使用卫生标准》(GB 14880—2007)规定：葡萄糖酸锌用于谷类及其制品用量为160～20 mg/kg；软饮料用量为21.0～56 mg/kg；乳制品(奶粉)用量为230～470 mg/kg；食盐用量为800～1 000 mg/kg。

2. 乳酸锌

(1)性质　白色结晶性粉末，无臭。溶于水，可溶于60倍冷水或6倍热水中。含锌量22.2%，是一种易吸收的食品营养锌强化剂。

(2)应用　锌强化剂。按我国《食品营养强化剂使用卫生标准》(GB 14880—2007)规定：含乳固体饮料用量431.9～568.2 mg/kg，儿童口服液用量为0.6～1.0 g/kg，豆奶粉、豆粉用量为130～250 mg/kg，果冻用量为40～100 mg/kg。

(四)硒

硒是人体内含硒酶-谷胱甘肽过氧化物酶的重要成分，可使有毒的过氧化物还原为无害物，保护细胞及组织免受过氧化物的损害，特别是保护细胞膜和细胞器膜，如线粒体、微粒体和溶酶体的膜。食品加工时，硒会因精制和烧煮过程而有所损失，所以，越是精制的和长时间烧煮的食品，含硒量越少。

1. 硒化卡拉胶

(1)性质　微黄色至土黄色粉末，有微臭，溶于水中形成均匀的水溶胶，水溶液呈酸性，乙醇中几乎不溶。

(2)应用　我国每日膳食中硒供给量：儿童1～3岁20 μg，3～6岁40 μg，7～12岁及成人50 μg。过量摄取易中毒，一般有机硒的毒性比无机硒低，并且有利于人体吸收。按我国《食品营养强化剂使用卫生标准》(GB 14880—2007)规定：用于片、粒、胶囊，为20 μg/丸(片)，均以硒计。

2. 富硒酵母

富硒酵母是在酵母培养基中添加硒化物后培养而成的。硒取代了酵母中硫氨酸的硫，形成硒代氨基酸，进一步组成蛋白质。

(1)性质　浅黄色至浅黄棕色颗粒或粉末，具有酵母的特殊气味。

(2)应用　按我国《食品营养强化剂使用卫生标准》(GB 14880—2007)规定：用于饮液，用量30 μg/10 mL。

(五)碘

碘是人体重要的微量营养元素,碘参与甲状腺素的合成,调节机体的代谢,能够促进生长发育,特别是通过能量、蛋白质、脂肪、糖类等的代谢,影响人体体力和智力的发展以及神经、肌肉组织的活动。机体缺碘会产生甲状腺肿大,幼儿缺碘会引起生理和心理变化,导致呆小症等。

1. 碘化钾

(1)性质　无色透明结晶或白色结晶粉末,味苦咸,熔点 723℃,在潮湿的空气中微有吸湿性。易溶于水,5%的水溶液 pH 为 6～10,溶于乙醇。遇光能析出游离碘而呈黄色。在酸性水溶液中更易变黄。

(2)应用　按我国《食品营养强化剂使用卫生标准》(GB 14880—2007)规定:碘化钾用于食盐,用量为 30～70 mg/kg;婴幼儿食品 0.3～0.6 μg/kg;婴儿配方食品 0.025～0.09 mg/100 g。

2. 海藻碘

(1)性质　黄褐色松散固态颗粒,无潮解,无板结。溶于水、乙醇。含有海藻多糖。

(2)应用　按我国《食品营养强化剂使用卫生标准》(GB 14880—2007)规定:鲜奶中使用量为 160～240 μg/kg。

五、必需脂肪酸类营养强化剂

凡是体内不能合成,必须由食物供给,或能通过体内特定先体物形成,对机体正常机能和健康具有重要保护作用的脂肪酸称为必需脂肪酸,亚油酸、亚麻酸和花生四烯酸等三种脂肪酸被称为必需脂肪酸。研究显示,花生四烯酸可由亚油酸经机体转化合成而得到充分供应,因此不强求在膳食中供应,而亚麻酸虽然也可由亚油酸在体内部分转化而得,但仍有相当多人不能因此而保持血液中亚麻酸的正常含量,因此,亚油酸和亚麻酸是人体必需脂肪酸,需要在食品中强化。

目前国家允许在食品中强化的有亚油酸、亚麻酸和花生四烯酸。亚油酸的强化可以通过添加植物油的方式实现,玉米胚芽油、葵花籽油等植物油中富含亚油酸。亚麻酸富含于海产动物脂肪中,一些研究证明亚麻酸与婴儿的视觉和神经发育有关,适合于婴儿食品。花生四烯酸是最近新开发的一种人体不能直接合成的不饱和脂肪酸,对婴儿的神经系统尤其是大脑发育至关重要,同时还具有促进生物体内脂肪代谢,降低血脂、血糖和胆固醇的作用,对预防心脑血管疾病具有重要意义。

1. γ-亚麻油酸

食物中亚麻油酸在人体内转化为前列腺素的中间产物亚麻酸,是人体的一种必需脂肪酸，存在于母乳中，一旦缺少将导致体内组织机能的严重紊乱，引起各种疾病，如高血脂、糖尿病、病毒感染、皮肤老化等。

(1)性质 黄色油状液体，具有脂肪酸的一般特性，不溶于水，易溶于乙醚、正己烷、石油醚等非极性溶剂，纯度达到35%以上时极易氧化，不易保存，只能以干性油状态存在。

(2)应用 按我国《食品营养强化剂使用卫生标准》(GB 14880—2007)规定：γ-亚麻油酸用于调和油、乳及乳制品、强化亚麻油酸饮料，用量为2%～5%(占总脂肪酸的百分数)。

2. 亚油酸

(1)性质 室温时为无色至淡黄色油状液体，在空气中易氧化。相对密度约0.901，沸点225～230℃，熔点约－5℃。易溶于乙醚、无水乙醇和氯仿，可混溶于油脂溶剂或油中，不溶于水。

(2)应用 营养强化剂。属人体必需脂肪酸之一。存在于许多植物油中，包括棉子油、大豆油、玉米油、向日葵仁油、红花油；也存在于罂粟子油、亚麻子油中。

3. 花生四烯酸

(1)性质 含量在40%以上的为淡黄色液体，25%以下一般为白色颗粒状结晶。无氧条件下热稳定性好(60℃，40 d，过氧化值1.5)，无臭。溶于正己烷、乙醇中，少量溶于37℃水中。

(2)应用 按我国《食品营养强化剂使用卫生标准》(GB 14880—2007)规定：婴儿配方食品添加量为1.0～1.3 g/kg(早产儿)、0.6～0.9 g/kg(足月儿)，婴儿配方奶粉添加量为1.6～2.6 g/kg。

4. 二十二碳六烯酸(DHA)

二十二碳六烯酸又称脑黄金，人体无法自行合成，需从饮食中获得。主要存在于海洋鱼类脂肪中，并与EPA共同存在，以回游性大中型鱼类及海兽为多。能促进胎儿脑部发育完善；提高脑神经机能，增强记忆、思考和学习能力；预防和减轻记忆力衰退；预防和改善老年人痴呆症；抑制视力减退；降低血压、血脂，改善动脉硬化，抑制血栓形成等。我国卫生部于2000年3月正式批准DHA作为营养强化剂，可以安全服用。

(1)性状 无色至淡黄色透明液体，纯品无臭、无味。熔点－44.5～－44℃。

(2)应用 按我国《食品营养强化剂使用卫生标准》(GB 14880—2007)中规定：婴儿配方奶粉，0.4～1.8 g/kg；孕妇及乳母奶粉，30～100 mg/100 g。实际生产中，为防止产生鱼腥味，液态乳中添加量为0.06%为宜。目前DHA逐渐发展为能长期稳定存在的微胶囊产品。

应用实例

营养强化剂在乳品中的应用

乳粉就是以新鲜牛乳为原料或以新鲜牛乳为主要原料，添加一定数量的植物或动物蛋白质、脂肪、维生素、矿物质等配料，经杀菌、浓缩、干燥等加工工艺除去大部分水分而制成的粉末状产品。

乳粉的种类很多，几乎涵盖了所有的年龄段和人群。其中全脂甜乳粉占总量的一半左右，全脂乳粉和脱脂乳粉的产量也较大，而其他配方乳粉的生产量较小。奶粉新产品不断问世，产量不断提高，产品向系列化方向发展，涌现了不少特殊配方奶粉。特殊配方奶粉是以新鲜牛乳为主要原料，加入适当的辅料，以调节各种营养成分的配比，强化了有益于某些特定人群营养需要的各类维生素及微量元素等物质。该产品的特点是适用于特定人群，具有保健作用，如孕妇奶粉、助长奶粉、脑黄金奶粉、中老年奶粉等。

营养强化奶粉中量最大的是0～6个月的婴儿配方奶粉，占强化乳粉的80%左右。其余的主要为婴儿断奶期奶粉、3～6岁的助长奶粉、7～18岁的中小学生奶粉、孕妇及乳母奶粉、中老年奶粉等。在强化维生素、矿物质及微量元素时，既要考虑产品本身的含重和损失量（维生素A、维生素C、维生素B损失较大），又要考虑营养平衡和相互作用，合理选择和正确使用营养强化剂，必须符合GB 14880—2007《食品营养强化剂使用卫生标准》的要求；又要考虑不同营养强化剂的生物有效性、稳定性、溶解性、价格及对食品感官质量的影响等因素（如某些铁强化剂有血腥味，可引起颜色改变等）；最好是选用专门配制生产的复合营养素，这样既安全又可靠。

第二节　酶制剂

一、酶制剂概述

（一）酶的特性

酶是由生物体内活细胞产生的一种生物催化剂。大多数由蛋白质组成（少数为RNA），能在机体中十分温和的条件下，高效率地催化各种生物化学反应，促进生物体的新陈代谢。生命活动中的消化、吸收、呼吸、运动和生殖都是酶促反应过程。酶是细胞赖以生存的基础，细胞新陈代谢包括的所有化学反应几乎都是在酶的催化下进行的，酶催化具有如下特点：

(1)高效性　酶的催化效率比无机催化剂更高，使得反应速率更快。

(2)专一性　一种酶只能催化一种或一类底物，如蛋白酶只能催化蛋白质水解成多肽。

(3)多样性　酶的种类很多，有 4 000 多种。

(4)温和性　是指酶所催化的化学反应一般是在较温和的条件下进行的。

(5)活性可调节性　包括抑制剂和激活剂调节、反馈抑制调节、共价修饰调节和变构调节等。

因此，酶在食品工业上的应用越来越广泛。

(二)酶的分类和命名

1. 酶的分类

根据酶所催化的反应性质的不同，将酶分成六大类：

(1)氧化还原酶类(oxidoreductase)　促进底物的氧化或还原。

(2)转移酶类(transferases)　促进不同物质分子间某种化学基团的交换或转移。

(3)水解酶类(hydrolases)　促进水解反应。

(4)裂解酶类(lyases)　催化从底物分子双键上加基团或脱基团反应，即促进一种化合物分裂为两种化合物，或由两种化合物合成一种化合物。

(5)异构酶类(isomerases)　促进同分异构体互相转化，即催化底物分子内部的重排反应。

(6)合成酶类(ligase)　促进两分子化合物互相结合，同时 ATP 分子(或其他三磷酸核苷)中的高能磷酸键断裂，即催化分子间缔合反应。

按照国际生化协会公布的酶的统一分类原则，在上述六大类基础上，在每一大类酶中又根据底物中被作用的基团或键的特点，分为若干亚类；为了更精确地表明底物或反应物的性质，每一个亚类再分为几个组(亚亚类)；每个组中直接包含若干个酶。

2. 酶的命名

酶的命名通常有习惯命名和系统命名两种方法。

(1)习惯命名　习惯命名常根据如下两个原则：

①根据酶所催化的底物：如水解淀粉的酶称为淀粉酶，水解蛋白质的称为蛋白酶；有时还加上来源，以区别不同来源的同一类酶，如胃蛋白酶、胰蛋白酶等。

②根据酶所催化的反应类型:催化底物分子水解的称为水解酶,催化还原反应的称为还原酶。

也有根据上述两项原则综合命名或加上酶的其他特点,如琥珀酸脱氢酶、碱性磷酸酶等。

习惯命名较简单,使用较久,但缺乏系统性又不甚合理,以致造成某些酶的名称混乱。如肠激酶和肌激酶从字面看,很像来源不同而作用相似的两种酶,实际上它们的作用方式截然不同,又比如铜硫解酶和乙酰辅酶A转酰基酶实际上是同一种酶,但名称却完全不同。

鉴于上述情况和新发现的酶不断增加,为适应酶学发展的新情况,国际生化协会酶委员会推荐了一套系统的酶命名方案和分类方法,决定每一种酶应有系统名称和习惯名称。同时每一种酶有一个固定编号。

(2)系统命名　酶的系统命名是以酶所催化的整体反应为基础的,规定每种酶的名称应明确写出底物名称及其催化性质。若酶反应中有两种底物,则这两种底物均需列出,当中用":"分隔开。例如谷丙转氨酶(习惯名称)写成系统名时,应将它的两个底物"*L*-丙氨酸"和"α-酮戊二酸"同时列出,它所催化的反应性质为转氨基,也需指明,故其系统名称为"*L*-丙氨酸:α-酮戊二酸转氨酶"。

由于系统命名一般都很长,使用时不方便,因此叙述时可采用习惯命名。

(三)酶制剂的来源和安全性要求

一切生物的全部新陈代谢都是在各种各样酶的作用下进行的,任何生物都能产生多种酶并保存这些酶。从生物(包括动物、植物、微生物)中提取的具有生物催化能力(即酶活力)的物质,称为酶制剂。专用于加速食品加工过程和提高食品质量的制品,称为食品酶制剂。酶是生物细胞原生质合成的具有高度催化活性的蛋白质,因其来源于生物体,通常被称为"生物催化剂"。因此,食品酶制剂可被看作一种天然食品添加剂。

食品酶制剂的原料有动物性、植物性和微生物性原料三种。以往常限于动物脏器(如取自小牛第四胃的皱胃酶、由猪或牛胰腺提取的胰蛋白酶等)和高等植物(如无花果蛋白酶、菠萝蛋白酶等)中作为提取酶的原料,随着发酵工业和生物工程的发展,酶制剂的主要来源已成微生物。由微生物生产的酶制剂的优点是微生物生长快,生长和产酶过程容易控制,所产的酶容易提取。

不同来源的酶制剂的组成可以是所用材料的整细胞、部分细胞或细胞提取液,剂型可为固体、半固体或液体,颜色从无色至褐色。按生物化学的标准来衡量,食品加工中所用的酶制剂是一种粗制品,大多数酶制剂含有一种主要酶和几种其他的酶。如木瓜蛋白酶制剂,除木瓜蛋白酶外,尚含有木瓜凝乳蛋白酶、溶菌酶及纤维素酶等。

关于酶制剂的安全要求，FAO 和 WHO 的食品添加剂专家联合委员会做出以下规定：

①凡从动物、植物可食部位的组织，或从传统食品加工使用菌种生产的酶制剂，可作为食品对待，不需要进行毒理实验，只需建立酶化学和微生物的说明。

②凡由非致病性一般食品污染微生物产生的酶需做短期毒性实验。

③对于非常少见微生物制取的酶，需做广泛的毒性试验。

食品加工中所使用的酶制剂必须是食品级的。如果酶是由微生物产生的，则必须是非致病菌，不产生毒素、抗生素、激素等生理活性物质，必须通过各种安全性实验，证明安全可靠，才能批准使用。因此，食品酶制剂必须达到 FAO 和 WHO 的食品添加剂专家联合委员会所制定的规范，以及我国制定的有食品关酶制剂的国家标准。

此外，对食品酶制剂还做出其他卫生学的规定：按照良好的食品制造技术生产酶制剂；根据各种食品微生物卫生标准，用酶制剂加工的食品必须不引起微生物总量的增加、不带入和不增加危害健康的杂质。

(四)酶制剂的保存

酶制剂的一般保存方法应根据酶的性质决定，由于酶不太稳定，易受各种因素的影响而失去活力。要使酶长期保存而不失去活性，关键在于干燥和低温，酶制剂水分含量越高，越易失活，因此，酶制剂应密闭储存在避光处。酶的底物和某些物质具有保护酶的作用，如淀粉对淀粉酶有保护作用，所以往往将淀粉酶吸附在淀粉上保存。有时也可加入对淀粉酶有保护作用的碳酸钠。

此外，还应注意保存容器的材料，因为有些金属离子也能引起酶失去活性或抑制酶的活力。

二、淀粉酶类

淀粉酶是水解淀粉、糖原和它们的降解中间产物的酶类，广泛存在于动植物组织和微生物中，是工业酶制剂中具有广泛用途的酶制剂之一。各种淀粉酶水解淀粉的方式不同，有的只水解 α-1,4-糖苷键，有的还可水解 β-1,6-糖苷键，有的从分子内部水解糖苷键，有的只从淀粉分子非还原性末端水解糖苷键，有的酶还具有葡萄糖苷转移作用。按酶的水解方式，与工业上应用有关的淀粉酶可分为：α-淀粉酶、β-淀粉酶、葡萄糖淀粉酶、脱支酶以及其他淀粉酶等。

1. α-淀粉酶

α-淀粉酶又称液化型淀粉酶，亦称细菌 α-淀粉酶、糊精化淀粉酶等。

(1)性质　米黄色、灰褐色粉末，能水解淀粉分子中的 α-1,4-糖苷键。在高浓度淀粉保护下，α-淀粉酶的耐热性很强，在适量的钙盐和食盐存在下，pH 为 5.3～7.0 时，温度提高到 93～95℃仍保持足够高的活性，嗜热芽孢杆菌 α-淀粉酶在 110℃仍能液化淀粉，这一特性在食品加工中极为宝贵。在工业生产中，可选用 α-淀粉酶降低淀粉糊化时的黏度。为便于储藏，本品中常加入适量的碳酸钙等作为抗结剂防止结块。

α-淀粉酶的最适 pH 一般为 5.8～8.0，其最适 pH 因来源不同差异很大。如枯草杆菌 α-淀粉酶的最适 pH 范围较宽，在 5.0～7.0 之间，嗜热芽孢杆菌 α-淀粉酶的最适 pH 则只在 3.0 左右；其他来源 α-淀粉酶的最适 pH 也有不同。

α-淀粉酶可水解直链淀粉分子内的 α-1,4-糖苷键，将直链淀粉分解为麦芽糖、葡萄糖和糊精，使淀粉液的黏度迅速下降，碘反应由蓝变紫，再转变成红色、棕色以至无色，这种作用称为液化作用。α-淀粉酶不能分解支链淀粉的 α-1,6-糖苷键。

(2)毒性　小鼠口服 LD_{50} 为 7 375 mg/kg。无致突变作用。据报道，由枯草杆菌属菌株生产的 α-淀粉酶，一般认为是安全的。FAO/WHO(1990)规定，ADI 无限制性规定。

(3)应用　α-淀粉酶作为酶制剂，按我国《食品添加剂使用卫生标准》(GB 2760—1996)规定：在淀粉糖浆、发酵酒、蒸馏酒中生产需要适量使用。用于面包的生产，以改良面团，如降低面团黏度，加速发酵进程，增加含糖量和缓和面包老化等；在婴幼儿食品中用于谷类原料预处理。用于果汁加工中淀粉的分解，以加快过滤速度。此外，还用于蔬菜加工中，添加量约为 0.1%[以枯草杆菌 α-淀粉酶(6 000 IU/g)计]。

2. β-淀粉酶

β-淀粉酶又称淀粉-1,4-麦芽糖苷酶，是外切酶。

(1)性质　分子质量略高于 α-淀粉酶，棕黄色粉末，产品常制成液体状。广泛存在于谷物、山芋和大豆等植物及各种微生物中。植物 β-淀粉酶的最适 pH5.0～6.0，在 pH5～8 范围内稳定，最适反应温度 50～60℃；细菌 β-淀粉酶的最适 pH 6.0～7.0，最适反应温度约为 50℃。β-淀粉酶的活性中心都含有巯基(—SH)，重金属、巯基试剂能使之失活，还原性谷胱甘肽、半胱氨酸可使之复活。

β-淀粉酶水解淀粉时，可以从淀粉分子非还原性末端依次切开 α-1,4-糖苷键而生成麦芽糖，但是它不能水解支链淀粉的 α-1,6-糖苷键，用 β-淀粉酶水解淀粉，麦芽糖的生成量通常不超过 50%，除非同时用脱支酶处理来切开分支点的 α-1,6-糖苷键。

(2)毒性　按 FAO/WHO(1989)规定，ADI 无限制性规定。

(3)应用　我国《食品添加剂使用卫生标准》(GB 2760—1996)规定：β-淀粉酶主要用于啤酒酿造、饴糖(麦芽糖浆)制造，按生产需要量添加。

3. 糖化酶

糖化酶又称葡萄糖淀粉酶、淀粉葡萄糖苷酶。

(1)性质　一般为黑褐色液体。最适反应温度55～60℃，最适pH4.5～5.5，视菌株不同而稍有差异。

糖化酶是一种外切酶，可以从淀粉、糖原、糊精等分子的非还原性末端依次将葡萄糖切下，既可水解α-1,4-糖苷键，也可水解α-1,3-糖苷键和α-1,6-糖苷键，然而水解这三种糖苷键的速度不同。

(2)毒性　按FAO/WHO(1981)规定，ADI无限制性规定。

(3)应用　重要的糖化剂，在淀粉糖浆、葡萄糖、蒸馏酒、酒精及其他发酵工业生产中，用以转化淀粉成为可发酵性的葡萄糖，也大量用做饲料添加剂。

4. 纤维素酶

纤维素酶一般用黑曲霉或木霉菌经斜面培养、制酶曲后制成酶液。

(1)性质　灰白色粉末或液体，对热较稳定，即使在100℃保持10 min仍可保持原有活性的20%，一般作用的最适温度为50～60℃，最适pH为4.5～5.5。

(2)毒性　FAO/WHO(1981、1982)规定，由黑曲霉提取的纤维素酶，ADI不作特殊规定。

(3)应用　用于豆类、谷类等植物性食品的软化、脱皮；用于制酒生产，可提高酒的出酒率和原料利用率，降低溶液黏度，缩短发酵时间，酒口感醇香，杂醇油含量低。柑橘果汁生产中，可除去纤维性混浊。

5. 乳糖酶

乳糖酶学名为β-半乳糖苷酶，由酵母菌发酵制得。

(1)性质　乳糖酶可催化乳糖分子中β-1,4-半乳糖苷键而水解成为半乳糖和葡萄糖的可逆反应。在高浓度乳糖存在下，乳糖酶可催化半乳糖分子的转移反应，生成杂低聚乳糖，后者也是一个双歧因子。也可用于生产含半乳糖苷键的低聚糖。最适pH由大肠杆菌制得者为7.0～7.5，由酵母菌制得者为6.0～7.0，而以霉菌制得者为5.0左右，最适温度为37～50℃。

(2)毒性　FAO/WHO(1981、1982)规定，ADI不作特殊规定。

(3)应用　主要用于乳品工业，可使低甜度和低溶解度的乳糖转变为较甜的、溶解度较大的单糖(葡萄糖和半乳糖)；使冰淇淋、淡炼乳中乳糖结晶的可能性降低，同时增加甜度。

6. 果胶酶

主要存在于高等植物和微生物中，一般采用发酵法由曲霉菌产生。

(1)性质　灰白色或微黄色粉末，无结块，易溶于水。有3种类型：原果胶酶、果胶酯酶和聚半乳糖醛酸酶。果胶酶的最适pH因底物而异，以果皮为底物时，pH为3.5；以多聚半乳糖醛酸为底物时，pH为4.5。最适温度为40～50℃。Fe^{3+}、Fe^{2+}、Cu^{2+}等能明显抑制其活性，多酚物质对其也有抑制作用。

(2)应用　按我国《食品添加剂使用卫生标准》(GB 2760—1996)规定：果胶酶可用于果酒、果汁、糖水橘子罐头，可按生产需要适量使用。用于果汁澄清，能提高果汁过滤速率，降低果汁黏度，防止果泥和浓缩果汁胶凝化，提高果汁得率。果汁澄清时果胶酶的用量和作用条件，因果实的种类、品种、成熟程度以及酶制剂的种类和活力不同而不同，葡萄汁用0.2%的果胶酶在40～42℃下放置3 h，即可完全澄清；苹果汁澄清，果胶酶最高用量为3%。果胶酶还可用于果蔬脱内皮、内膜和囊衣等，使用果胶酶脱除莲子内皮、蒜内膜、橘子囊衣时，通常是将其放入pH为3.0的酶液中，在温度低于50℃下搅拌1 h左右即可。橘子(罐头制品)经脱囊衣后果味浓郁，品质提高。

7. 葡萄糖氧化酶

葡萄糖氧化酶(简称GOD)可以由黑曲霉、青霉菌制得。

(1)性质　近乎白色至浅黄色粉末，或黄色至棕色液体。溶于水，水溶液一般呈淡黄色，几乎不溶于乙醇、氯仿和乙醚。主要作用酶为葡萄糖氧化酶和过氧化氢酶，主要作用是使*β-D*-葡萄糖氧化为葡萄糖酸内酯。适宜pH为4.5～7.5，最适温度30～60℃。在80℃、2 min酶失活90%；70℃、3 min失活90%；65℃、10 min失活90%。

(2)毒性　FAO/WHO(1981、1982)规定，得自黑曲霉者，ADI不作特殊规定。

(3)应用　用于从蛋液中除去葡萄糖，以防止蛋白成品在储藏期间变色、变质，最高用量500 mg/kg。用于柑橘类饮料及啤酒等的脱氧，以防色泽增深、降低风味和金属溶出，最高用量为10 mg/kg。用于全脂奶粉、谷物、可可、咖啡、虾类、肉等食品。可防止由葡萄糖引起的褐变。

8. 葡聚糖酶

(1)性状　土黄色粉末或棕色液体，最适作用pH为5.5～7.0，最适作用温度为55℃。

(2)毒性　LD_{50}>10 g/kg体重。小鼠骨髓微核试验，无致突变性。

(3)应用　按我国《食品添加剂使用卫生标准》(GB 2760—1996)规定：用于啤酒工艺，可按生产需要适量使用。在啤酒生产糖化过程中，添加该酶对缩短麦汁的过滤时间有明显效果。

9. 葡萄糖异构酶

(1)性质　白色至浅棕黄色或粉红色无定形粉末、颗粒或液体。粉末和液体可溶于水,颗粒不溶于水,不溶于乙醇、氯仿和乙醚等有机溶剂,主要作用是使*D*-葡萄糖转化为*D*-果糖,使木糖转化为木酮糖。来自不同菌体的葡萄糖异构酶在性质上存在差异,最适 pH 为 6～7,锰和钾可提高耐热作用,最适温度为 40～65℃。

(2)毒性　按 FAO/WHO 规定,ADI 不作特殊规定。

(3)应用　主要用于由淀粉、葡萄糖制造高果糖浆和果糖。

三、蛋白酶类

蛋白酶为水解蛋白质和多肽肽键的一类酶。蛋白酶是食品工业中最重要的一类酶,广泛用于干酪生产、肉类嫩化、植物蛋白质改性等。

蛋白质在蛋白酶作用下依次被水解成胨、多肽、肽,最后成为蛋白质的组成单位-氨基酸。蛋白酶按其作用方式可分为内肽酶和外肽酶两大类:内肽酶可从蛋白质或多肽的内部切开肽键生成分子质量较小的胨和多肽,是真正的蛋白酶;外肽酶则只能从蛋白质或多肽分子的氨基或羧基末端水解肽键而游离出氨基酸,前者称氨肽酶,后者称羧肽酶。实际生产中,常按酶的来源分为胃蛋白酶、胰蛋白酶、木瓜蛋白酶、细菌或霉菌蛋白酶等。微生物蛋白酶则常根据其作用最适 pH 分为碱性蛋白酶、中性蛋白酶、酸性蛋白酶等。按活性中心,根据酶对专一性抑制剂的反应而将蛋白酶分为 4 类:丝氨酸蛋白酶、巯基蛋白酶、金属蛋白酶、羧基蛋白酶。

蛋白酶广泛存在于动物内脏、植物茎叶、果实和微生物中,微生物蛋白酶主要由霉菌、细菌、酵母菌和放线菌生产。

1. 木瓜蛋白酶

木瓜蛋白酶亦称木瓜酶,是由木瓜的未成熟果实,提取出乳液,经凝固、干燥得粗制品。由木瓜制得的酶制剂主要有 3 种酶:木瓜蛋白酶、木瓜凝乳蛋白酶和溶菌酶。

(1)性质　乳白色至微黄色粉末或液体,具有木瓜特有的气味,粉末状体有一定吸湿性。溶于水和甘油,几乎不溶于乙醇、氯仿和乙醚等有机溶剂。水解蛋白能力强,但几乎不能分解蛋白胨。最适作用温度 65℃,最适作用 pH5.0。

(2)毒性　雄性小鼠口服 LD_{50} 为 584 mg/kg 体重;雌性小鼠口服 LD_{50} 为 926 mg/kg 体重。ADI 不作特殊规定(FAO/WHO,1994)。

(3)应用　木瓜蛋白酶在食品工业中主要用于啤酒和其他酒类的澄清、肉类嫩化，用量为 0.5～5 mg/kg；用于饼干、糕点松化，可使制品疏松，降低碎饼率；用于酱油，提高产率和氨基酸含量；在制造啤酒麦芽汁时，加入木瓜蛋白酶和其他酶，可减少麦芽用量，降低成本，用量为 1.0%；还可作为凝乳酶的代用品和干酪的凝乳剂。

2. 菠萝蛋白酶

菠萝蛋白酶由菠萝果实及茎（主要利用其外皮）经压榨提取、盐析（或丙酮、乙醇沉淀）、分离、干燥而制得。

(1)性质　白色至浅黄色无定形粉末。溶于水，水溶液为无色至淡黄色，有时有乳白光，不溶于乙醇、氯仿和乙醚。此酶水解肽键及酰胺键，等电点 9.35，最适 pH 为 6～8。属糖蛋白，含糖量约为 2%。

(2)毒性　FAO/WHO(1994)规定，ADI 不作特殊规定。

(3)应用　在食品工业中主要用于啤酒和其他酒类的澄清，肉类嫩化，饼干、糕点松化，水解蛋白质生产等，添加量在 0.8～1.2 mg/kg。

3. 凝乳酶

由小牛、羊的第四胃胃翻膜提取，或由无花果树液、菠萝果实及霉菌、酵母菌而来，相对分子质量为 3.6×10^4～31×10^4。

(1)性质　凝乳酶为澄清的琥珀至暗棕色液体，或白色至浅棕黄色无定形粉末，有吸湿性，味微咸。干燥品活性稳定，在溶液中不稳定，在 pH 为 5.3～6.3 最稳定，在中性或碱性环境下，凝乳酶很快失去凝乳活力。稍溶于水、稀乙醇。酸性环境，凝乳酶活性最强，其最适宜活性温度是 42℃，自由钙离子的浓度影响凝乳的时间、凝块硬度和乳清排出。

(2)毒性　FAO/WHO(1994)规定，ADI 不作特殊规定。美国食品和药物管理局(1985)将本品列为一般公认安全物质。动物性凝乳酶一般是安全的，而微生物凝乳酶，需经过毒性试验才能确定是否可用做食品添加剂。

(3)应用　用于干酪、凝乳布丁等的生产，用量视生产需要而定，粉状体一般用量为 0.002%～0.004%。使用时，先溶于 3%食盐液中，再使用。

4. 胰蛋白酶

胰蛋白酶是胰脏中主要的蛋白酶，它不仅在食品工业中广泛应用，还是一种重要的消化酶。

(1)性质　白色至浅棕黄色无定形粉末，可溶于水，几乎不溶于乙醇、甘油、氯仿和乙醚。在 pH 低于 6 时非常稳定，pH3 时最稳定，在 pH 较高时，会产生自我消化而遭破坏。

(2)毒性　ADI 不作限制性规定(FAO/WHO，1994)。

(3)应用　抑制乳的氧化风味，生产水解蛋白质。亦用于焙烤、肉类嫩化等。

四、脂肪酶类

1. 脂肪酶

脂肪酶广泛存在于动、植物界，以动物胰脏、植物种子含量最多，工业品大多由微生物产生。

(1)性质　近白色至淡棕黄色结晶性粉末，由米曲霉制成粉末亦可为脂肪块。基本作用是使三甘油酯水解为甘油和脂肪酸。最适作用 pH 为 7.0～8.5，只有植物来源的 pH 为 5，最适作用温度为 30～40℃。溶于水呈淡黄色，几乎不溶于乙醇、氯仿和乙醚。

(2)毒性　按 FAO/WHO 规定由动物组织提取的 ADI 以 GMP 为限；由米曲霉制得的 ADI 不作特殊限制。

(3)应用　主要用于干酪制造中脱脂和使产品产生特殊香味(主要是增加挥发酸和风味脂肪酸)、脂肪改性、脂类水解，以防止某些乳制品和巧克力等产品中的油脂蚝败。是牛奶巧克力和奶油蛋糕产生特殊风味的优良制剂。加入蛋白中以分解其中可能混入的脂肪，从而提高其发泡能力。在酿酒中，加入脂肪酶可缩短酿酒时间，改善酒的风味等。用于焙烤工业、面食加工，按生产需要适量使用。

2. 脂肪氧合酶

脂肪氧合酶也称脂肪氧化酶(LOX)，是一种含非血红素铁的蛋白质，专一催化具有顺，顺-1,4-戊二烯结构的多元不饱和脂肪酸加氧反应，氧化生成具有共轭双键的过氧化氢物。最适反应温度为 40℃，最适 pH 为 7.0。脂肪氧化酶在温度低于 50℃，pH 在 6～8 范围内稳定，在 80℃处理 30 min 后基本失活。它广泛存在于高等植物体内，与植物的生长发育、衰老、脂质过氧化作用和光合作用及其他胁迫反应等有关。

五、其他酶类

1. 单宁酶

(1)性质　淡黑色粉末。最适 pH 为 5.5～6.0，最适温度为 33℃。主要作用是使鞣质加水分解成鞣酸、葡萄糖和没食子酸。

(2)毒性　FAO/WHO(1981、1982)规定，由黑曲霉提取者，ADI 不作特殊规定。

(3)应用　单宁酶主要用于生产速溶茶时分解其中的鞣质，以提高成品的冷溶性和避免热溶后在冷却时产生混浊。使用时在 pH 为 5.5～6.0 的茶叶抽提液中，按每升加 2.5 g 鞣酸酶制剂的比例加入，在 30℃下搅拌 70 min，再升温至 90℃以灭酶，离心除去鞣酸酶即可。

2. 溶菌酶

溶菌酶是一种在动物和植物中广泛分布的酶。

(1)性质 白色结晶体，溶于食盐水，遇丙酮、乙醇产生沉淀。在酸性溶液中较稳定，加热至 55℃活性不受影响，水溶液在 62.5℃下维持 30 min 则完全失活。

(2)毒性 LD_{50} 为 20 g/kg 体重。

(3)应用 溶菌酶在乳制品中有明显抗菌活性。在鱼子酱等中，有防腐作用。在半硬质干酪中加入 0.001%，可防止香味物质丁酸的损失。

3. 柚苷酶

(1)性质 可将柚苷分解为鼠李糖和无苦味的柚配质-7-葡萄糖苷的一种酶制剂，主要含有两种酶：鼠李糖苷酶和 β-葡萄糖苷酶，柚苷酶作用的最适 pH 为 3.5～5.0，最适温度为 50～60℃。

(2)毒性 ADI 不作限制性规定。

(3)应用 主要用于柚子和苦味橘子的果汁、果肉和果皮等的脱苦，其用量一般为 0.01%～0.05%，果汁的脱苦时间为 1～4 h(pH3.5～5.0，温度20～50℃)。

应用实例

酶制剂在果蔬汁饮料中的应用

果蔬汁饮料加工中的主要用酶是果胶酶，主要作用于降解果胶物质，使混浊物颗粒失去胶体保护而相互絮凝，从而提高澄清效果。用来澄清果汁，改善果汁的稳定性，提高出汁率。应用酶制剂时，应注意酶的作用效果。它受到酶浓度、温度、pH、时间诸多因素的影响。果胶酶在果汁加工中应用参考数据：苹果汁、梨汁的澄清：40～100 g/t，45～50℃作用 0.5～1.5 h，；葡萄汁的澄清：60～120 g/t，45～50℃作用 1.0～1.5 h；葡萄酒的澄清：60～120 g/t，15～20℃作用 4～8 h。

酶制剂使用注意事项：由于果汁种类不同，含果胶量不同，所以酶法澄清条件(澄清温度和 pH)和加酶量也不同。为了保证果汁质量，应尽可能采用低酶浓度和较长的澄清时间。在使用时应先将果胶酶粉末溶解在水中，若使用液体果胶酶就更方便，预先将这些酶用水或果汁稀释，放到需要的澄清的果汁中，混合均匀，静置澄清。

本章小结

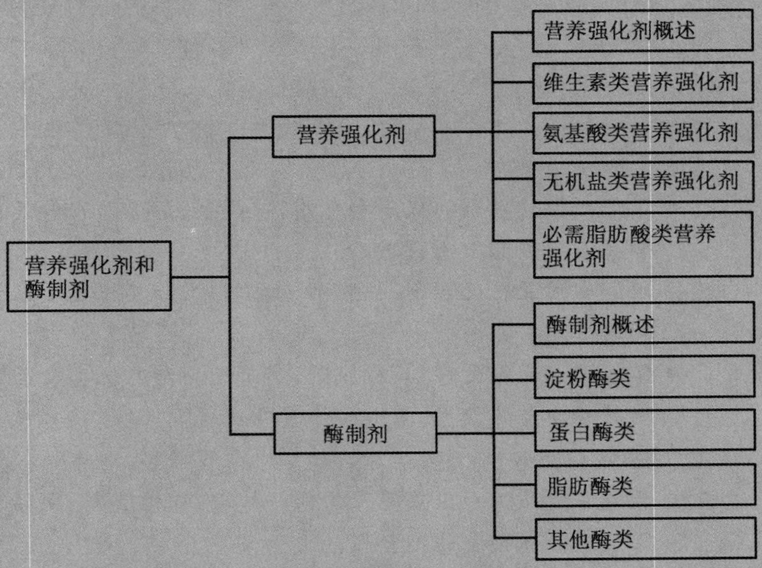

复习思考题

1. 食品营养强化剂的定义及营养强化的原则是什么？
2. 营养强化的方法有哪几种？
3. 什么是食品酶制剂？
4. 食品酶制剂应如何保存？
5. 常用的维生素类强化剂有哪些？各有何作用？
6. 常用的氨基酸类强化剂有哪些？各有何作用？
7. 常用的矿物质类强化剂有哪些？各有何作用？
8. 常用的必需脂肪酸类强化剂有哪些？各有何作用？
9. α-淀粉酶、β-淀粉酶和糖化酶在性能上有何区别？在食品工业中如何正确使用？
10. 常用蛋白酶类酶制剂有哪些？在食品工业中如何应用？

第六章　其他类食品添加剂

知识目标

- 了解面粉处理剂的概念和作用，被膜剂、加工助剂和其他类食品添加剂的应用情况。
- 理解常用面粉处理剂、被膜剂、加工助剂和其他类食品添加剂的性质。
- 掌握常用面粉处理剂、被膜剂、加工助剂和其他类食品添加剂的科学合理使用。

技能目标

- 能够在食品生产中熟练应用面粉处理剂、被膜剂、食品加工助剂和其他类食品添加剂。

第一节　面粉处理剂

一、面粉处理剂的定义和作用

1. 面粉处理剂的定义

面粉处理剂是一类使面粉增白、促进成熟、提高烘烤质量的一类食品添加剂。

2. 面粉处理剂的作用

面粉处理剂主要是一些氧化剂，不仅具有氧化漂白作用，还能将面筋蛋白中的巯基氧化，有利于蛋白质网状结构的形成，提高面食制品的质量。此外，还能抑制面粉中蛋白质分解酶的作用，改善面团的弹性、延伸性等。具有还原作用的*L*-半胱氨酸盐酸盐也能促进面筋蛋白网状结构的形成，防止面团老化，缩短发酵时间。

新制的面粉，特别是用新小麦磨制的面粉，筋力小，弹性比较弱，没有光泽，面团的吸水能力低，黏性不大，发酵耐力差，极易塌陷，做成的面包体积小，易收缩变形，组织不均匀。因此，新面粉必须经过后熟或促熟过程。现在，国内外均采用加入促熟剂的办法增强新面粉的筋力，克服以上缺点，这类促熟剂也称为增筋剂。

二、常用面粉处理剂

我国许可使用的面粉处理剂包括面粉漂白剂、面粉增筋剂、面粉还原剂和面粉填充剂。

1. 偶氮甲酰胺(ADA)

偶氮甲酰胺是一种近年来广泛使用的面粉增筋剂，属于快速型氧化剂。它除了具有溴酸钾相同的效果之外，还能够直接影响面团搅拌和发酵时的流变学特性，降低面团的延伸阻力，改善面团的操作性能，改善面包的内部组织。

(1)性质　白色或淡黄色结晶性粉末，无臭。溶于碱，不溶于水和大多数有机溶剂。120℃以上分解放出大量氮气。

(2)毒性　小鼠经口 LD_{50}>10 g/kg 体重；ADI 为 0～45 mg/kg 体重(FAO/WHO，1994)。

(3)应用　我国《食品添加剂使用卫生标准》(GB 2760—2007)规定：用于小麦粉处理剂，最大使用量 0.045 g/kg。

2. 过氧化苯甲酰(BP)

过氧化苯甲酰又称过氧化苯酰，二氧化二苯甲酰，分子式为 $C_{14}H_{10}O_4$。

(1)性质　无色至白色结晶或结晶性粉末，略有苯甲醛的气味，加热至 103～106℃熔化并分解，溶于乙醚、苯、氯仿和丙酮，微溶于水和乙醇。具有强氧化性，易还原为苯甲酸，受冲击或摩擦会引起爆炸。

(2)毒性　小鼠经口 LD_{50} 为 3 949 mg/kg 体重，大鼠经口 LD_{50} 为 7 710 mg/kg 体重；ADI 为 0～40 mg/kg 体重(FAO/WHO，1994)。

(3)应用　我国《食品添加剂使用卫生标准》(GB 2760—2007)规定：用于面粉漂白，仅用于小麦粉，最大使用量为 0.06 g/kg。磷酸钙可作为过氧化苯甲酰稀释剂。使用时，先用 1 份 BP 与 6 份其他填充剂混合均匀后再添加到面粉中。因过氧化苯甲酰冲击摩擦有爆炸危险，很少单独存在和使用。分解后的产物苯甲酸为绿色食品禁用防腐剂，过量添加破坏面粉营养价值且有异味。

3. 碳酸镁

(1)性质　本品因结晶条件不同可有轻质和重质之分，一般为轻质。轻质的有：$MgCO_3 \cdot H_2O$。重质的有：$5MgCO_3 \cdot Mg(OH)_2 \cdot 3H_2O$，$5MgCO_3 \cdot 2Mg(OH)_2 \cdot 7H_2O$，$4MgCO_3 \cdot Mg(OH)_2$ 及 $3MgCO_3 \cdot Mg(OH)_2 \cdot 4H_2O$。常温时为三水盐。轻质碳酸镁为白色松散粉末或易碎块状。无臭，相对密度 2.2，熔

点 350℃。在空气中稳定，加热至 700℃产生二氧化碳，生成氧化镁，几乎不溶于水，但在水中引起轻微碱性反应。不溶于乙醇，可被稀酸溶解并冒泡。

（2）毒性　ADI 无需规定（FAO/WHO，1994）。

（3）应用　用于面粉处理剂，抗结剂和膨松剂。我国《食品添加剂使用卫生标准》（GB 2760—2007）规定：用于小麦粉，最大使用量为 1.5 g/kg。也可用于蛋白型固体饮料（可可粉固体饮料），最大使用量为 10.0 g/kg。

应用实例

偶氮甲酰胺（ADA）在面粉中的应用

偶氮甲酰胺具有氧化性，是一种速效氧化剂，它能够氧化面筋蛋白中的—SH 为二硫基团，从而加强了面筋网络，增加了面团筋力，改善了面筋蛋白的性质。

偶氮甲酰胺对面团的作用为快速，化学反应在面团搅拌过程中就完成了。它是溴酸钾的替代品，其添加范围是 4～40 mg/kg，当使用质量好的进口小麦时，添加量很小即可取得满意的效果。

过量添加，粉质曲线会出现马鞍状的双峰，第二峰后曲线迅速下降、宽度变窄，这时，稳定的时间明显减少，弱化值增加，弹性变小，拉伸曲线的延伸性、延伸性阻力和拉伸面积都大大减小。偶氮甲酰胺的改良作用见下表：

品种	粉质仪					拉伸仪			
	醒面时间/min	形成时间/min	稳定时间/min	弱化值/UB	评价值	拉伸面积/m^2	50 mm 延伸性阻力	最大延伸性阻力/UB	延伸性/mm
面粉	45					93	280	430	166
	90	2.0	8.0	67	51	101	360	525	154
	135					115	345	550	160
面粉＋4 mg/kg 偶氮甲酰胺	45					81	253	435	156
	90	2.0	15.0	25	61	102	423	633	135
	135					107	525	735	121

4. *L*-半胱氨酸盐酸盐

（1）性质　无色至白色结晶性粉末，略有异臭和酸味。熔点 175℃。溶于水、醇、氨水和乙酸,水溶液为酸性,不溶于苯、乙醚、丙酮等。具有还原性,有抗氧化和防止非酶褐变作用。

(2)毒性　小白鼠经口 LD_{50}>3 460 mg/kg 体重。

(3)应用　我国《食品添加剂使用卫生标准》(GB 2760—2007)规定:用于发酵面制品,最大使用量为 0.06 g/kg。用作面粉还原剂、面制品发酵促进剂,可加速谷蛋白形成,防止老化。作为抗氧化剂,在果汁中用于防止维生素 C 氧化褐变,用量 0.02%～0.08%。

还有 *L*-抗坏血酸也被用作面粉处理剂,通过还原性,具有促进面包发酵的作用。

另外,面粉填充剂又称分散剂,是一种面粉处理剂的载体,包括碳酸钙、过氧化钙等,除具有使微量的面粉处理剂分散均匀的作用外,尚具有抗结剂、膨松剂、酵母养料、水质改良剂的作用。

第二节　被膜剂

一、被膜剂概述

人们为了储存水果和鸡蛋,往往在其表面涂以薄膜,用来抑制水分蒸发(或抑制水果的呼吸作用)、防止细菌侵袭,达到保持新鲜度的目的;而对于糖果、巧克力等,在其表面涂膜后不仅有利于保持食品质量稳定,而且还可使其外表光亮美观。可被覆于食品表面,起保质、保鲜、上光、防止水分蒸发作用的物质称为被膜剂或涂膜剂。虫胶、桃胶和蜂蜡等是天然的被膜剂,而石蜡和液体石蜡则为人工被膜剂。

二、常用被膜剂

1. 白油

(1)性质　白油又称液体石蜡,为无色半透明油状液体,无臭无味,但加热时可稍有石油气味。不溶于水和乙醇,可溶于乙醚、石油醚、挥发油,可与多数非挥发性油脂混溶(不包括蓖麻油)。对光、热、酸稳定,但长时间受热或光照会慢慢氧化。

(2)毒性　ADI 无需规定(FAO/WHO,1994)。本品在消化道内不能消化吸收,无吸收毒性,仅当大剂量摄入时,引起容积性腹泻,影响维生素的吸收。

(3)应用　我国《食品添加剂使用卫生标准》(GB 2760—2007)规定:用于鸡蛋

保鲜、凝胶糖果时最大使用量为5.0 g/kg。还可按正常生产需要适量用于面包脱模、味精发酵消泡。此外可用于食品的上光、消泡、密封、防黏和食品机械的润滑等。

白油有一定的抑菌作用，可不被病原菌和霉菌污染，易乳化、有渗透性、软化性和可塑性。长期放置可被氧化，可加入抗氧化剂防止氧化。

2. 吗啉脂肪酸盐（果蜡）

吗啉脂肪酸盐具有优良的成膜性，涂于果蔬表面，可形成薄膜，有效抑制果蔬的呼吸作用，防止内部水分散失，同时还可控制微生物的入侵，并能改善外观。

(1)性质　褐色半透明乳状液，溶于水，混溶于丙酮、乙醇、苯，pH 为 7～8。

(2)毒性　大白鼠经口 LD_{50} 为 1 600 mg/kg 体重。

(3)应用　我国《食品添加剂使用卫生标准》(GB 2760—2007)规定：经表面处理的鲜水果涂膜保鲜，按生产需要适量使用。使用时先配成一定浓度的水溶液，然后采用浸果或喷雾的方法，晾干后可在水果表面形成一层薄膜。实际使用时添加适量的防霉剂，可以获得更好的储藏效果。

3. 巴西棕榈蜡

(1)性质　从巴西蜡棕的叶子中提取，棕色至淡黄色脆性蜡，具有树脂状断面，微有气味。相对密度 0.997，溶于氯仿、乙醚、碱液及 40℃以上的脂肪，微溶于热乙醇，不溶于水。

(2)毒性　ADI 为 0～7 mg/kg 体重(FAO/WHO，1994)。

(3)应用　我国《食品添加剂使用卫生标准》(GB 2760—2007)规定：用作被膜剂、抗结剂。用于可可制品、巧克力和巧克力制品（包括类巧克力和代巧克力）以及糖果，最大使用量为 0.6 g/kg。用于糖果、果脯涂膜剂和上光剂，用乙醇溶解后涂在果蔬外表面，可形成一层保鲜膜。

4. 紫胶

紫胶又名虫胶片，为紫胶虫分泌的紫胶原胶经加工制得，其主要成分是树脂。紫胶分为普通虫胶片和漂白的虫胶片，现在食品工业多用漂白的紫胶。

(1)性质　普通紫胶为淡黄色至褐色的片状物，漂白的虫胶片为浅色，脆而坚，无味，有光泽。可溶于乙醇、乙醚和碱，部分溶于乙酸甲酯、乙二醇和丙酮等，不溶于酸、水、苯等芳烃溶剂。有一定的防潮能力。

(2)毒性　大鼠经口 LD_{50} 为 15 000 mg/kg 体重；ADI 允许使用(FAO/WHO，1994)。

(3)应用　我国《食品添加剂使用卫生标准》(GB 2760—2007)规定：紫胶可用作被膜剂、胶姆糖基础剂。用于可可制品、巧克力和巧克力制品（包括类巧克力和代巧克力),最大使用量为0.2 g/kg;用于威化饼干,最大使用量为0.2 g/kg;用于经表面处理的鲜水果(仅限苹果),最大使用量为0.4 g/kg;用于经表面处理的鲜水果(仅限柑橘类),最大使用量为0.5 g/kg;用于胶基糖果,最大使用量为3.0 g/kg。

5. 松香季戊四醇酯

(1)性质　硬质浅琥珀色树脂,不溶于水及乙醇,溶于丙酮、苯。

(2)毒性　大鼠摄入含有1%本品的饲料,经90 d喂养未见毒性作用。

(3)应用　我国《食品添加剂使用卫生标准》(GB 2760—2007)规定:用作被膜剂、胶姆糖基础剂。用于经表面处理的鲜水果和经表面处理的新鲜蔬菜,最大使用量为0.09 g/kg。

应用实例

紫胶在抛光巧克力中的应用

【原料配方】成型巧克力,树胶溶液,酒精虫胶溶液。

【工艺流程】成型巧克力→起光→上光和增辉→吹冷风(平衡温、湿度)→称量→包装→入库。

【制作方法】

(1)起光　将树胶加一定量的水熬成浓度为20%～25%的稀浆,过滤后作为起光剂,当硬化后的抛光巧克力在有冷风配合的荸荠式糖衣机内滚动时,可将树胶溶液分数次加入,每次加入量一般为10～20 mL,待在巧克力表面均匀涂布稍干燥后,重复上述操作2～3次,树胶对半制品进行涂布并干燥后,就在表面形成了膜层,产品在冷风吹拂下,不断滚动和摩擦,便使半制品表面逐渐产生光亮。

(2)上光　把18 g虫胶片溶解在500 mL酒精中,制成上光剂。将上光剂均匀地涂布在起光后半制品的表面,经干燥后,形成一层均匀的薄膜,从而保护抛光巧克力表面的光亮不受外界气候条件的影响,并在短期内不会退光。此外,经过不断地滚动和摩擦,已经形成的虫胶保护层本身也会呈现出良好的光泽,从而增强了整个抛光巧克力产品的表面光亮度。

第三节　食品工业用加工助剂

食品工业用加工助剂是指使食品加工能顺利进行的各种辅助物质，与食品本身无关。如助滤、澄清、吸附、润滑、脱膜、脱色、脱皮、提取溶剂、发酵用营养物质等。一般应在制成最后成品之前除去，有的应规定食品的残留量。其本身亦应为食品类商品。

一、助滤剂

在食品加工过程中，以帮助过滤为目的的食品添加剂称为助滤剂，它们具有吸附作用。食品加工所使用的助滤剂及吸附剂有活性炭、硅藻土和高岭土等。

1. 活性炭

活性炭是由少量氢、氧、氮、硫等与碳原子化合而成的络合物。

(1)性质　黑色多孔性无味物质，粒形呈圆柱形、粗颗粒或细粉末粒子，对气体、蒸气或胶态固体有强大的吸附能力。最适 pH 为 4.0～4.8，最佳温度 70～80℃。不溶于水和有机溶剂。

(2)应用　用于蔗糖、葡萄糖、饴糖等的脱色，也可用于油脂和酒类的脱色、脱臭。据报道，活性炭用于吸附油脂中残留的黄曲霉毒素或 3,4-苯并芘效果也很好。

用活性炭对淀粉糖浆进行脱色和提纯，方法是首先将糖液中的胶黏物滤去，然后将其蒸发至 48%～52%浓度的糖液，最后加入一定量的活性炭进行脱色，并压滤，以便将残存糖液中的一些微量色素吸附干净，得到无色澄清的糖液。

2. 硅藻土

(1)性质　白色至灰色和浅灰褐色，细腻、松散、质轻、多孔、吸水和渗透性强。能吸收其本身重量 1.5～4.0 倍的水，化学稳定性高，除溶于氢氟酸以外，不溶于任何强酸，能溶于强碱溶液。硅藻土的化学成分主要是 SiO_2，SiO_2 通常占 80%以上，此外还含有 Al_2O_3(3%～4%)，Fe_2O_3(1%～1.5%)，以及少量的钙、镁、钠和钾的化合物。

(2)应用　助滤剂。淀粉糖浆的脱色，若采用硅藻土、高岭土等吸附糖液中的胶质物，可提高活性炭的脱色效率。用作葡萄酒、啤酒等的助滤剂也有效，方法是先将硅藻土放在水中搅匀，然后流经过滤机网片，使其在网片上形成硅藻土薄层，当硅藻土薄层 1 mm 厚左右，即可过滤得到澄清的制品。视成品澄清度的下降情况，在适当的时候换一次硅藻土。

3. 高岭土

(1)性质　主要成分为含水硅酸铝。纯净的高岭土为白色粉末，一般含有杂质，呈灰色或淡黄色，质软，易分散于水或其他液体中，有滑腻感，并有土味。

(2)应用　葡萄酒的澄清助滤剂。每 100 L 葡萄酒，用高岭土 500 g，加水 1 000 mL，打成极均匀的泥浆，加入葡萄酒充分搅匀，使其自然澄清。缺点是澄清很慢，需 3～4 周。且高岭土若含有微量铁时，有使酒变黑的缺点，必须使用品质纯净的高岭土。

4. 膨润土

膨润土是以蒙脱石[$(Mg,Ca)Al_2Si_5O_{16}$]为主要成分(约占 90%)的特殊胶性黏土矿，其余 10%包括长石、硫酸钙、碳酸钙、石英、云母、碳酸锰等。

(1)性质　由于所取土层深度的不同，可由白色至灰、黄、青或蓝色乃至粉红、砖红、灰黑等各种色调。蒙脱石含量高的，具蜡状光泽，皂状断面，相对密度 2 左右，具有良好的吸收膨胀性、黏结性、吸收性、催化活性、悬浮性、可塑性、阳离子交换性等。

(2)应用　净化剂、抗结剂、悬浮剂、乳化剂等，主要用于葡萄酒的澄清；生啤酒中悬浮酵母的助滤剂等。

5. 凹凸棒黏土

(1)性质　灰白、微黄或浅绿色晶状粉末，有油脂光泽，无臭，无味。密度较小，一般为 1.6 g/cm^3 左右，摩化硬度三级。潮湿时显黏性，有可塑性，干燥后收缩少，不产生龟裂。吸水性强，一般可达 150%以上，化学性质十分稳定。

(2)应用　我国《食品添加剂使用卫生标准》(GB 2760—2007)规定：使用食品加工助剂、助滤剂、脱色剂。用作食品工业过滤助剂、吸附剂，按生产需要适量使用。淀粉糖脱色采用本品，可提高糖的质量，减少工艺，降低成本。本品可以去除植物油中黄曲霉素 B_1，又可脱色，脱臭。

二、澄清剂

固化单宁化学结构主要成分为水不溶性单宁，即采用固定化技术将天然单宁结合在水不溶性载体上所制成的高效蛋白吸附剂。

(1)性质　溶于水、酒精，对蛋白质、金属离子有极强的亲和力。

(2)应用　我国《食品添加剂使用卫生标准》(GB 2760—2007)规定：固化单宁可用作澄清剂、整合剂。可按生产需要适量用于低度白酒和果酒。对低度白酒澄清效果好。近年来，也有人把固化单宁用于果汁的澄清，有比较好的澄清效果。

三、溶剂和助溶剂

1. 丙酮

丙酮分子式为 CH_3COCH_3，相对分子质量为 58.08。

(1)性质　无色透明挥发性液体，有似薄荷香味。可与水、乙醇、乙醚、氯仿和大多数油脂混溶。

(2)应用　提取溶剂，主要用于香辛料及可可豆等。在日本限用于浸出古柯豆的成分以制造可乐类饮料，并规定凡用含丙酮原料生产的食品，在最终食品完成之前必须全部除去；还可用于着色剂稀释剂。

2. 丙二醇

丙二醇分子式为 $C_3H_8O_2$，相对分子质量为 76.10。

(1)性质　无色透明状黏稠液体，无臭，有微苦感的甜味。能与水、乙醇、丙酮、乙醚混溶，对光、热稳定，可燃，150℃以上氧化，常温下稳定。

(2)应用　食品添加剂中难溶于水的物质的溶剂。可溶解水溶性香料、色素、防腐剂、维生素、树脂及其他难溶于水的有机物。丙二醇还是润湿剂和保湿剂。40%的丙二醇水溶液于－20℃仍不冻结，对食品有抗冻作用。丙二醇用于糕点，最大使用量为 3.0 g/kg。

应用实例

加工助剂在精制食用油中的应用

【工艺流程】毛油→脱固杂→脱胶→脱酸→脱色→脱臭→脱蜡→脱酯→精制食用油。

【操作要点】

在整个工艺流程中，脱色和脱蜡环节都用到食品加工助剂。

在吸附脱色环节，利用某些具有较强选择性吸附作用的物质(藻土、活性白土、活性炭等)，在一定条件下吸附油脂中的色素及其他杂质，从而达到脱色目的的方法称为吸附脱色法。硅藻土吸附能力强，易分解残皂，增加脱酸，破坏过氧化物，促进油脂异构化，吸附皂质，广泛应用于难脱色油脂。活性炭，比表面积大，吸附加强，价格昂贵，须与活性白土搭配使用，能除掉去镁叶色素等难度大的色素。

在脱蜡环节，油脂脱蜡过程中所用的主要设备有结晶塔、养晶塔、硅藻土处理罐等，硅藻土用来做脱蜡的作用。

3. 丙三醇

丙三醇俗称甘油。分子式为$C_3H_8O_3$，相对分子质量为92.10。

(1)性质　无色透明或微黄色糖浆状液体。无臭，有甜味，沸点290℃(分解)。纯粹的甘油冷却至0℃时，可以慢慢地结晶出来，晶体熔点为17.8℃。可与水、乙醇混溶，但不溶于乙醚、氯仿、己烷、油脂等非极性有机溶剂中。易吸湿，水溶液为中性，与强氧化剂接触易爆炸。

(2)应用　溶剂。难溶于水的防腐剂、抗氧化剂、色素等在添加于食品前，可使用甘油作为溶剂。食用香精，除用乙醇作香精原料的溶剂外，也可配合使用甘油，如在有些食用水溶性香精中约配用5%的甘油。

第四节　其他食品添加剂

一、高锰酸钾

高锰酸钾($KMnO_4$)别名过锰酸钾。

1. 性质

深紫色颗粒状或针状结晶，有金属光泽，味甜而涩，有收敛性。熔点240℃(分解)，并释放出氧，溶于水(20℃时，6.51 g/100 mL)，相对密度2.703。遇乙醇即分解，在酸、碱和有机溶剂中均有分解，进行氧化反应，在空气中稳定。无臭，不透光，由折射光产生蓝色金属光泽。有强氧化作用。

2. 毒性

酒中残留量(以Mn计)≤0.002 g/kg。

3. 应用

可用作氧化剂、脱臭剂、消毒剂、漂白剂。我国《食品添加剂使用卫生标准》(GB 2760—2007)规定：可用于酒、淀粉工业中，最大使用量为0.5 g/kg，酒中残留量≤2 mg/kg(以锰计)。

本品具有强氧化性，浓溶液对皮肤、黏膜有腐蚀作用，稀溶液作为消毒防腐药，0.01%～0.02%溶液用于创面、腔道冲洗及洗胃。高锰酸钾接触浓硫酸易发生爆炸，与有机物或易氧化物接触、摩擦、碰撞时引起燃烧，故在使用时，先将本品完全溶于水后再用。

在食品加工中除作消毒用外，不应在成品中残存。本品尚可作制造糖精、维生素C、苯甲酸等产品的氧化剂，饮料用二氧化碳的精制剂。

二、咖啡因

1. 性质

白色粉末或无色至白色针状结晶，无臭，味苦，有无水物和一水物之不同。熔点235～238℃，178℃升华，相对密度1.23，1%溶液的pH为6.9。含水物易风化，80℃时失去结晶水。本品1 g可溶于46 mL水、66 mL乙醇、50 mL丙酮、5.5 mL氯仿、530 mL乙醚、100 mL苯，也溶于吡咯、乙酸乙酯，微溶于石油醚。有提神、醒脑等刺激中枢神经系统作用，易上瘾。

2. 毒性

大量资料证明，正常情况下饮用含咖啡因饮料，不会引起上瘾、致畸、致癌作用。

3. 应用

用作饮料的调味剂（苦味）。我国《食品添加剂使用卫生标准》(GB 2760—2007)规定：用于可乐型饮料，最大使用量0.15 g/kg。

三、氯化钾

1. 性质

无色细长菱形或立方晶体或白色颗粒状粉末，无臭，有咸味，在空气中稳定，水溶液呈中性。1 g本品溶于2.8 mL 25℃水、2 mL沸水，微溶于乙醇，不溶于乙醚和丙酮。熔点为773℃，相对密度为1.987。对热、光和空气均稳定，但有吸湿性，易结块。

2. 毒性

小鼠腹腔注射LD_{50}为552 mg/kg体重。ADI无需规定(FAO/WHO，1989)。

3. 应用

用作代盐剂、营养增补剂、胶凝剂。我国《食品添加剂使用卫生标准》(GB 2760—2007)规定：盐及代盐制品，最大使用量为350 g/kg。饮用矿物质水，最大使用量为0.052 g/kg。特殊用途饮料(包括“运动饮料”、“营养素饮料”等)，最大使用量为0.2 g/kg。

20%的氯化钾与78%的食品盐混合(即低钠盐)，其风味、咸度与食盐相同，可用于各种食品或配制运动员饮料。在食品加工中也用于卡拉胶中提高胶凝度。

四、异构化乳糖液

异构化乳糖液别名乳果糖、乳酮糖、乳士糖、半乳糖基果糖苷。化学结构主要成分为乳酮糖,还有乳糖、半乳糖、果糖等。

1. 性质

黄色透明液体,有甜味,甜度为蔗糖的 60%～70%,黏度在 25℃时大于 0.3 Pa·s,与麦芽糖和 70%的蔗糖溶液相似。储存或加热后色泽加深。

2. 毒性

急性毒性实验,大鼠按 20 mL/(d·kg 体重)剂量灌胃 2 次,总剂量47.2 g/kg 体重,1 周后动物状况良好,无死亡。小鼠按 0.6 mL/(d·25 g 体重)剂量灌胃 3 次,总剂量 84.96 g/kg 体重,1 周后动物状况良好,无死亡。

3. 应用

用作双歧乳酸杆菌的增殖因子。我国《食品添加剂使用卫生标准》(GB 2760—2007)规定:以异构化乳糖干物质计,用于纯乳(全脂、部分脱脂、脱脂),包括复原乳,最大使用量为 1.5 g/kg;乳粉(包括加糖乳粉)和奶油粉及其调制产品,最大使用量为 15.0 g/kg;饼干,最大使用量为 2.0 g/kg;婴儿配方食品、较大婴儿和幼儿配方食品,最大使用量为 15.0 g/kg;饮料类,最大使用量为 1.5 g/kg,固体饮料按冲调倍数增加使用量。

双歧菌群的生理作用有抑制致病菌的作用,其次在肠内不断产酸阻止其他有害菌的增殖,还能刺激肠道适当的蠕动,提高钙和铁的吸收,合成 B 族维生素,防止肠内产生腐败产物,抑制腐败发酵作用。

五、月桂酸

月桂酸别名十二烷酸。

1. 性质

白色或浅黄色结晶固体或粉末,有光泽和特殊气味,相对密度 0.867 9,熔点 44℃。几乎不溶于水,溶于乙醇、氯仿及乙醚。

2. 毒性

大鼠口服 LD_{50} 为 12 g/kg 体重。

3. 应用

我国《食品添加剂使用卫生标准》(GB 2760—2007)规定:月桂酸可用作消泡剂、润滑剂。用于果蔬脱皮,最大使用量为 3.0 g/kg。

六、4-氯苯氧乙酸钠

1. 性质

白色针状或棱状结晶,略有酚味,易溶于水,性质稳定,长期存放不变质。酸化后生成对氯苯氧乙酸，溶于乙醚、乙醇等有机溶剂。

2. 毒性

大鼠口服 LD_{50} 为 200 mg/kg 体重。小鼠口服 LD_{50} 为 794 mg/kg 体重。

3. 应用

低浓度时有促进植物生长作用，对双子叶植物尤其明显，高浓度时抑制生长，作为一种植物促生长剂，主要用于培养无根黄豆芽和无根绿豆芽，提高豆芽产量和质量，所生豆芽肥嫩、粗壮、爽口。发芽温度超过27℃时，先淋水降温至25℃，然后再使用本品处理。溶液处理 2～5 h 后，方可继续淋水。当使用浓度高时，可使豆芽色泽灰暗，根部发红，皮层发泡，应立即降低溶液的浓度，在豆芽生产中残留量≤1.0 mg/kg。

七、微晶纤维素

1. 性质

白色或类白色细小结晶性粉末，无臭无味。折光率 1.55，平均真密度 0.43 g/cm³，熔点 260～270℃（焦化）。因自身的黏合作用可压成片状，能分散于水。不溶于水、稀酸、稀碱溶液和大多数有机溶剂，可吸水膨润。

2. 应用

我国《食品添加剂使用卫生标准》（GB 2760—2007）规定：在食品工业中用作抗结块剂、分散剂、黏结剂。各类食品按生产需要适量使用。用于奶油、冰冷饮料、冰淇淋。用量 20.0～50.0 g/kg。作为赋形剂、黏合剂用于药剂片剂的制造。

其他类食品添加剂除以上 7 类外，还有如下物质，见表 6-1。

表 6-1 其他类食品添加剂

名称	使用范围	最大使用量/(g/kg)	备注
食品工业用机械润滑油	润滑食品工业机械用	按生产需要适量使用	
蔗糖聚丙烯醚（糖助剂 10）	制糖工业用	0.1	
6-苄基腺嘌呤	发黄豆芽、绿豆芽用	0.01	残留量：≤0.2 mg/kg
辣椒油树脂	复合调味料	10.0	
	油炸薯片	1.0	
乙酸钠	复合调味料	10.0	
	油炸薯片	1.0	
半乳甘露聚糖	各类食品	按生产需要适量使用	

续表 6-1

名称	使用范围	最大使用量/(g/kg)	备注
酪蛋白钙肽	饮料、乳饮料	1.6	
	谷类及其制品	1.6	
酪蛋白磷酸肽	婴幼儿食品	3.0	
羟基硬脂精	油脂	0.5	
碳酸氢钠	调制水	50 mg/L (以 Na 计 13.7 mg/L)	
氯化钙	调制水	100 mg/L (以 Ca 计 36 mg/L)	
硫酸锌	调制水	6 mg/L (以 Zn 计 2.4 mg/L)	
乳铁蛋白	婴儿配方奶粉、较大婴儿和幼儿配方奶粉	30～100 mg/100 g	
冰结构蛋白	冷冻饮品(食用冰除外)	0.5	

本章小结

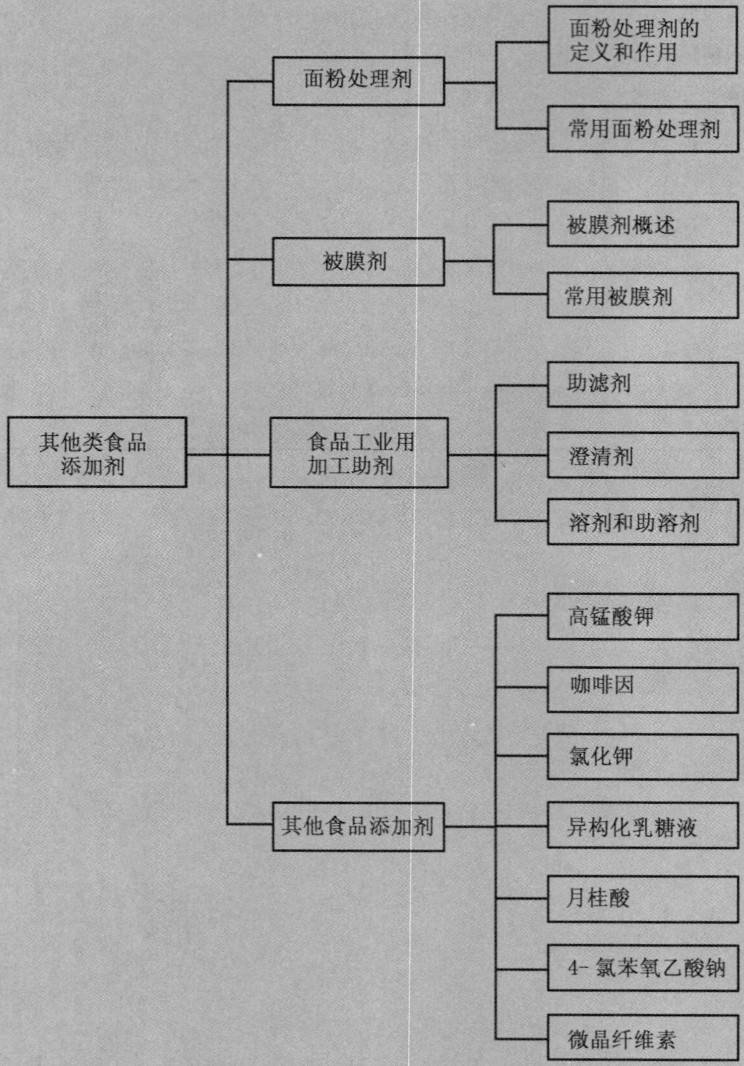
其他类食品添加剂
面粉处理剂
面粉处理剂的定义和作用
常用面粉处理剂
被膜剂
被膜剂概述
常用被膜剂
食品工业用加工助剂
助滤剂
澄清剂
溶剂和助溶剂
其他食品添加剂
高锰酸钾
咖啡因
氯化钾
异构化乳糖液
月桂酸
4-氯苯氧乙酸钠
微晶纤维素

复习思考题

1. 简述面粉处理剂的作用是什么?
2. 结合所学的知识,谈谈面粉处理剂的发展趋势。
3. 简述被膜剂的作用是什么?
4. 谈谈常用被膜剂主要用在哪些方面?
5. 影响活性炭吸附作用的因素有哪些?
6. 食品工业中常用的助滤剂有哪些? 及其使用注意事项?
7. 简述其他类食品添加剂在食品加工中使用情况?
8. 常用的其他类食品添加剂有哪些? 其各自的用途是什么?
9. 其他类食品添加剂对食品加工有什么意义?

第七章　食品添加剂安全性评价与卫生管理

知识目标

- 理解食品添加剂的安全性问题。
- 掌握食品添加剂的毒理学评价程序。
- 理解各国对食品添加剂的管理。

技能目标

- 能够对常用食品添加剂进行简单毒理学评价。

第一节　食品添加剂的安全性评价

一、食品添加剂的安全性问题

食品添加剂促进了食品工业的发展，也大大改善了人们的生活质量，但在享受食品添加剂所带来的多种好处的同时，还应看到其消极的一面。应该说，大多数食品添加剂都有一定毒性，只是程度不同而已，有些食品添加剂还具有特殊的毒性。另外，食品添加剂具有叠加毒性，即两种以上的化学物质组合后可能会产生新的毒性。食品添加剂表现出来的叠加毒性比想象的要大许多，食品添加剂的一般毒性和特殊毒性均存在叠加毒性，当它们和其他化学物质如农药残留、重金属等一起或同时摄入时，可使原本无致癌性化学物质转化为致癌性的物质。有些食品添加剂自身毒性虽低，但由于抗营养因子作用以及食品成分或不同添加剂之间的相互作用和影响，可能会生成意想不到的有毒物质。食品添加剂对人体的毒性使人类的健康不断受到威胁，概括起来有致癌性、致畸性和致突变性，这些毒性的共同特点是对人体产生潜在的毒害，即要经历较长时间才会显露出来。这也是人们关心食品添加剂安全性的主要原因。

(一)食品添加剂的毒性及危害

1. 危害问题

食品是人类生存的基本要素,但食品中可能含有或者被污染有危害人体健康的物质。在人类发展的初级阶段,即便是在生存条件恶劣、食品供应十分匮乏的情况下,人们也不会主动食用对自身健康有不良影响的有毒有害物质。规避风险是人类的本能,也可以说是自然界一切动物的本能。社会的进步使人们对自身健康予以更多的关注,科学技术的发展使人们对食品安全性问题有了更多的认识,人们都希望食品安全性有切实的保障,所消费的食品不会对人体健康产生危害。

这里所说的危害是指可能对人体健康产生不良后果的因素或状态,食品中具有的危害通常称为食源性危害。就目前来讲,食源性危害大致可分为物理性、化学性以及生物性危害3类。关于这3类危害特征的划分,我国卫生主管部门在有关卫生标准中已经有规定,美国国家食品微生物标准顾问委员会和其他国际组织也有较详细的解释。危害特征的划分是风险分析中风险评估的主要内容,是实施风险管理措施(比如HACCP)的主要依据。就目前控制手段而言,物理性危害可以通过一般性的控制措施,如良好操作规范(GMP)等加以控制。化学性危害的风险评估,有关国际组织进行了大量工作,已经形成了一些相对成熟的控制方法。目前风险评估面临的主要难点是食品中有关生物性危害的作用和结果,因为与公众健康有关的生物性危害包括致病性细菌、病毒、蠕虫、原生动物、藻类以及产生的某些毒素,这些生物性危害的界定和控制均有较大的不确定性。当然,某些食品本身也可能含有对健康产生危害的成分。所有的食品安全性问题,也就是上述3类危害都将对消费者健康产生不良后果,有的甚至是严重后果。当然,食品的任何安全性问题都将会对国际食品贸易产生影响。要求食品安全性没有任何问题,也就是讲,具有零风险几乎是不可能的,何况食品安全性风险对于不同人群也有一个相对性问题。应该理解“绝对安全实际上是不存在的”,无论是天然的还是合成的,只要摄入的量足够大或食用时间足够长,都会在一些人身上引起有害的结果,包括食盐、食糖、动物脂肪等一般认为“绝对安全的”天然物质。分析食源性危害,确定食品安全性保护水平,采取风险管理措施,使食品安全性风险处于可接受水平,是风险分析在食品安全性管理中的作用。

2. 毒性及危险问题

毒性是指某种物质对机体造成损害的能力。毒性大表示用较小的剂量即可造成损害;毒性小则必须用较大的剂量才能造成损害。总之,凡具有毒性的物质都有可能对机体造成危害。可以说食品添加剂大都具有产生危害的可能性。

尽管食品添加剂在用于食品之前，已进行了毒理学安全性评价，但因添加剂不是食品固有的正常成分，添加剂的安全性问题仍然是人们关注的焦点。食品添加剂的滥用、超量使用或超范围使用，给食用者健康安全构成严重的威胁。由于检测技术的进步以及食品毒理学研究的深入，人类流行病学调查研究，食品添加剂的慢性毒害和蓄积性毒害作用不断被发现，世界各国都加强了食品添加剂的立法和管理，甚至对各种食品添加剂进行再评价，近年来许多以前批准使用的食品添加剂从食品添加剂的名单中删除而被禁用。目前食品添加剂的安全问题主要有以下几个方面：

(1)急性中毒和慢性中毒　任何经批准使用的食品添加剂如过量使用都是不安全的，过量使用或滥用食品添加剂可引起食用者的急性中毒和慢性中毒。

中国曾发生多起因过量使用食品添加剂如亚硝酸盐、漂白剂、色素等而发生急、慢性中毒的事件。20 世纪 40 年代，中国曾使用 β-萘酚、罗达明 B、奶油黄等防腐剂和色素用作食品添加剂，而后证实它们是具有致癌作用的物质。日本使用多年的防腐剂 AF-2，后来也证实是致畸物质。各国食品添加剂安全名单中删除的添加剂日益增多，如金胺、奶油黄、碱性菊橙、苏丹红、品红、硼砂、硼酸、氯酸钾、溴化植物油、碘酸钙(钾)等均已禁止用于食品。2005 年 8 月起日本又新禁用 38 种天然食品添加剂，包括曲酸、花生衣红、鲸蜡、巴拉塔树胶、大麦壳抽提物、甜菜皂角苷、*L*-岩藻糖、槟榔果抽提物、加拿大香脂、无花果树叶抽提物、莫内林、奇异果抽提物、柑橘种子抽提物、可食美人蕉抽提物等。

(2)引起变态反应　近年来食品添加剂引起变态反应的报道也日益增多，有的变态反应已经查明与添加剂有关。糖精可引起皮肤痛痒症，以脱屑性红斑及浮肿性丘疹为主的日光性过敏性皮炎；偶氮类染料及苯甲酸都可引起哮喘等一系列过敏症状；香料中很多物质可引起呼吸道器官发炎、咳嗽、喉头水肿、支气管哮喘、皮肤痛痒、皮肤划痕症、荨麻疹、血管性浮肿、口腔炎等；柠檬黄、二氧化硫等可引起荨麻疹、支气管哮喘等。

(3)体内蓄积　在蛋黄酱、奶粉、饮料等食品中加入维生素 A 作为营养强化剂，经摄食 3～6 个月后，则出现食欲不振、便秘、体重停止增加、失眠、兴奋、肝脏肿大、脱毛、脂溢、脱屑、口唇龟裂、痉挛，甚至出现神经症状如头痛、复视、视神经乳头浮肿、四肢疼痛、步行障碍等。动物试验表明大量食用会诱发畸形胎。偶氮类染料在体内蓄积可呈现致癌的毒性作用。还有些脂溶性添加剂，如二丁基羟基甲苯(BHT)过量也可在体内蓄积而产生毒害。

(4)食品添加剂转化产物问题　食品添加剂生产过程中会产生有毒有害杂质，食品添加剂也可能同食品中的某些成分发生反应生成有害化合物。制造过程中产生的一些杂质，如邻苯甲酰磺酸亚胺（糖精）中产生的杂质邻甲苯磺酰胺有毒，用氨法生成的焦糖色中的4-甲基咪唑等。食品储藏过程中添加剂的转化，如赤癣红色素转变成荧光素等。同食品成分起反应的物质，如焦碳酸二乙酯，形成强烈致癌物质氨基甲酸乙酯、亚硝酸盐形成亚硝基化合物等，又如偶氮染料形成游离芳香族胺等。

以上这些都是已知的有害物质，某些添加剂共同使用时能否产生有害物质还不太清楚，待进一步研究。

危险性是指在预定的数量和方式下，使用某种物质引起机体损害的可能性。一般来说，某种物质不论毒性强弱，对人体都有一定的剂量-效应关系，也就是说，一种物质只有达到一定的浓度或剂量水平，才能显示其危害作用。所谓毒性是相对而言的，安全性也是相对而言的。即使毒性很大的物质如氰化物，如用量极低并不中毒，当然是安全的；而一些低毒的物质，甚至大家公认的无毒物质纯水，当大量饮用时也会产生危害。

天然食物中存在很多种毒素，之所以没使人们中毒，一方面是由于人体有一定的排毒、解毒机能，更主要是由于食物中所含毒物的量很少，不足以达到对人体有害的程度。无论是天然还是合成的化学物质，呈现某种效应（加工功效、药效、慢性中毒、急性中毒、致命等）都有一个相应的剂量关系，只有达到这一剂量才会起作用。只指出某些化学物质的毒性并不能说明问题，甚至会引起误会，必须指出其使用或存在的剂量及其对人体呈效应时的剂量，离开量去谈毒性和安全性都是不科学的。有毒有害还是有毒无害，取决于剂量。同一种化学物质，由于使用剂量、对象和方法不同，则可能是毒物，也可能不是毒物。例如，亚硝酸盐对正常人是毒性物质，但对氰化物中毒者则是有效的解毒物。另外，人体对硒（Se）的每日安全摄入量为50～200 μg，低于50 μg则会导致心肌炎、克山病等疾病，并诱发免疫功能低下和老年性白内障的发生；如摄入量在200～1 000 μg则会导致中毒，急性中毒症状表现为厌食、运动障碍、气短和呼吸衰竭；慢性中毒则表现为视力减退、肝坏死和肾充血等症状；如每日摄入量超过1 mg则可导致死亡。因此，各种食品添加剂的使用都有一个适量的问题。

（二）食品添加剂的安全性

国内外近几年发生的食品安全问题受到各级政府领导，广大消费者、相关科技工作者以及媒体的高度重视和关注。在科学技术高度发展的今天，食品安全问题并未减少，只是危害的种类、程度、范围、显性与隐性的不同而已。安全性是指使用这种物质不会产生危害的实际必然性。如前所述，食品添加剂若大量使用可能会产生危害，但这并不意味着在适当应用时会给人类带来危险性。也就是说一种物质只要是剂量合适，使用得当就不会造成中毒。这就必须采用试验动物进行试验研究，在确定该物质毒性的基础上，考虑其在食品中安全无害的最大使用量，并采取法律措施，保护消费者免受危害。

二、食品添加剂的安全性评价

为确保食品添加剂安全和人体健康，必须对食品添加剂进行安全性评价。食品添加剂的安全性评价是对食品添加剂进行安全性和毒性鉴定，以确定该食品添加剂在食品中无害的最大限量，对有害物质提出禁用或放弃的理由。食品添加剂安全性评价在食品安全性研究、监控和管理方面具有重要意义。

食品添加剂安全性评价是在人体试验和判断识别基础上发展起来的，是风险分析的基础。食品添加剂安全性评价中采用的毒理学评价适用于评价食品生产、加工、储藏、运输和销售过程中使用的化学和生物物质以及在上述过程中产生和污染的有害物质，适用于评价食品添加剂中其他有害物质。

(一)食品添加剂的毒理学评价

为了安全使用食品添加剂，需对其进行毒理学评价。它是制订食品添加剂使用标准的重要依据。毒理学评价除做必要的分析检验外，通常是通过动物毒性试验取得数据。

食品添加剂进行动物毒性试验时，通常要做急性毒性试验、亚急性毒性试验和慢性毒性试验。在慢性毒性试验方面除做一般的慢性毒性试验外，还要进行特殊试验，如繁殖试验、致癌试验、致畸试验等。在多数情况下只做急性、亚急性和慢性等一般毒性试验，只有当发生可疑情况时，才进行特殊试验。

1. 急性毒性试验

急性毒性试验是指一次性较大剂量投药（添加剂）后，对动物体产生的作用进行判断。通过急性毒性试验可了解受试物的毒性强度和性质，考查动物摄入该物质后在短时间内所呈现的毒性，从而判定对动物的致死量（LD）或半数致死量（LD_{50}）。半数致死量是通常用来粗略地衡量急性毒性高低的一个指标，是指能使一群试验动物中毒死亡一半的投药（添加剂）剂量，单位以 mg/kg 体重表示。同一种被试验食品添加剂对各种动物的 LD_{50} 并不相同，有时差异甚至很大。由于投药方式不同，其 LD_{50} 也不相同。受试物质主要应采用经口方式，急性毒性试验多用灌胃。食品添加剂主要是使用经口 LD_{50}。急性毒性试验观察期一般为 1 周，重点是观察 24～48 h 内的反应症状，如有迟发性中毒效应者，则要延长观察期至 2～4 周。

通常按经口 LD_{50}，将物质的急性毒性分为 6 级（表 7-1）。

表 7-1 经口 LD_{50} 与毒性分级

毒性级别	LD_{50}/(mg/kg 体重)大白鼠	毒性级别	LD_{50}/(mg/kg 体重)大白鼠
极毒	<1	低毒	501~5 000
剧毒	1~50	相对无毒	5 001~15 000
中等毒	51~500	无毒	≥15 000

投药(添加剂)剂量大于5 000 mg/kg 体重,被试验动物无死亡,可认为该品急性毒性极低,即相对无毒,无需做致死量精确测定。

2. 亚急性毒性试验和亚慢性毒性试验

亚急性毒性试验是在急性毒性试验基础上进一步检验受试验物质(添加剂)的毒性对机体的重要器官或生理功能的影响,并估量发生影响的剂量,为慢性毒性试验做准备。亚急性毒性试验的内容与慢性毒性试验基本相同,仅试验期长短不同。亚急性毒性试验期一般为 3 个月左右(即在 2~6 个月)。由亚急性毒性试验还可以得出需要做哪些特殊试验的信息。

亚慢性毒性试验包括繁殖、致畸试验,目的观察受试物以不同剂量水平较长期喂养对动物毒害作用性质和靶器官,并确定最大无作用剂量;了解受试物对动物繁殖及对子代的致畸作用;为慢性毒性和致癌试验的剂量选择提供依据;为评价受试物是否能应用于(或存在于)食品中提供依据。采取观察 90 d 喂养试验,包括以下各项:

(1)临床检查 每日2次观察外表状态、行动、发病死亡情况,每周称体重,计算进食量及食物利用率。

(2)血液学检查 定期检查血红蛋白、红细胞数、血细胞数、白细胞分类、血小板数、网状红细胞数等。

(3)生化学检查 检查血中葡萄糖、尿素氮、非蛋白氮、肌酐含量,血清中白蛋白/球蛋白、类脂质、血清酶活力及电解质含量等。

(4)脏器重量 肝和肾的绝对和相对重量为常规检查项目,必要时尚需称取其他脏器重。

(5)病理学检查 必须对所有动物进行大体尸检,检查是否有明显病变。

3. 慢性毒性试验

慢性毒性试验是考察少量受试物质(添加剂)长期作用机体所呈现的毒性,以确定其最大无作用量和中毒阈剂量。慢性毒性试验在毒理研究中十分重要,对于确定受试物质能否作为食品添加剂具有决定性意义。慢性毒性试验原则上是以寿命较短的敏感的动物的一生为一个试验阶段,通常是用大白鼠试验 2 年或用小白鼠试验 1.5 年。最大无作用量(MNL),亦称最大耐受量、最大安全量或最大无效量,是机体长期摄入受试验物质(添加剂)而无任何中毒表现的每日最大摄入剂量,单位为 mg/kg 体重。它是食品添加剂长期(终生)摄入对本代健康无害,并对下代生长无影响的重要指标。

中毒阈剂量是最低中毒量,即能引起机体某种最轻微中毒的最低剂量。

4. 蓄积毒性试验

慢性毒性反应的基础是蓄积作用,蓄积作用是指某些物质少量多次进入机体,使本来不会引起毒害的小剂量也发生作用的现象。蓄积性试验是测定受试物质(添加剂)蓄积性大小的试验,可通过测定其蓄积率、蓄积系数或生物半衰期等方法确定蓄积性。

5. 特殊试验

在慢性毒性试验中发现有可疑的迹象,则需进行相关的特殊试验,如繁殖试验、致癌试验、致畸试验、致突变试验、致敏试验等。

(1)繁殖试验　在一般慢性毒性试验中应结合进行繁殖生育功能的观察,如发现有可疑的迹象,则可直接进行繁殖试验。繁殖试验是检查受试物质对动物繁殖生育能力的影响的试验。可通过测定动物的受孕率、活产率、出生存活率、哺育成活率等指标,观察动物生育能力、妊娠过程、产后情况、母体及仔代发育状况等内容。繁殖试验除开始交配的亲代外,一般需观察三代。

(2)致畸试验　致畸试验是检查受试物质能否使动物仔代胎儿发生畸形的试验。有致畸作用的物质在胚胎发育期器官分化过程中影响了动物胚胎的正常发育而导致畸形。畸形胚胎称为畸胎,俗称怪胎。广义的畸形还包括不孕、胚胎发育迟缓和胚胎死亡等现象。但是一般来说这种致畸作用是无遗传性的,通过致畸试验可取得畸胎发生率等数据。

(3)致突变试验　致突变试验是检查受试物质有无致突变作用的试验。突变即突然变异,它本是生物进化中的一种自然现象。在突变作用中生物细胞的遗传物质可发生改变,此种发生改变的遗传物质在细胞分裂过程中被传送到后代细胞中,并使新的细胞具有新的遗传特性。突变可分为基因突变和染色体畸变,基因突变是染色体上一个或几个基因发生变化,染色体畸变是整个染色体的结构或数目发生变化。突变对下代生物可能是有益的,也可能是有害的。但在毒性试验中,某些物质引起动物或人体的细胞发生突变,不论其性质如何,一般均认为是该物质所表现的遗传毒性。

致突变试验是遗传毒理学试验的主要内容,它反映了近年来安全性评价的新进展。近年来众多的实验表明致突变物质往往具有致癌作用,而致癌物也往往具有致突变作用，两者的相关性十分密切。

(4)致癌试验　致癌试验是检查受试物质及其代谢产物有无致癌或诱发肿瘤作用的试验。慢性毒性试验中进行病理学检查时，有无肿瘤出现定为重要观察内容之一，致癌试验可与慢性毒性试验结合进行。但若受试物质的化学结构与已知致癌物近似或有可疑的致癌迹象，而且摄入量极微，往往不引起一般毒性表现，则应单独进行致癌试验。

致癌试验的重点是观察肿瘤出现的情况，主要包括肿瘤总发生率、各种主要肿瘤发生率和从开始摄入受试物质到出现肿瘤的时间(潜伏期)等内容。致癌试验除观察试验动物本身外，对其后代亦应注意，因有些致癌物质可通过胎盘或乳汁转移给下一代。一般认为致癌试验也应观察三代。

(5)致敏试验　有些物质具有致敏性，能引起敏感者的过敏反应。凡能引起严重的或广泛的过敏反应的物质是不能作为食品添加剂使用的。这在慢性毒性试验中亦应予以适当注意。

(6)生化代谢试验　生化代谢试验是研究受试物在体内吸收、分布与排泄等生物转运过程和转变成代谢物的生物转化过程的试验。生化代谢试验包括受试物质吸收的方式、速率和程度，在组织器官内的贮留、代谢转变情况，排泄的方式、速率和程度等内容。及早获得受试物质的分布和代谢资料是极为重要的。例如受试物质在体内是否很快地转变成无毒代谢产物，能否很快地排泄或在某些组织器官内蓄积等有关资料，对确定其危害性极为重要。若试验表明某种食品添加剂在体内可转变为食品中大量天然存在的物质，而且并不显著增加机体的代谢负荷者，一般可以认为对人体是安全的，通常其毒性试验就可适当简化。

《食品安全性毒理学评价程序》(GB 15193.1—2003)规定了食品安全性毒理学评价试验的4个阶段和食品添加剂毒性试验选用的原则。食品安全性毒理学评价试验的4个阶段为：

第一阶段：急性毒性试验。

第二阶段：遗传毒性试验，传统致畸试验，30 d喂养试验。

第三阶段：亚慢性毒性试验——90 d喂养试验、繁殖试验、代谢试验。

第四阶段：慢性毒性试验(包括致癌试验)。

同时《食品安全性毒理学评价程序》(GB 15193.1—2003)规定了食品添加剂选择毒性试验的原则：

(1)香料　鉴于食品中使用的香料品种很多，化学结构很不相同，而用量很少，在评价时可参考国际组织和国外的资料和规定，分别决定需要进行的试验。

①凡属世界卫生组织(WHO)已建议批准使用或已制订日允许量者，以及香

料生产者协会(FEMA)、欧洲理事会(COE)和国际香料工业组织(IOFI)4 个国际组织中的 2 个或 2 个以上允许使用的,参照国外资料或规定进行评价。

②凡属资料不全或只有一个国际组织批准的先进行急性毒性试验和本程序所规定的致突变试验中的一项,经初步评价后,再决定是否需进行进一步试验。

③凡属尚无资料可查,国际组织未允许使用的,先进行第一、二阶段毒性试验,经初步评价后,决定是否需进行进一步试验。

④凡属用动、植物可食部分提取的单一高纯度天然香料,如其化学结构及有关资料并未提示具有不安全性的,一般不要求进行毒性试验。

(2)其他食品添加剂

①凡属毒理学资料比较完整,世界卫生组织已公布日允许量或不需规定日允许量者,要求进行急性毒性试验和两项致突变试验,首选 Ames 试验和骨髓细胞微核试验。但生产工艺、成品的纯度和杂质来源不同者,进行第一、二阶段毒性试验后,根据试验结果考虑是否进行下一阶段试验。

②凡属有一个国际组织或国家批准使用,但世界卫生组织未公布日允许量,或资料不完整者,在进行第一、二阶段毒性试验后作初步评价,以决定是否需进行进一步的毒性试验。

③对于由动、植物或微生物制取的单一组分、高纯度的添加剂,凡属新品种需先进行第一、二、三阶段毒性试验,凡属国外有一个国际组织或国家已批准使用的,则进行第一、二阶段毒性试验,经初步评价后,决定是否需进行进一步试验。

(3)进口食品添加剂　要求进口单位提供毒理学资料及出口国批准使用的资料,由国务院卫生行政主管部门指定的单位审查后决定是否需要进行毒性试验。

(二)食品添加剂的化学结构与毒性关系

毒性除与其有效浓度、作用时间、接触途径和部位、物质的相互作用与机体的机能状态等条件有关外,还与物质本身的化学结构和理化性质有关。

根据结构式有时可以预测一些化学物质的毒性大小和致癌活性。如西方和我国学者运用量子力学原理,提出几种致癌活性与化学结构关系的理论,有助于推算多环芳烃的致癌活性。

(三)食品添加剂使用标准

食品添加剂使用标准是提供安全使用食品添加剂的定量指标,包括允许使用的食品添加剂的品种、使用目的(用途)、使用范围(对象食品)以及最大使用量(或残留量),有的还注明使用方法。最大使用量通常以 g/kg 为单位。

制订使用标准,要以食品添加剂使用情况的实际调查与毒理学评价为依据,对某一种或某一组食品添加剂来说,其制订标准的一般程序如下:

①根据动物毒性试验确定最大无作用剂量或无作用剂量(MNL)。

②将动物实验所得的数据用于人体时,由于存在个体和种系差异,故应定出一个合理的安全系数。一般安全系数的确定,可根据动物毒性试验的剂量缩小若干倍来确定。一般安全系数定为100倍。

③从动物毒性试验的结果确定试验物人体每日允许摄入量。以体重为基础来表示的人体每日允许摄入量,即指每日能够从食物中摄取的量,此量根据现有已知的事实,即使终身持续食取,也不会显示出危害性。每日允许摄入量以mg/kg体重为单位。

④将每日允许摄入量(ADI)乘以平均体重即可求得每人每日允许摄入总量(A)。

⑤有了该物质每日允许摄入总量(A)之后,还要根据人群的膳食调查,搞清膳食中含有该物质的各种食品的每日摄食量(C),然后即可分别算出其中每种食品含有该物质的最高允许量(D)。

⑥根据该物质在食品中的最高允许量(D)制定出该种添加剂在每种食品中的最大使用量(E)。在某种情况下,二者可以吻合,但为了人体安全起见,原则上总是希望食品中的最大使用量标准低于最高允许量,具体要按照其毒性及使用等实际情况确定。

以苯甲酸为例进行计算:

(1)最大无作用量(MNL)　由大鼠试验判定 MNL=500 mg/kg 体重。

(2)每日允许摄入量(ADI)　根据 MNL,对于人体的安全系数以100计:

$$ADI = MNL/100 = 500/100 = 5(\text{mg/kg 体重})$$

(3)每人每日允许摄入总量(A)　以平均体重 55 kg 的正常成人计算,苯甲酸的每人每日允许摄入总量:5×55=275 (mg/d·人)。

(4)最大使用量(E)　若通过膳食调查,如表7-2所示,每人每日允许摄入量(C)分别为:酱油 50 g,醋 20 g,汽水 250 g,果汁 100 g。

表 7-2　苯甲酸摄食量计算表

食品种类	食品的每日摄入量/ g	食品中的最大使用量/(g/kg)	苯甲酸每人每日摄入量/mg	苯甲酸每人每日摄入总量/mg
酱油	50	1	50	
醋	20	1	20	220
汽水	250	0.2	50	
果汁	100	1	100	

第二节 食品添加剂的卫生管理

食品添加剂在食品生产加工过程中量小作用大，现代的食品工业对食品添加剂的依赖性越来越大，没有食品添加剂就没有现代食品工业。各国都十分重视对食品添加剂及其使用过程的监督管理。

一、FAO/WHO 对食品添加剂的管理

1956 年在罗马成立了 FAO/WHO“食品添加剂专家委员会（Joint FAO/WHO Expert Committee on Food Additives，简称 JECFA）”和“食品法典委员会（Codex Alimentarius Commission，简称 CAC）”，CAC 下设有食品添加剂法典委员会（CCFA），每年定期召开会议，对 JECFA 所通过的各种食品添加剂的标准、试验方法、安全性评价等进行审议和认可，再提交 CAC 复审后公布，以期在广泛的国际贸易中，制定统一的规格和标准，确定统一的试验方法的评价等，克服由于各国法规不同所造成贸易上的障碍。

FAO/WHO 食品添加剂专家委员会（JECFA）负责对食品添加剂的安全进行评价。该委员会对食品添加剂加强了安全性审查，根据毒理学资料的充分与否，以 ADI 值作为判断食品添加剂毒性大小的标准，将食品添加剂分为 4 类：

第一类：GRAS 物质（General Recognized As Safe），即一般认为是安全的物质可以按正常需要使用，不需建立 ADI 值。

第二类：A 类，又分为 A_1、A_2 两类。

A_1 类：经 JECFA 评价，认为毒理学性质已经清楚，可以使用并订出了正式的 ADI 值的。

A_2 类：JECFA 认为毒理学资料不够完善，已经制定了暂定 ADI 值，暂时允许用于食品。

第三类：B 类，毒理学资料不足，未能制定 ADI 值者。

第四类：C 类，经 JECFA 评价，认为在食品中使用不安全，或者仅可在特定用途范围内严格控制使用的，原则上为禁止使用的食品添加剂。

应强调的是，这里所说的 4 类产品安全性依次降低，与食品添加剂是天然的还是化学合成的无关，使用者一定不要主观（或受误导）一味将天然、合成与毒性等概念强行联系。

二、美国对食品添加剂的管理

美国最早于1908年制定有关食品安全的食品卫生法(pure food act),于1938年修订成“食品药物和化妆品法(food drug and cosmetic act,FD&C)”。

美国在1959年颁布的《食品添加剂法》中规定,出售食品添加剂之前需经毒理试验,食品添加剂的使用安全和效果的责任由制造商承担,但对已列入GRAS者例外。凡新的食品添加剂在未得到FDA批准之前,绝对不能生产和使用。该法规分别由美国食品与药物管理局(FDA)和美国农业部(USDA)贯彻实施。

此外,FDA根据食用香料制造者协会(FEMA)的建议,属于GRAS类的食品添加剂由美国联邦法规索引公布。对于各种食品添加剂的质量标准和各种指标的分析方法等,由FDA所属“食品化学品法典委员会(Committee on Food Chemicals Codex)”管理,由美国国家科学院出版社定期出版《食品化学品法典(FCC)》。

此外,对营养强化剂的标签标示,FDA在国标和教育法令(NLEA)中规定了新标示管理条例。其中要求维生素、矿物质、氨基酸及其他营养强化剂的制造商对其产品作有益健康的标示声明,于1994年5月8日生效。

三、欧共体(EEC)对食品添加剂的管理

欧共体于1974年成立“欧共体食品科学委员会(Scientific Committee for Food of the Commission of the EEC)”负责EEC范畴内有关食品添加剂管理,包括对FAO/WHO所公布的ADI的确认、是否允许使用、允许适用范围及限量,并据此编制各种准用食品添加剂的EEC No.。并由各种不定期的出版物出版。

为了对婴幼儿的保护,在EEC下设有“活动过渡儿童保护集团-Hyperactive Children's Support Group(HACSG)”,1977年成立,其任务之一是对不适宜于婴幼儿的食品添加剂,做出各种限制性建议。

四、我国对食品添加剂的管理

食品添加剂在食品生产加工过程中量小作用大,现代的食品工业对食品添加剂的依赖性越来越大,没有食品添加剂就没有现代食品工业。食品添加剂行业是食品生产的上游行业,没有食品添加剂的安全就没有食品的安全。各国都十分重视对食品添加剂及其使用过程的监督管理。目前,我国食品添加剂的管理还存在一些问题,如现行法律处罚力度太轻;食品添加剂质量标准严重滞后;食品添加剂检测方法严重滞后;食品添加剂使用宣传上的误区;非法使用非食品用化工产品;食品添加剂使用上存在超范围、超限量等问题。我国对食品添加剂的卫生管理主

要通过以下几个方面：

1. 制定和执行《食品添加剂使用卫生标准》(GB 2760)

我国使用的食品添加剂必须经过卫生部批准和列入《食品添加剂使用卫生标准》中。我国于1981年颁布的《食品添加剂使用卫生标准》为国家正式标准，编号为GB 2760—1981，其中包括食品添加剂种类、名称、使用范围、最大使用量以及保证标准贯彻执行的《食品添加剂卫生管理办法》。卫生部于2008年3月25日正式发布《食品添加剂使用卫生标准》(GB 2760—2007)，代替了GB 2760—1996和GB/T 12493—1990。该标准是由卫生部和国家标准化委员会在1996年版《食品添加剂使用卫生标准》的基础上修订而成的，属第6次修订，也是比较全面的一次，于2008年6月1日起实施。新标准具有3个特点：进一步明确了食品添加剂种类和使用范围；科学性进一步提高；建立了适用于食品添加剂使用的食品分类系统(标准中的附录F)，使标准的操作性进一步增强。新标准全面整合和梳理了1996年以来卫生部公告的添加剂名单，将食品添加剂分为22类，共1 907种，其中食品添加剂483种，香料1 424种。新标准规定了可以使用食品添加剂的4种情况，并对使用提出了6项具体要求。《食品添加剂使用卫生标准》是监督管理食品添加剂的重要依据，也是企业依法组织食品生产的技术规范。

2. 颁布和执行新食品添加剂审批程序

未列入《食品添加剂使用卫生标准》的其他食品添加剂如需要生产使用时，要按规定的审批程序经批准后才能生产使用。其审批程序是：

①由研制、生产或使用单位向省、自治区、直辖市一级的食品卫生监督机构提出申请报告及提供有关资料，包括：食品添加剂品名、理化性质、生产工艺、质量标准、毒理学试验、使用效果、使用范围、使用量、残留量和检验方法以及国外批准使用资料，或FAO/WHO食品添加剂专家委员会评价资料等。

②由省、自治区、直辖市食品卫生监督机构进行初审。

③再由国家卫生部食品添加剂卫生标准科研协作组进行预审，全国食品添加剂标准化技术委员会总审。

④通过的产品列入食品添加剂使用卫生标准，由国家卫生部批准颁发。

新品种的审核除对工艺、质量标准审查外，重点对产品进行安全毒理学评价。其根据是卫生部颁布的《食品安全毒理学评价程序》(GB 15193.1—2003)。

3. 颁布执行生产食品添加剂审批程序

为了加强对新批准品种食品添加剂的安全保证，我国实行了许可证管理制度，即对于已列入《食品添加剂使用卫生标准》的食品添加剂，生产企业必须按照卫生部颁发的《食品添加剂卫生管理办法》和轻工业部会同卫生部等颁发的《全国食品用香料产品管理试行办法》办理“定点生产许可证”、“生产许可证”或“临时生产许可证”,无此三证之一的即属无证经营。

4. 食品添加剂的许可使用品种的国际化倾向

食品添加剂的国际贸易与食品不同。食品在很大程度上,因消费者的口味嗜好与饮食习惯不同所决定的选购趋势不同,在国际贸易中有很大差别;而各国之间允许使用的食品添加剂品种和使用范围差别影响不到消费者选购趋势,各国间较大的差别成为国际贸易中非关税壁垒的一个组成部分。随着食品贸易范围的扩大,食品添加剂国际贸易范围越来越广。因此,消除不同国家间法规允许使用情况的差别,是食品添加剂贸易国际化的一个重要趋势。FAO/WHO 下设的 JECFA 近几年工作的一个重点就是使各国允许使用的品种接近,欧洲共同体由于实行了经济一体化的方针,故在欧洲共同体内对于食品添加剂有一种各国政府根据共同体的指令,确定允许使用的品种的趋势。

5. 食品添加剂的标志管理

由于分析食品中食品添加剂手续特别繁杂,因而很多国家规定了在食品标签上必须标记食品添加剂所用种类的义务。但对于标记的内容各国间还有较大的差别,有的只要求标记化工合成食品添加剂,有的规定了原料中就带来的食品添加剂不必标记。我国有关食品添加剂标签管理的规定主要有 GB 7718—2004《预包装食品标签通则》、GB 13432—2004《预包装特殊膳食食用食品标签通则》和《食品标识管理规定》。

本章小结

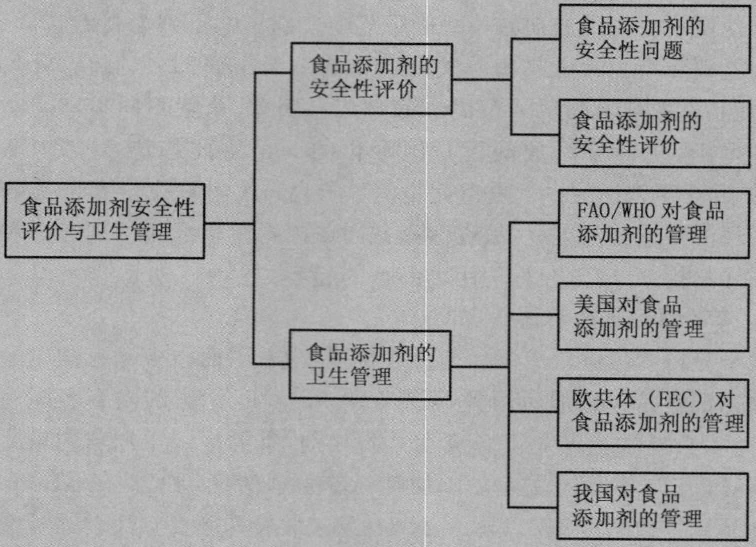

复习思考题

1. 名词解释：毒性、半数致死量、最大无作用量、蓄积作用。
2. 简述毒理学评价的作用、方法和评价阶段。
3.《食品添加剂使用卫生标准》(GB 2760—2007)具有哪些特点？
4. 我国对食品添加剂的卫生管理主要通过哪些方面？

第八章　食品添加剂实训

实训一　防腐剂防腐性能试验

一、目的要求

掌握利用纸碟法测定防腐杀菌剂毒力的方法和原理。并能通过试验，进一步掌握防腐剂的防腐作用性能。

二、基本原理

在已接种供试菌种的培养基上，施以定量防腐剂，利用防腐剂在琼脂培养基内的扩散渗透作用，经过一定时间后防腐剂渗透扩散达到一定范围。在抑菌浓度所达到的范围，指示菌的生长就被抑制，产生一个无菌的透明区域，称为抑菌圈。在一定条件下和一定范围内，抑菌圈的直径与防腐剂浓度的对数呈直线函数关系。利用此原理，可以比较相同浓度下防腐剂防腐性能的强弱。

三、实训材料、仪器、防腐剂

1. 材料

扩展青霉，培养基，无菌水。

2. 仪器

分析天平，容量瓶，灭菌培养皿(9 cm)，无菌小烧杯，灭菌移液管，灭菌圆滤纸片(6 mm)，镊子，接种针，酒精灯，吸耳球，游标卡尺。

3. 防腐剂(均为食品级)

0.002 5%、0.005%、0.01%、0.02%的苯甲酸钠；0.002 5%、0.005%、0.01%、0.02%的山梨酸钾；0.002 5%、0.005%、0.01%、0.02%的丙酸钠；0.002 5%、0.005%、0.01%、0.02%的双乙酸钠。

四、实训步骤

1. 带菌悬浮液制备

取培养一定时间的扩展青霉，每管加入 4 mL 无菌水（无菌操作）。用灭菌接种针将斜面上的菌体轻轻刮下，使之成孢子悬浮液。

2. 制备含菌培养基

将三角瓶放入热水浴中，使其中培养基融化，待冷却到 50℃左右，无菌操作加入孢子悬浮液，摇匀后迅速倒入培养皿中，每皿中约含培养基 15 mL。

3. 防腐液滤纸片制备

用消毒的小烧杯分别盛装不同浓度和种类的防腐剂溶液，用灭菌的镊子取灭菌的圆滤纸片（滤纸片选用完整，无损，不重叠的）放入不同小烧杯中待其充分湿润后用灭菌镊子取纸片一张，在灭菌纸上轻轻碰一下，吸去多余的防腐剂溶液，然后将沾有浓度为 $c_1=0.0025\%$的苯甲酸钠、山梨酸钾、丙酸钠和双乙酸钠的纸片均匀地放入同一个已凝固的培养基上，并在培养皿上做记号。然后用相同方法做蘸有浓度为 $c_2=0.005\%$不同种类防腐剂纸片的培养皿，$c_3=0.01\%$不同种类防腐剂纸片的培养皿，$c_4=0.02\%$不同种类防腐剂纸片的培养皿。

4. 抑菌试验

处理好的培养皿标记好防腐剂浓度后，置于 28℃恒温培养箱中培养 2～3 d 后，用游标卡尺量取抑菌圈的直径大小。测量时要十字交叉量两次取其平均值，并将结果填入表 8-1 中。

表 8-1 防腐剂抑菌圈直径

试验皿号	浓度	抑菌圈直径/mm			
		苯甲酸钠	山梨酸钾	丙酸钠	双乙酸钠
1	c_1				
2	c_2				
3	c_3				
4	c_4				

五、结果分析

以浓度为横坐标，抑菌圈直径的平方为纵坐标，绘出防腐性能曲线，根据防腐性能曲线中的等浓度比较不同防腐剂的防腐性能。

六、思考题

1. 相同浓度下，抑菌圈直径大小说明了什么问题？

2. 蘸有同浓度、不同种类防腐剂的 4 个纸片，在同一个培养皿中放置时应注意哪些问题？

实训二　抗氧化剂抗氧化性能试验

一、目的要求

掌握通过测定油脂 POV 值，评价抗氧化剂抗氧化性能的方法。

二、基本原理

1 kg 油脂所含氢过氧化物 ROOH 的毫摩尔数，即为 POV 值。

油脂氧化初期，产生 ROOH。在酸性条件下 ROOH 与 KI 作用析出 I_2，再用 $Na_2S_2O_3$ 滴定被析出的碘，以求得析出的碘量，间接得知油脂过氧化物含量。计算出的毫摩尔数，即为 ROOH 的毫摩尔数。POV 值的大小反映了油脂的酸败程度，即新鲜度。通过 POV 值的大小，也反映抗氧化剂的抗氧化效果。POV 值越小，添加的抗氧化剂抗氧化效果越好。

$$CH_3COOH(\text{冰醋酸})+KI \longrightarrow CH_3COOK+HI$$

$$ROOH+2HI \longrightarrow ROH+H_2O+I_2$$

$$I_2+2Na_2S_2O_3 \longrightarrow 2NaI+2Na_2S_4O_6$$

三、实训材料、仪器、试剂

1. 材料

油脂：猪油、大豆油；抗氧化剂：BHA、BHT、PG、TBHQ、维生素 E；增效剂：柠檬酸。

2. 仪器

可见分光光度计，碘量瓶，酸式滴定管。

3. 试剂

冰醋酸-异辛烷混合液（3∶2）；0.01 mol/L $Na_2S_2O_3$ 标准溶液；1%淀粉指示剂；碘化钾饱和溶液：取 5 g KI，加水 10 mL，贮于棕色瓶中。

四、实训步骤

1. 样品制备

将猪油做 7 个平行样，每列试验的油样为 20.0 g。A 组：油样不加任何添加剂，作对照。B 组：油样添加 0.01%的抗氧化剂 BHA 和 0.005%的柠檬酸。C 组：油样添加 0.01%的抗氧化剂 BHT 和 0.005%的柠檬酸。D 组：油样添加 0.01%的抗氧化剂 PG 和 0.005%的柠檬酸。E 组：油样添加 0.01%的抗氧化剂 TBHQ 和 0.005%的柠檬酸。F 组：油样添加 0.01%的抗氧化剂维生素 E 和 0.005%的柠檬酸。G 组：油样添加总量为 0.01%的抗氧化剂，由 0.002%的 BHA，0.002%的 BHT，0.001%的 PG，0.002%的 TBHQ 和 0.003%的维生素 E 组成，同时添加 0.005%的柠檬酸。将油样搅匀(可温热)后，同时放入(63±1)℃烘箱中。

2. 过氧化值的测定

每天取样一次，每次称取 7 组油样各 2 g 置于干燥的碘量瓶中，加入冰醋酸-异辛烷混合液 30 mL，碘化钾饱和液 1 mL，摇匀。1 min 后，加蒸馏水 50 mL，淀粉指示剂 1 mL，用 0.01 mol/L 硫代硫酸钠标准溶液滴定至蓝色消失。在相同条件下做一空白试验。

用相同的方法做大豆油抗氧化试验。

五、结果分析

$$P = \frac{(V - V_0) \times c \times 1\ 000}{m}$$

式中：V—样品滴定时消耗硫代硫酸钠标准溶液的毫升数(mL)；

V_0—空白滴定时消耗硫代硫酸钠标准溶液的毫升数(mL)；

c—硫代硫酸钠标准溶液的摩尔浓度(mol/L)；

m—油样的质量(g)。

六、思考题

1. 通过测定油脂 POV 值，如何评价抗氧化剂的抗氧化性能？
2. 抗氧化剂复合后，其抗氧化性能发生怎样的变化？
3. 抗氧化剂复合增效剂后，其抗氧化性能发生怎样的变化？

实训三　食用色素色价的测定

一、目的要求

掌握食用色素色价测定的方法，能通过色素的色价评定色素的染色力。

二、基本原理

色价也称为比吸光值，是单位质量原料的提取物在1%浓度，以1 cm比色皿在其最大吸收峰处的吸光度，用$E_{1\ cm}^{1\%}$表示。根据朗伯-比耳定律，溶液的吸光值E与溶液浓度c、光程L成正比，即$E=K\times c\times L$，K为比例常数。当入射光强度、波长、体系温度、溶液浓度、光程一定时，色素溶液的吸光值越高，该色素的染色力越强，使用时浓度要求也越低。

三、实训材料、仪器

1. 材料

苋菜红$\lambda_{max}=520\pm2$；胭脂红$\lambda_{max}=508\pm2$；柠檬黄$\lambda_{max}=428\pm2$；靛蓝$\lambda_{max}=610\pm2$；辣椒色素$\lambda_{max}=460$。

2. 仪器

紫外-可见分光光度计，100 mL容量瓶，烧杯，天平。

四、实训步骤

准确称取0.1 g试样，用适当的溶剂稀释于100 mL容量瓶中(可能需要再稀释至合适浓度)，用紫外可见分光光度计于最大波长处，用溶剂作参比液，于1 cm比色皿中测定其吸光度值。然后计算色价。

五、结果分析

$$E_{1\ cm}^{1\%}=\frac{Af}{100m}$$

式中：A—实测试样的吸光度；

F—稀释倍数；

m—试样质量(g)。

六、思考题

1. 什么是食用色素的色价?
2. 食用色素的色价反映了食用色素的什么性能?

实训四　色素的调色应用试验

一、目的要求

掌握通过应用颜色调色原理,掌握食用色素的性质。

二、基本原理

以红色、黄色和蓝色3种基本色进行调色。二次调色,红和黄调配生成橙色,黄色和蓝色调配生成绿色,蓝色和红色调配生成紫色。三次调色,橙色和绿色调配生成橄榄绿色,绿色和紫色调配生成灰色,紫色和橙色调配生成棕褐色。

三、实训材料、仪器

1. 材料

合成色素:苋菜红、日落黄、靛蓝;天然色素:甜菜红、柑橘黄、栀子蓝;蒸馏水或去离子水。

2. 仪器

紫外-可见分光光度计,烧杯,天平。

四、实训步骤

1. 理论橙色的调色

①配制0.1%苋菜红水溶液和0.5%的日落黄水溶液,按红∶黄=1∶2(体积比)的比例将两种溶液混合,观察调配后溶液的色泽,并分别测定3种溶液的λ_{max}(可见光最大吸收波长)。可改变苋菜红和日落黄溶液的调配比例,观察调配后溶液的色泽变化。

②配制1%的甜菜红和1%的柑橘黄色素水溶液,按红∶黄=1∶2(体积比)的比例将两种溶液混合,观察调配后溶液的色泽,并分别测定3种溶液的λ_{max}。改变甜菜红和柑橘黄色素溶液的调配比例,观察调配后溶液的色泽变化。

2. 理论紫色的调色

①配制0.1%苋菜红水溶液和0.1%的靛蓝水溶液，按红：蓝=2：1(体积比)的比例将两种溶液混合，观察调配后溶液的色泽，并分别测定3种溶液的λ_{max}。改变苋菜红和靛蓝溶液的调配比例，观察调配后溶液的色泽变化。

②配制1%的甜菜红和1%的栀子蓝色素水溶液，按红：蓝=2：1(体积比)的比例将两种溶液混合，观察调配后溶液的色泽，并分别测定3种溶液的λ_{max}。改变甜菜红和栀子蓝色素溶液的调配比例，观察调配后溶液的色泽变化。

3. 理论绿色的调色

①配制0.5%日落黄水溶液和0.1%的靛蓝水溶液，按黄：蓝=1：1(体积比)的比例将两种溶液混合，观察调配后溶液的色泽，并分别测定3种溶液的λ_{max}。改变日落黄和靛蓝溶液的调配比例，观察调配后溶液的色泽变化。

②配制1%的柑橘黄色素和1%的栀子蓝色素水溶液，按黄：蓝=1：1(体积比)的比例将两种溶液混合，观察调配后溶液的色泽，并分别测定3种溶液的λ_{max}。改变柑橘黄色素和栀子蓝色素溶液的调配比例，观察调配后溶液的色泽变化。

4. 理论咖啡色的调色

①用0.1%苋菜红水溶液、0.5%日落黄水溶液和0.1%的靛蓝水溶液，按红：黄：蓝=1：2：2(体积比)的比例将3种溶液混合，观察调配后溶液的色泽，并测定配制溶液的λ_{max}。改变苋菜红、日落黄和靛蓝溶液的调配比例，观察调配后溶液的色泽变化。

②配制1%的甜菜红、1%的柑橘黄色素和1%的栀子蓝色素水溶液，按红：黄：蓝=1：2：2(体积比)的比例将3种溶液混合，观察调配后溶液的色泽，并测定配制溶液的λ_{max}。改变甜菜红、柑橘黄和栀子蓝溶液的调配比例，观察调配后溶液的色泽变化。

5. λ_{max}的测定

①先把波长设在某一个较小值，然后在此波长下测定被测液的吸光值。

②逐渐提高波长，在对应波长下测被测液的吸光值。

③比较吸光值的大小，最大吸光值A对应的波长则为最大吸收波长λ_{max}。

五、结果分析

将上述实训观察和测定的结果和数据填入表8-2中，并对实验结果进行分析。

表 8-2　调色实验结果

合成色素调色			
	苋菜红	日落黄	靛蓝
	$\lambda_{max}=$　nm	$\lambda_{max}=$　nm	$\lambda_{max}=$　nm
理论紫色	$\lambda_{max}=$　nm		
	实际色调：		
理论橙色	$\lambda_{max}=$　nm		
	实际色调：		
理论绿色	$\lambda_{max}=$　nm		
	实际色调：		
理论咖啡色	$\lambda_{max}=$　nm		
	实际色调：		
天然色素调色			
	甜菜红	柑橘黄	栀子蓝
	$\lambda_{max}=$　nm	$\lambda_{max}=$　nm	$\lambda_{max}=$　nm
理论紫色	$\lambda_{max}=$　nm		
	实际色调：		
理论橙色	$\lambda_{max}=$　nm		
	实际色调：		
理论绿色	$\lambda_{max}=$　nm		
	实际色调：		
理论咖啡色	$\lambda_{max}=$　nm		
	实际色调：		

六、思考题

1. 色素调色的原理是什么？
2. 色素在调配时，对配制色素用的水有什么要求？

实训五　食用色素的稳定性试验

一、目的要求

掌握光、热、氧化剂、还原剂、酸、碱、盐对色素的稳定性影响试验的方法。

二、基本原理

光、热、氧化剂、还原剂、酸、碱、盐对色素的稳定性有一定影响，可以使色素退色或变色。

三、实训材料、仪器、试剂

1. 材料

新红，柠檬黄，亮蓝，红曲红，栀子黄，藻蓝，焦糖色等色素的蒸馏水溶液，$E_{\lambda_{max}}^{1cm}$在0.5左右。

2. 仪器

紫外-可见分光光度计，自动色差计，紫外灯，比色管，烧杯，天平等。

3. 试剂

1%高锰酸钾溶液，1%抗坏血酸溶液，1%氢氧化钠，1%盐酸，1%三氯化铁溶液，1%硫酸铜溶液，1%硫酸锡溶液。

四、实训步骤

1. 抗光稳定性

分别移取10 mL新红色素溶液，加入两支比色管，一支存放于暗处作为对比样，另一支排列于开着的紫外灯之前照射2～4 h。然后用肉眼观察两种样品的色调差别，同时用色差计测定其Hunter表色系统值，用分光光度计测定λ_{max}和$E_{\lambda_{max}}$。同法平行做柠檬黄、亮蓝、红曲红、栀子黄、藻蓝、焦糖色的抗光稳定性。

2. 耐热稳定性

分别移取10 mL新红色素溶液，加入两支比色管，一支存放于室温暗处作为对比样，另一支于95℃水浴加热0.5～1 h。然后用肉眼观察两种样品的色调差别，同时用色差计测定其Hunter表色系统值，用分光光度计测定λ_{max}和$E_{\lambda_{max}}$。同法平行做柠檬黄、亮蓝、红曲红、栀子黄、藻蓝、焦糖色的耐热稳定性。

3. 抗氧化还原稳定性

分别移取10 mL新红色素溶液，加入三支比色管，一支存放于室温暗处作为对比样，另两支分别滴入数滴高锰酸钾溶液和抗坏血酸溶液，振荡均匀，静置10～30 min。然后用肉眼观察两种样品的色调差别，同时用分光光度计测定λ_{max}和$E_{\lambda_{max}}$。同法平行做柠檬黄、亮蓝、红曲红、栀子黄、藻蓝、焦糖色的抗氧化还原稳定性。

4. 抗酸碱稳定性

分别移取 10 mL 新红色素溶液，加入三支比色管，一支存放于室温暗处作为对比样，另两支分别滴入数滴盐酸溶液和氢氧化钠溶液，振荡均匀，静置 10～30 min。然后用肉眼观察两种样品的色调差别，同时用分光光度计测定 λ_{max} 和 $E_{\lambda_{max}}$。同法平行做柠檬黄、亮蓝、红曲红、栀子黄、藻蓝、焦糖色的抗酸碱稳定性。

5. 抗金属离子稳定性

分别移取 10 mL 新红色素溶液，加入四支比色管，一支存放于室温暗处作为对比样，另三支分别滴入数滴氯化铁、硫酸铜、硫酸锡溶液，振荡均匀，静置 10～30 min。然后用肉眼观察两种样品的色调差别，同时用分光光度计测定 λ_{max} 和 $E_{\lambda_{max}}$。同法平行做柠檬黄、亮蓝、红曲红、栀子黄、藻蓝、焦糖色的抗金属离子稳定性。

五、结果分析

将上述实验观察结果和测定的数据分别填入表 8-3 至表 8-7，并对实验结果进行分析。

表 8-3　色素的抗光稳定性

测定指标	色素						
	新红	柠檬黄	亮蓝	红曲红	栀子黄	藻蓝	焦糖色
对比样色调							
对比样 λ_{max}/nm							
对比样 $E_{\lambda_{max}}$							
试样色调							
试样 λ_{max}/nm							
试样 $E_{\lambda_{max}}$							
Hunter 值 L a b							

表 8-4　色素的耐热稳定性

测定指标	色素						
	新红	柠檬黄	亮蓝	红曲红	栀子黄	藻蓝	焦糖色
对比样色调							

续表 8-4

测定指标	色素						
	新红	柠檬黄	亮蓝	红曲红	栀子黄	藻蓝	焦糖色
对比样 λ_{max}/nm							
对比样 $E_{\lambda_{max}}$							
试样色调							
试样 λ_{max}/nm							
试样 $E_{\lambda_{max}}$							
Hunter 值 L a b							

表 8-5　色素的抗氧化还原剂稳定性

测定指标	色素						
	新红	柠檬黄	亮蓝	红曲红	栀子黄	藻蓝	焦糖色
对比样色调							
对比样 λ_{max}/nm							
对比样 $E_{\lambda_{max}}$							
氧化试样色调							
氧化试样 λ_{max}/nm							
氧化试样 $E_{\lambda_{max}}$							
还原试样色调							
还原试样 λ_{max}/nm							
还原试样 $E_{\lambda_{max}}$							

表 8-6　色素的抗酸碱稳定性

测定指标	色　素						
	新红	柠檬黄	亮蓝	红曲红	栀子黄	藻蓝	焦糖色
对比样色调							
对比样 λ_{max}/nm							
对比样 $E_{\lambda_{max}}$							
酸试样色调							
酸试样 λ_{max}/nm							

续表 8-6

测定指标	色素						
	新红	柠檬黄	亮蓝	红曲红	栀子黄	藻蓝	焦糖色
酸试样 $E_{\lambda_{max}}$							
碱试样色调							
碱试样 λ_{max}/nm							
碱试样 $E_{\lambda_{max}}$							

表 8-7 色素的抗金属离子稳定性

测定指标	色素						
	新红	柠檬黄	亮蓝	红曲红	栀子黄	藻蓝	焦糖色
对比样色调							
对比样 λ_{max}/nm							
对比样 $E_{\lambda_{max}}$							
Fe^{3+} 试样色调							
Fe^{3+} 试样 λ_{max}/ nm							
Fe^{3+} 试样 $E_{\lambda_{max}}$							
Cu^{2+} 试样色调							
Cu^{2+} 试样 λ_{max}/ nm							
Cu^{2+} 试样 $E_{\lambda_{max}}$							
Sn^{2+} 试样色调							
Sn^{2+} 试样 λ_{max}/nm							
Sn^{2+} 试样 $E_{\lambda_{max}}$							

六、思考题

1. 光、热、氧化还原剂、酸碱、金属离子对食用色素稳定性产生怎样的影响？
2. Hunter 值中，L、a、b 的物理意义是什么？

实训六　乳化剂的性能比较试验

一、目的要求

掌握乳化剂乳化性能比较的方法，并能对复合乳化剂乳化性能进行优化。

二、基本原理

乳化剂是指能使两种或两种以上不相混溶的液体均匀分散成乳状液的物质。乳化剂是既有亲水基又有亲油基的表面活性剂。它能降低水的表面张力或油、水两相界面的张力，使之形成均匀、稳定的分散体或乳化体。乳化剂乳化性能越好，形成的乳化液越均匀稳定，乳化液的透光率越小。

三、实训材料、仪器

1. 材料

水，植物油，单脂肪酸甘油酯，山梨醇酐脂肪酯，聚氧乙烯山梨醇酐脂肪酸酯。

2. 仪器

分光光度计，剪切式均质机，烧杯，移液管。

四、实训步骤

1. 乳化液制备

称取 4 g 植物油加到 96 g 水中，共 5 组。A 组：对照组；B 组：加 0.6% 的单脂肪酸甘油酯（HLB 值 3.5～4.0）；C 组：加 0.6% 山梨醇酐脂肪酯（HLB 值 8.6）；D 组：加 0.6% 聚氧乙烯山梨醇酐脂肪酸酯（HLB 值 14.9）；E 组：加 0.2% 单脂肪酸甘油酯、0.2% 的山梨醇酐脂肪酯和 0.2% 的聚氧乙烯山梨醇酐脂肪酸酯组成的混合乳化剂。B、C、D、E 组以 5 000 r/min 剪切式均质机乳化 5 min，得白色乳状液。同样制备 A 组空白对照，静置 12 h。

2. 透光率测定

用移液管取各组烧杯中部乳状液，于分光光度计 540 nm 波光下测透光率。

五、结果分析

$$\text{乳化效率}=\frac{T_0-T_t}{T_0}\times 100\%$$

式中：T_0—空白对照样品的透光率；

T_t—样品的透光率。

六、思考题

1. 通过测定乳化液的透光率如何反映乳化剂的乳化性能？
2. 乳化剂有什么性质？

实训七　增稠剂的性能比较试验

一、目的要求

掌握利用指针式旋转黏度计测定增稠剂绝对黏度的方法，并能通过测试增稠剂黏度把握不同类型增稠剂的增稠性能。

二、基本原理

指针式旋转黏度计的工作原理是用同步电动机以一定速度旋转，带动刻度盘随之旋转，通过游丝和转轴带动转子旋转。若转子未受阻力，则游丝与转盘同速旋转。若转子受到黏滞阻力，则游丝产生力矩与黏滞阻力抗衡，直到平衡。此时，与游丝相连的指针在刻度盘上指示出一数值，根据这一数值，结合转子号数及转速即可算出被测液体的绝对黏度。通过比较相同条件下黏度的大小，比较增稠剂的增稠性能强弱。

三、实训材料、仪器

1. 材料

瓜儿豆胶，亚麻籽胶，黄原胶。

2. 仪器

NDJ-1 型旋转黏度计（图 8-1），恒温水浴锅。

四、实训步骤

1. 溶胶制备

①瓜儿豆胶溶胶用蒸馏水分别配制 0.5%、1.0%、1.5% 的瓜儿豆胶溶液各 500 mL，并冷到 25℃。

②亚麻籽胶溶胶用蒸馏水分别配制 0.5%、1.0%、1.5% 的亚麻籽胶溶液各 500 mL，并冷到 25℃。

③黄原胶溶胶用蒸馏水分别配制 0.5%、1.0%、1.5% 的黄原胶溶液各 500 mL，并冷到 25℃。

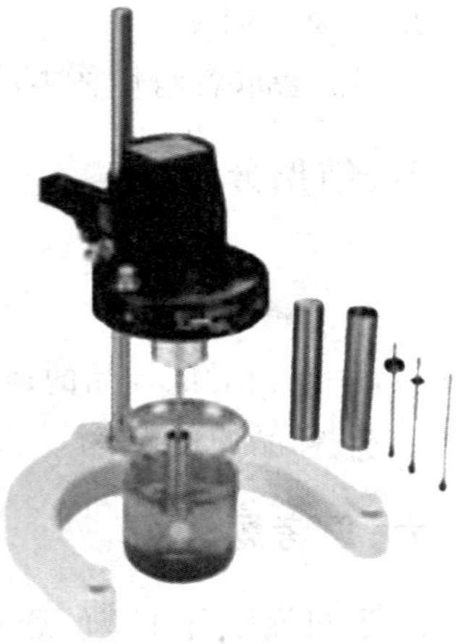

图 8-1　NDJ-1 型旋转式黏度计

2. 黏度的测定

(1)黏度计安装　安装好旋转黏度计注意要调节水平螺钉,保持仪器水平。

(2)黏度测定　取略大于能完全浸没转子的被测液 0.5%的瓜儿豆胶液,置于直径不小于 7 cm 的烧杯或直筒形容器中,准确地控制被测液体温度为 25℃。将保护架装在仪器上。选取 3 号转子,旋入连接螺杆上,旋转升降旋钮,使仪器缓慢地下降,转子逐渐浸入被测液中,直到转子液面标志和液面相平为止,调正仪器水平。选择转速为 60 r/min,按下指针控制杆,开启电机开关,转动变速旋钮,使所需转速数向上,对准速度指示点,放松指针控制杆,使转子在液体中旋转,经过多次旋转(一般为 20～30 s)待指针稳定。按下指针控制杆,使读数固定下来,再关掉电机,读取读数,将读数记录于表 8-8。重复以上操作 2 次。

用相同方法测定 1.0%、1.5%的瓜儿豆胶溶液黏度,0.5%、1.0%、1.5%的亚麻籽胶溶液黏度和 0.5%、1.0%、1.5%的黄原胶溶液黏度。

五、结果分析

$$\eta = K \cdot A$$

式中:η—绝对黏度(mPa·s);

K—系数(3 号转子、转速 60 r/min 时 $K=20$);

A—表盘读数。

表 8-8　换算系数表

换算系数 K ＼ 转速 ＼ 转子号	60	30	12	6
0	0.1	0.2	0.5	1.0
1	1	2	5	10
2	5	10	25	50
3	20	40	100	200
4	100	200	500	1 000

六、思考题

1. 绝对黏度测定的原理是什么?
2. 通过测定溶胶大的绝对黏度如何反映增稠剂的增稠性能?

实训八　护色剂护色性能试验

一、目的要求

通过护色剂性能的测试,掌握护色剂护色性能的测试原理方法,能为肉及其制品中护色剂的应用进行优化选择。

二、基本原理

护色剂能与肉及其制品作用生成的有色物质越多,肉及其制品的颜色则越鲜红,产生的吸光值越大,护色剂的护色性能就越好。

三、主要材料、仪器

1. 材料

新鲜猪肉糜,亚硝酸钠,硝酸钠,天然红曲色素,抗坏血酸钠,烟酰胺,维生素E,半胱氨酸,茶多酚。

2. 仪器

分光光度计,打浆机,离心机。

四、实训内容

1. 样品制备

取新鲜猪肉糜,分5组每组50 g, A组:对照组(不外加任何护色剂);B组:加0.1%的亚硝酸钠;C组:加0.1%的亚硝酸钠和0.1%的抗坏血酸(或烟酰胺);D组:加0.1%的亚硝酸钠和硝酸钠和0.1%的抗坏血酸(或烟酰胺);E组:加0.1%天然红曲色素和0.1%的抗坏血酸(或烟酰胺)。

2. 测定方法

A组样品立即准确称取2 g,剪成黄豆大小的颗粒,加入200 mL蒸馏水,用打浆机打成浆状,室温放置30 min后,离心分离,取上清液,于520 nm处测吸光度值。B、C、D、E组样品置于装有荧光灯的冰箱保存7 d后,分别测定各组的吸光值。

五、结果分析

$$护色率=\frac{A_1}{A_0}\times 100\%$$

式中：A_0—肉糜不加任何护色剂时即时测得的吸光值；

A_1—肉糜加不同护色剂，放置 7 d 后测得的吸光值。

六、思考题

1. 护色剂护色性能试验的原理是什么？
2. 测定时应注意的问题？

实训九 凝固剂凝固性能试验

一、目的要求

掌握凝固剂凝胶强度的测定方法。

二、基本原理

当豆腐（或果冻）被穿破时，受到应力，应力达到最大值，然后急剧减小。穿破时的最大应力称为表观破断强度即凝胶强度。将破断应力作为凝胶强度指标，破断应力越大，豆腐（或果冻）的凝胶强度越大。

三、实训材料、仪器

1. 材料

豆腐（或果冻），清水。

2. 仪器

托盘天平，空烧杯，横截面积 1 cm^2 的钢棒或玻璃棒，铁架台，酸式滴定管。

四、实训步骤

取凝固成形的边长为 3 cm 的正方形豆腐（或果冻）与空烧杯分别放在天平的两个托盘上，用法码调至平衡。将横截面积 1 cm^2 的钢棒或玻璃棒固定于铁架台上。钢棒或玻璃棒横截面与豆腐（或果冻）平面保持水平接触，用酸式滴定管以 40～50 滴/min 的速度向空烧杯中滴加清水，使天平失去平衡，使豆腐（或果冻）向上顶起而破裂，豆腐（或果冻）破裂时水的重量即为豆腐（或果冻）的凝胶强度。

五、结果分析

$$\text{凝胶强度}=\frac{W}{S}\ (\mathrm{g/cm^2})$$

式中：W—加水重；

S—接触面积。

六、思考题

1. 凝固剂凝胶强度测定的原理是什么？

2. 在固定横截面积 1 cm^2 的钢棒或玻璃棒的截面与豆腐（或果冻）面接触时应注意的问题是什么？同时，对豆腐（或果冻）表面有什么要求？

实训十　消泡剂性能试验

一、目的要求

掌握用动态稳定性、消泡效果和抑泡性能评价消泡剂消泡性能的方法。

二、基本原理

消泡剂通常是表面活性大而黏度及表面张力小的不溶性液体或固体。消泡剂是以微粒的形式渗入到泡沫的体系中，当泡沫要产生时，存在于体系中的消泡剂微粒立即破坏气泡的弹性膜，抑制泡沫的产生；如果泡沫已经产生，添加的消泡剂接触泡沫后，即捕获泡沫表面的憎水链端，随即迅速铺展，形成很薄的双膜层，进一步扩散，层状浸入，取代原泡沫的膜壁。消泡剂本身的表面张力很低，能使含有消泡剂部分的泡膜的膜壁逐渐变薄，而被周围表面张力大的膜层强力牵引，产生机械振动使整个气泡因应力的不平衡导致气泡消失（破裂）。

三、实训材料、仪器

1. 材料

十二烷基硫酸钠，乳化硅油，高碳醇脂肪酸酯复合物（DSA-5），聚氧乙烯聚氧丙烯季戊四醇醚（PPE）。

2. 仪器

离心机，罗氏泡沫仪，1 000 mL 具塞量筒，游标卡尺。

四、实训步骤

1. 动态稳定性

取 0.1%的乳化硅油消泡液 10 mL，然后置于台式离心机中，1 000 r/min 离心分离 5 min，观察分层情况。分别取 0.1% 的 DSA-5 消泡液 10 mL，0.1% 的 PPE 消泡液 10 mL，以用相同方法做动态稳定性试验。

2. 消泡效果

称取 5% 十二烷基硫酸钠起泡液，配成 0.25% 的起泡液，将 250 mL 起泡液倒入罗氏泡沫仪起泡，记下泡沫高度，用 mm 表示，然后加入 0.1% 的消泡剂乳化硅油，记下消泡时间，用 min 表示。用相同方法以 0.1% 的添加量分别做 DSA-5 和 PPE 的消泡效果实验。

3. 抑泡性能

将 0.25% 的十二烷基硫酸钠起泡液 250 mL 加入到 1 000 mL 具塞量筒中，再加入 0.5% 的乳化硅油消泡液 10 mL。抑泡性能用泡沫高度测试法，即振动法。在室温下将实验溶液在量筒中上下混合 20 次，产生的泡沫高度用 mm 表示。同等条件下做一空白实验。用相同方法以 0.5% 的添加量分别做 DSA-5 和 PPE 的抑泡性实验。

五、结果分析

$$\text{消泡速度}=\frac{H}{T}\ (\text{mm/min})$$

式中：H—泡沫高度(mm)；

T—消泡时间(min)。

$$\text{抑泡率}=\frac{H_1-H_2}{H_1}\times 100\%$$

式中：H_1—空白样品泡沫高度(mm)；

H_2—样品泡沫高度(mm)。

六、思考题

1. 评价消泡剂消泡效果的方法？
2. 消泡剂消泡试验与抑泡试验的区别？

实训十一 食品香料的感官评定

方法一：色泽检定法

一、目的要求

掌握香料色泽感官检定方法，并能对常见香料进行色泽检定。

二、基本原理

色泽是香料产品质量控制中不可缺少的一项指标，色泽有时会反映出产品质量的好坏，色泽的检定是通过与标准样品的对比进行的。

三、仪器、试剂

1. 仪器

100 mL 容量瓶，10 mL 比色管，25 mL 比色管，移液管或滴定管。

2. 试剂

①1.0 mol/L $K_2Cr_2O_7$ 标准液：准确称取预经烘干至恒重的重铬酸钾（保证试剂）1.000 0 g 于 1 000 mL 容量瓶中，加 2%硫酸水溶液溶解，并稀释至刻度。重铬酸钾标准液应储存在密封的硬质玻璃瓶中，避免光照。

②0.1 mol/L $K_2Cr_2O_7$ 标准液：用移液管准确吸取重铬酸钾标准液 100 mL 于 1 000 mL 容量瓶中，用 2%硫酸水溶液稀释至刻度。

③2%硫酸水溶液。

四、实训步骤

1. 液体标准比色液的配制

按表 8-9 所示用移液管准确量取重铬酸钾标准液于 100 mL 容量瓶中，以 2%硫酸水溶液稀释至刻度。

2. 比色方法

固体：将试样置于一洁白纸上，用目测法观察其色泽是否在指定范围内。

液体：将试样与标准比色液分别置于同体积比色管中至同刻度处，沿垂直方向观察，评比色泽。

表 8-9 液体标准比色液的配制

颜色	色标号	重铬酸钾标准溶液体积和浓度
水白	0	蒸馏水
无色	1	2.3 mL(0.10 mg/mL $K_2Cr_2O_7$)
	2	3.3 mL(0.10 mg/mL $K_2Cr_2O_7$)
	3	5.0 mL(0.10 mg/mL $K_2Cr_2O_7$)
浅柠檬黄	4	7.4 mL(0.10 mg/mL $K_2Cr_2O_7$)
	5	11.0 mL(0.10 mg/mL $K_2Cr_2O_7$)
	6	16.0 mL(0.10 mg/mL $K_2Cr_2O_7$)
	7	23.0 mL(0.10 mg/mL $K_2Cr_2O_7$)
柠檬黄	8	39.0 mL(0.10 mg/mL $K_2Cr_2O_7$)
	9	48.0 mL(0.10 mg/mL $K_2Cr_2O_7$)
深柠檬黄	10	71.0 mL(0.10 mg/mL $K_2Cr_2O_7$)
	11	11.2 mL(0.10 mg/mL $K_2Cr_2O_7$)
橘黄	12	20.5 mL(0.10 mg/mL $K_2Cr_2O_7$)
	13	32.2 mL(0.10 mg/mL $K_2Cr_2O_7$)
黄橙	14	38.4 mL(0.10 mg/mL $K_2Cr_2O_7$)
	15	51.5 mL(0.10 mg/mL $K_2Cr_2O_7$)
橘色	16	78.0 mL(0.10 mg/mL $K_2Cr_2O_7$)

五、结果分析

合成产品色泽的检定是通过与标准样品的对比进行的。而对天然产品来讲，有些要规定具体色标较难做到，因为天然产品受植物品种、地理环境、加工过程等外界因素影响较大，某些产品存放一段时间后色泽变深，因此在制定天然产品标准时，色泽这一项通常不订色标，而规定一颜色范围。对单离及合成香料通常用一标准比色液来进行对比。

六、思考题

1. 合成香料和天然香料在色泽检定时有什么不同？
2. 香料色泽检定的原理是什么？
3. 香料色泽检定时应注意的问题有哪些？

方法二:香气评定法

一、目的要求

掌握香料香气感官评定方法,并能对常见香料进行香气感官评定。

二、基本原理

香气是香料产品最重要的质量指标。通过评香,评定试样的香气是否与标准样品相符,并注意辨别其香气浓度、强弱、杂气、掺杂和变质的情况。

三、实训材料、溶剂

1. 材料

(1)辨香纸　用质量好的无臭吸水纸,厚度约 0.5 mm,切成宽 0.5～1.0 cm,长 10～15 cm。

(2)标准样品　选择最能代表当前生产质量水平的各种香料产品作为标准样品。当质量有变动时,应及时更换。不同品种、不同工艺方法和不同地区的天然香料,用不同原料制成的单离香料,或不同工艺路线制成的合成香料,以及不同规格的香料,均应分别确定标准样品。

2. 溶剂

按不同香料产品选用乙醇、苄醇、苯甲酸、苄酯、邻苯二甲酸二乙酯、十四酸异丙酯、丙二醇以及水等作溶剂。

四、实训步骤

在空气清新无杂气的评香室内,先将等量的试样和标准样品分别放在相同而洁净无臭的容器中,进行评香,包括瓶口的香气比较。然后再按下列两类香料分别进行评定。

1. 液体香料

用辨香纸分别蘸取容器内试样与标准样品 1～2 cm(二者须接近等量),然后用嗅觉进行评香。除蘸好后立即辨其香气外,并应辨别其在挥发过程中全部香气是否与标准样品相符,有无异杂气。天然香料更应评比其挥发过程中的头香、体香、尾香,以全面评定其香气质量。

对于不易直接辨别其香气质量的产品,可先用不同溶剂溶解,并将试样与标准样分别稀释至相同浓度,然后再蘸取在辨香纸上待溶剂挥发后按上述规定及时进行评香。

2. 固体香气

固体香料的试样和标准样品可直接(或擦在清洁的手背上)进行香气评定。香气浓烈的可选用适当溶剂溶解后,并稀释至相同浓度再进行评香。

五、结果分析

香气评定结果用分数表示(满分为40分)或选用纯正(39.1～40.0分)、较纯正(36.0～39.0分)、可以(32.0～35.9分)、尚可(28.0～31.9分)、及格(24.0～27.9分)和不及格(24.0分以下)表述。

六、思考题

1. 液体香料与固体香料的评定方法有什么不同?
2. 在对香料评香时,对评香室内的空气质量有什么要求?

实训十二 肉桂油提取试验

一、目的要求

掌握用水蒸气蒸馏法从肉桂皮中提取肉桂油的方法原理。了解肉桂油的挥发性及其感官性能。

二、基本原理

利用肉桂油能够随同水蒸气一起挥发的性质,利用蒸馏法提取肉桂油。

三、实训材料、仪器、试剂

1. 材料

肉桂皮。

2. 仪器

250 mL的二颈(或三颈)烧瓶,水蒸气发生器,铁架台,分液漏斗,水浴锅,电子秤。

3. 试剂

乙醚,无水硫酸钠。

四、实训步骤

1. 肉桂油馏出液提取

在 250 mL 的二颈(或三颈)烧瓶上分别接上水蒸气导入管(其另一端接水蒸气发生器)和蒸馏装置,成为一套水蒸气蒸馏装置。置 10 g 磨碎的肉桂树皮于二颈烧瓶中,加入 60 mL 热水。加热水蒸气发生器使蒸气平稳地输入烧瓶中,注意管道的堵塞和蒸气进入的量,收集白色乳液至馏出液澄清为止,大约收集 40 mL 馏出液。

2. 肉桂油馏出液精制

将馏出液转移至分液漏斗中,用 10 mL 乙醚萃取 2 次,弃去下层水相,有机相用少量无水 Na_2SO_4 干燥,将溶液滤出,在 60℃ 热水浴蒸馏回收大部分溶剂至蒸不出为止。将精油的乙醚溶液转移至事先称重的试管中,将试管放于水浴中小心加热浓缩至无溶剂为止,揩干试管外壁,称重,计算提取得率。

五、结果分析

$$\text{肉桂油提取率}=\frac{m}{W}\times 100\%$$

式中:m—肉桂油质量(g);

W—肉桂皮质量(g)。

六、思考题

1. 适合采用水蒸气蒸馏进行分离的香精应具备什么条件?
2. 肉桂油馏出液精制时应注意哪些问题?

参考文献

[1] 黄文.GB 2760—2007《食品添加剂使用卫生标准》宣贯教程.北京:中国计量出版社,2009.

[2] 郝利平,夏延斌,陈永泉,等.食品添加剂.北京:中国农业大学出版社,2002.

[3] 江建军.食品添加剂应用技术.北京:科学出版社,2004.

[4] 天津轻工业学院食品工业教学研究室.食品添加剂.2版.北京:中国轻工业出版社,2006.

[5] 彭珊珊,钟瑞敏,李琳.食品添加剂.北京:中国轻工业出版社,2007.

[6] 孙宝国.食品添加剂.北京:化学工业出版社,2008.

[7] 郑建仙.功能性食品甜味剂.北京:中国轻工业出版社,1997.

[8] 曹雁平.食品调味技术.北京:化学工业出版社,2002.

[9] 刘钟栋.食品添加剂.南京:东南大学出版社,2006.

[10] 李凤林,黄聪亮,余蕾.食品添加剂.北京:化学工业出版社,2008.

[11] 姚焕章.食品添加剂.北京:中国物资出版社,2001.

[12] 陈炳卿.现代食品卫生学.北京:人民卫生出版社,2001.

[13] 赵文.食品安全性评价.北京:化学工业出版社,2006.

[14] 温辉梁.食品添加剂生产技术与应用配方.南昌:江西科学技术出版社,2002.

[15] 周家华,崔英德,曾颢.食品添加剂.北京:化学工业出版社,2008.

[16] 阮春梅.食品添加剂应用技术.北京:中国农业出版社,2008.

[17] 上海市标准化研究院.中国欧盟食品添加剂法规标准实用指南.北京:中国计量出版社,2006.

[18] 胡国华.食品添加应用基础.北京:化学工业出版社,2005.

[19] 胡国华.食品添加剂在豆制品中的应用.北京:化学工业出版社,2005.

[20] 胡国华.食品添加剂在粮油制品中的应用.北京:化学工业出版社,2005.

[21] 黄文.食品添加剂.北京:中国计量出版社,2006.

[22] 杨洁彬,王晶.食品安全性.北京:中国轻工业出版社,1999.

[23] 曲径.食品卫生与安全控制学.北京:化学工业出版社,2007.

[24] 车振明.食品安全与检测.北京:中国轻工业出版社,2007.

[25] 许牡丹,毛跟年.食品安全性与分析检测.北京:化学工业出版社,2003.

[26] 侯振建.食品添加剂及其应用技术.北京:化学工业出版社,2004.
[27] 曾明湧,董士远.天然食品添加剂.北京:化学工业出版社,2005.
[28] 曹劲松,王小琴.食品营养强化剂.北京:中国轻工业出版社,2002.
[29] 中国食品添加剂生产应用工业协会.食品添加剂手册.2版.北京:中国轻工业出版社,1999.
[30] 杜荣标,谭伟棠.食品添加剂使用手册.北京:中国轻工业出版社,2003.